人工智能与大数据专业群人才培养系列教材

机器学习基础与实战

陈 鑫 主 编

电子工业出版社
Publishing House of Electronics Industry
北京·BEIJING

内 容 简 介

全书共 10 章,第 1 章介绍了机器学习算法的基本概念、分类及本书开发环境的搭建。第 2 章介绍了机器学习算法中经常用到的 NumPy 相关知识及绘图工具包 Matplotlib。从第 3 章开始介绍机器学习算法,第 3 章介绍了最简单也是最常用的线性回归算法。第 4 章介绍了搜索算法,包括梯度下降算法、随机梯度下降算法、小批量梯度下降算法、牛顿迭代算法及坐标下降算法。第 5 章介绍了二分类的 Logistic 回归算法和多元回归算法 SoftMax,以及评价分类结果优劣的各种指标。第 6 章介绍了支持向量机算法及支持向量机的核函数方法。第 7 章介绍了朴素贝叶斯算法。第 8 章介绍了决策树优化算法及由多棵决策树构成的随机森林算法等集成学习算法。第 9 章介绍了聚类算法,包括 K 均值算法、合并聚类算法、DBSCAN 算法等。第 10 章介绍了降维算法,主要包括主成分分析法和主成分分析的核方法。每章都包含大量的实战案例,既有自行实现的算法,也有直接调用 Sklearn 工具库实现的算法。

本书配备思考与练习,全书所有的示例程序都提供完整的源代码,读者可登录华信教育资源网或 GitHub 网站免费下载。

本书适合作为人工智能、大数据等专业的学生教材,对于人工智能相关培训机构、人工智能爱好者,也有一定的参考价值。

图书在版编目(CIP)数据

机器学习基础与实战 / 陈鑫主编 . -- 北京:电子工业出版社,2023.5
ISBN 978-7-121-44794-5

Ⅰ. ①机… Ⅱ. ①陈… Ⅲ. ①机器学习—教材 Ⅳ. ① TP181

中国版本图书馆 CIP 数据核字(2022)第 255098 号

责任编辑:李　静
印　　刷:三河市双峰印刷装订有限公司
装　　订:三河市双峰印刷装订有限公司
出版发行:电子工业出版社
　　　　　北京市海淀区万寿路 173 信箱　邮编　100036
开　　本:787×1092　1/16　印张:19　字数:487 千字
版　　次:2023 年 5 月第 1 版
印　　次:2024 年 1 月第 2 次印刷
定　　价:59.80 元

凡所购买电子工业出版社图书有缺损问题,请向购买书店调换。若书店售缺,请与本社发行部联系,联系及邮购电话:(010)88254888,88258888。

质量投诉请发邮件至 zlts@phei.com.cn,盗版侵权举报请发邮件至 dbqq@phei.com.cn。

本书咨询联系方式:(010)88254604,lijing@phei.com.cn(QQ:1096074593)。

前　　言

得益于深度学习技术的迅速发展，人工智能无论是在学术界还是在产业界都迎来了蓬勃发展的局面，随之出现的问题是缺乏优秀的教材，适合高职学生的人工智能教材更是难见踪影。

本书是根据高职院校的学情编写的，以让学生更好地理解、掌握机器学习算法为出发点，以学生零基础为假设前提，以训练学生的编程思维、掌握常用算法为目标。

在内容上，本书较为全面地介绍了机器学习中的监督学习算法和无监督学习算法。更重要的是，本书通过大量的案例，以"源代码＋注释＋代码"讲解的形式，尽可能详细地解释程序的含义，让学生可以快速理解算法、重现案例，并在此基础上将算法应用于其他数据集或实际问题。

本书具有以下特点：

一、在知识表述上，本书针对每个知识点所列举的示例，尽可能做到示例程序本身具备讲解功能。

二、注重学以致用，本书借助大量的示例程序，使学生能直观地理解知识的含义及应用场景。

三、充分发挥现在媒体平台及移动智能终端的优势，本书配备丰富的教学资源，包括电子课件、源代码、微课、习题答案等，读者可以登录华信教育资源网或 GitHub 网站进行下载。

为了加深学生对知识点的印象与理解，也帮助教师了解学生的学习情况，每章后面都配备了一些思考与练习。学生可以利用这部分内容，有的放矢，加强学习，加深理解。

感谢电子工业出版社李静编辑的鼎力支持，给本书提了许多中肯的修改建议。

本书难免存在疏漏和不足之处。欢迎广大师生在使用过程中，不吝指正。

陈　鑫

2023 年 5 月

目　录

第1章　机器学习算法概述 …………………………………………………… 1

1.1　机器学习 ………………………………………………………………… 1

1.2　机器学习分类 …………………………………………………………… 2

    1.2.1　监督学习 ………………………………………………………… 2

    1.2.2　无监督学习 ……………………………………………………… 2

    1.2.3　强化学习 ………………………………………………………… 3

1.3　机器学习中的基本概念 ………………………………………………… 3

1.4　机器学习环境搭建 ……………………………………………………… 4

    1.4.1　Python 安装 ……………………………………………………… 4

    1.4.2　PyCharm 及相关包的下载安装 ………………………………… 6

    1.4.3　JupyterLab ………………………………………………………… 9

1.5　本章小结 ………………………………………………………………… 12

思考与练习 ……………………………………………………………………… 12

第2章　NumPy 和 Matplotlib 入门 …………………………………………… 13

2.1　NumPy 数组基础 ………………………………………………………… 13

    2.1.1　创建 NumPy 数组 ………………………………………………… 14

    2.1.2　NumPy 数组的索引与切片 ……………………………………… 16

    2.1.3　NumPy 数组的变形 ……………………………………………… 18

    2.1.4　NumPy 合并与分割 ……………………………………………… 20

    2.1.5　NumPy 的通用函数 ……………………………………………… 25

    2.1.6　NumPy 数组的聚合运算 ………………………………………… 27

    2.1.7　NumPy 数组的广播 ……………………………………………… 28

    2.1.8　NumPy 数组比较、掩码和布尔逻辑 …………………………… 30

    2.1.9　NumPy 花哨的索引 ……………………………………………… 30

    2.1.10　NumPy 的矩阵运算 ……………………………………………… 32

2.2　Matplotlib 数据可视化 ………………………………………………… 36

    2.2.1　线形图 ……………………………………………………………… 36

2.2.2 散点图 ··· 39

2.2.3 直方图和柱状图 ······································· 41

2.2.4 等高线图 ·· 43

2.2.5 多子图 ·· 46

2.2.6 三维图像 ·· 50

2.3 本章小结 ·· 53

思考与练习 ·· 53

第3章 线性回归算法 ·· 54

3.1 简单线性回归 ·· 54

3.2 正规方程算法（最小二乘法）································· 55

3.3 多项式回归 ·· 61

3.4 线性回归的正则化算法 ······································ 64

3.5 Sklearn 的线性回归 ·· 66

3.6 本章小结 ·· 69

思考与练习 ·· 69

第4章 机器学习中的搜索算法 ···································· 70

4.1 梯度下降算法 ·· 70

4.1.1 梯度下降算法概述 ······································· 70

4.1.2 模拟实现梯度下降算法 ··································· 71

4.1.3 线性回归中的梯度下降算法 ······························ 73

4.2 随机梯度下降算法 ·· 75

4.2.1 回归问题中的随机梯度下降算法 ·························· 76

4.2.2 梯度下降算法与随机梯度下降算法的效果对比 ············· 78

4.3 小批量梯度下降算法 ·· 81

4.4 牛顿迭代算法 ·· 85

4.4.1 模拟实现牛顿迭代算法 ··································· 85

4.4.2 线性回归问题中的牛顿迭代算法 ·························· 87

4.5 坐标下降算法 ·· 88

4.6 Sklearn 的随机梯度下降算法 ································ 90

4.7 本章小结 ·· 96

思考与练习 ·· 96

第5章 Logistic 回归算法 ·· 97

5.1 Logistic 回归的基本概念 ·································· 97

5.1.1　Sigmoid() 函数 ································· 97

5.1.2　Logistic 模型 ································· 98

5.2　Logistic 回归算法的应用 ································· 99

5.3　评价分类结果 ································· 103

5.3.1　准确率（Accuracy） ································· 103

5.3.2　精确率 (Precision) 和召回率 (Recall) ················· 104

5.3.3　ROC 曲线和 AUC 度量 ································· 115

5.4　多元回归算法 SoftMax ································· 118

5.4.1　SoftMax 回归基本概念 ································· 119

5.4.2　SoftMax 回归优化算法 ································· 120

5.5　Sklearn 的 Logistic 回归算法 ································· 126

5.6　本章小结 ································· 130

思考与练习 ································· 130

第 6 章　支持向量机算法 ································· 132

6.1　支持向量机的基本概念 ································· 132

6.1.1　感知机 ································· 132

6.1.2　支持向量机 ································· 137

6.1.3　支持向量机的对偶 ································· 138

6.2　支持向量机优化算法 ································· 139

6.3　核方法 ································· 144

6.4　软间隔支持向量机 ································· 153

6.4.1　软间隔支持向量机的概念 ································· 153

6.4.2　Hinge 损失函数与软间隔支持向量机 ················· 156

6.5　Sklearn 的 SVM 库 ································· 159

6.5.1　Sklearn SVM 算法库使用概述 ················· 159

6.5.2　SVM 核函数概述 ································· 159

6.5.3　SVM 分类算法的使用 ································· 160

6.5.4　SVM 算法的调参要点 ································· 162

6.6　本章小结 ································· 174

思考与练习 ································· 174

第 7 章　朴素贝叶斯算法 ································· 175

7.1　朴素贝叶斯 ································· 175

7.1.1　数学基础 ································· 175

7.1.2　朴素贝叶斯的种类 ································· 176

7.2 朴素贝叶斯算法分类 ······ 177

7.2.1 基于极大似然估计的朴素贝叶斯算法 ······ 178

7.2.2 基于贝叶斯估计的朴素贝叶斯算法 ······ 180

7.3 Sklearn 的朴素贝叶斯算法 ······ 183

7.3.1 Sklearn 的高斯朴素贝叶斯实现 ······ 183

7.3.2 Sklearn 的多项式朴素贝叶斯实现 ······ 184

7.3.3 Sklearn 的伯努利朴素贝叶斯实现 ······ 186

7.4 本章小结 ······ 188

思考与练习 ······ 188

第 8 章 决策树算法 ······ 189

8.1 决策树的基本概念 ······ 189

8.2 决策树优化算法 ······ 194

8.2.1 决策树回归问题的 CART 算法 ······ 195

8.2.2 决策树分类问题的 CART 算法 ······ 196

8.3 CART 算法的实现 ······ 198

8.3.1 决策树 CART 算法实现 ······ 198

8.3.2 决策树回归算法实现 ······ 201

8.3.3 决策树分类算法实现 ······ 204

8.4 Sklearn 的决策树 ······ 207

8.5 集成学习算法 ······ 214

8.5.1 装袋评估算法 ······ 215

8.5.2 随机森林算法 ······ 218

8.5.3 AdaBoost 提升 ······ 221

8.5.4 梯度提升决策树 ······ 227

8.6 本章小结 ······ 232

思考与练习 ······ 232

第 9 章 聚类算法 ······ 233

9.1 K 均值算法 ······ 233

9.2 合并聚类算法 ······ 238

9.3 DBSCAN 算法 ······ 246

9.4 Sklearn 的聚类算法 ······ 252

9.4.1 K 均值算法（Kmeans） ······ 252

9.4.2 近邻传播算法（Affinity Propagation） ······ 258

9.4.3 均值漂移算法（Mean-shift） ······ 261

9.4.4　合并聚类算法（Agglomerative Clustering） ················ 263

9.4.5　带噪声的基于密度的空间聚类算法（DBSCAN）··············· 268

9.5　本章小结 ··· 272

思考与练习 ·· 272

第 10 章　降维算法 ··· 273

10.1　主成分分析法 ··· 273

10.1.1　算法思想 ··· 273

10.1.2　主成分分析法的实现 ······························· 276

10.2　主成分分析的核方法 ···································· 278

10.3　Sklearn 的主成分分析法 ································· 281

10.3.1　Sklearn 的 PCA 算法 ······························ 281

10.3.2　Sklearn 的带核 PCA 算法 ·························· 284

10.4　本章小结 ··· 290

思考与练习 ·· 290

第1章　机器学习算法概述

机器学习在许多方面都可以看成数据科学能力延伸的主要手段。机器学习是用数据科学的计算能力和算法能力去弥补统计方法的不足，其最终结果是为那些目前既没有高效的理论支持，又没有高效的计算方法的统计推理与数据探索问题提供解决方法。机器学习的本质就是借助数学模型理解数据。当我们给模型配置可以适应观测数据的可调参数时，"学习"就开始了；此时的程序被认为具有从数据中"学习"的能力。一旦模型可以拟合旧的观测数据，那么它们就可以预测并解释新的观测数据。

1.1　机器学习

通俗地讲，机器学习是让机器通过模拟或实现人类的学习行为来获取新的知识或技能，重新整理已有的知识结构，以不断改善自身智能。机器学习的一个被广为引用的抽象定义：给定任务 T、相关的经验 E 及关于学习效果的度量 P，机器学习就是通过对经验 E 的学习来优化任务 T 完成效果的度量 P 的一个过程。机器学习的原理与人类学习的过程十分相似：对已知的经验信息加以提炼，以掌握完成某项任务的方法。在机器学习中，用于学习的经验数据称为训练数据，完成任务的方法称为模型。机器学习的核心内容是针对给定任务，以训练数据为输入，以模型为输出（也是算法的输出），然后利用该模型对新样本进行预测。机器学习算法原理如图 1-1 所示。

图 1-1　机器学习算法原理

机器学习与人类学习相比，有以下一些优点。第一，机器学习算法可以从海量数据中提取与任务相关的重要特征。例如，在虹膜识别技术中，机器学习算法能从众多医学数据及生物特征中选取细丝、冠状、条纹、隐窝等细节特征，来区别任意两个不同的虹膜，人类无法做到这一点。第二，机器学习算法可以自动地对模型进行调整，以适应不断变化的环境。例如，在房价预测系统中，机器学习算法能自动根据类似的小区的最新交易记录，对某小区的房价预测迅速做出调整，其反应速度也远远超过人类。

当然，机器学习也存在一些问题。（1）机器学习算法需要大量的训练数据来训练模型。在数据不足的情况下，机器学习算法往往面临两个挑战。第一，训练数据的代表性不够好。这使得模型在面对完全陌生的任务场景时会不知所措，例如，无人驾驶汽车算法的训练数据中没有包含雪天的行驶记录，那么经训练所得到的模型很可能无法在雪天给出正确的驾驶指令。第二，训练数据的一些特殊的特征可能将模型带入过度拟合的误区。过度拟合就是指算法过度解读训练数据，从而失去了模型的可推广性（泛化能力）。在无人驾驶汽车的例子中，如果训练数据不足，如只有两条数据：遇到红灯停车，遇到红色停止标志停车。在这种情况下，机器学习算法可能会从仅有的这两条数据中提炼出如下模型：前方出现红色物体则停车，这就是过度拟合。（2）目前机器学习还没有在创造性的工作领域中取得成效。

🤖 1.2 机器学习分类

机器学习一般可以分为两类：监督学习和无监督学习。除此之外，还有介于两者之间的强化学习。

1.2.1 监督学习

监督学习是指对数据的若干特征与若干标签（类型）之间的关联性进行建模的过程。这类学习过程可根据标签取离散值或连续值，进一步划分为分类任务或回归任务。监督学习的任务是根据对象的特征对标签的取值进行预测。

如果标签的取值是有限个可能值，那么称相应的监督学习问题为分类问题。例如，手写数字识别是一个经典的监督学习 10 分类问题。如果标签取值为某个区间内的实数，那么称相应的监督学习为回归问题。例如，在房价预测问题中，训练数据有房屋面积、学区、与地铁站距离等特征，并含有交易价格作为其标签，因为价格取连续值，所以房价预测问题是一个回归问题。

1.2.2 无监督学习

无监督学习是指对不带任何标签的数据特征进行建模，通常被看成一种"让数据自己介绍自己"的过程。例如，在手写数字识别问题中，忽略训练数据的标签，仅根据特征对训练数据进行分类，机器学习算法也能将数据分成 10 类。每类具有相同的数字，但它无法识别出具体数字，因为训练数据中并不包含这类信息，这就是一个无监督学习问题。在无监督学习中，聚类算法和降维算法是两类应用最为广泛的算法。

1. 聚类算法

聚类算法与监督学习中的分类算法类似，都是将数据按模式归类。只是聚类算法仅限于对未知分类的数据进行分类，而分类算法是用已知分类的训练数据训练出一个能够预测数据类别的模型。异常检测就是一个经典的聚类问题。例如，银行信用卡消费记录的数据检测。

2. 降维算法

在很多应用中，数据的特征维度都非常高，这不但增加了求解问题的复杂性和难度，而且特征之间容易出现相互不独立的现象，给问题的求解带来麻烦，因此，用维度较低的向量（特征）来表示元素的高维特征，即降维算法。例如，MNIST 手写数字识别训练数据集，每条训练数据的特征都是 28 像素 × 28 像素灰度矩阵（可转化表示为 784 维向量），Embedding Projector 将其 748 维向量降为 2 维，从而可以在平面直角坐标系上展示这些数据。

1.2.3　强化学习

强化学习是介于监督学习和无监督学习之间的一种机器学习算法。一方面，强化学习使用没有带标签的训练数据作为输入，算法需要通过自发的探索环境来获取训练数据；另一方面，由于环境对每个行动能够提供反馈，通过探索得到的数据可认为是带标签的。强化学习的任务是根据对环境的探索，制定应对环境变化的策略。它模拟了生物探索环境与积累经验的过程。无人驾驶汽车系统、机器人控制等都是强化学习的实际应用案例。

1.3　机器学习中的基本概念

我们以 Sklearn 中的鸢尾花数据集为例，介绍机器学习中的一些基本概念，鸢尾花的数据集一共包含 150 条数据，其中部分数据如表 1-1 所示。

表 1-1　鸢尾花数据集（部分）

萼片长度（单位：cm）	萼片宽度（单位：cm）	花瓣长度（单位：cm）	花瓣宽度（单位：cm）	种类
5.1	3.5	1.4	0.2	0
4.9	3	1.4	0.2	0
7	3.2	4.7	1.4	1
6.4	3.2	4.5	1.5	1
6.3	3.3	6	2.5	2
5.8	2.7	5.1	1.9	2

样本：每行数据称为一个样本（也称为训练数据），每个样本都含有特征和标签。表1-1一共包含 6 个样本。样本的所有可能取值称为样本空间。

特征：除了最后一列，每列数据都表示一个特征（属性），表 1-1 中的 4 个特征分别是鸢尾花的萼片长度、萼片宽度、花瓣长度和花瓣宽度，单位为 cm。特征的所有可能取值称为特征空间。

标签：在回归问题中，训练数据含有一个数值标签 $y \in R$；在 k 元分类问题中，训练数据含有一个向量标签 $y \in \{0,1\}^k$，标签的所有可能取值，称为标签空间。表 1-1 最后一列表示的就是标签，种类 0 表示 setosa（山鸢尾），1 表示 versicolor（变色鸢尾），2 表示 virginica（弗吉尼亚鸢尾）。在分类问题中，标签表示对象的类别，如山鸢尾；在回归问题中，标签表示对象的一个数值属性，如在房价预测中表示价格。

数据集：随机抽取观测对象采集到的数据的整体称为数据集。例如，鸢尾花的 150 个样本就构成了一个数据集。

下面再介绍机器学习算法的几个概念。

模型：机器学习中的"模型"是运行在数据上的机器学习算法的输出。模型表示机器学习算法所学到的内容，通常用函数 $h(x)$ 来描述。

损失函数：损失函数通常用来评价模型的预测值和真实值不一样的程度。

经验损失：模型在训练数据上的平均损失称为经验损失。在理想情况下，一个监督学习算法应该选择期望损失最小的模型，但通常是做不到的，当训练数据的规模足够大时，经验损失能够很好地接近期望损失。

模型假设：在不对模型做任何限制时，一个模型过度拟合训练数据会影响模型的可推广性，即泛化能力。因此，通常需要通过对数据的观察及对问题背景的理解，对模型的结构做出合理的假设（如线性模型），从而降低过度拟合程度。

一个带有模型假设的经验损失最小化算法的目标是计算出在设定的模型假设中经验损失最小的模型。根据具体问题，选择具体的模型假设与损失函数，可得出相应的算法。

1.4　机器学习环境搭建

扫一扫
看微课

为了学习和执行机器学习算法，需要提供一个适当的计算机运行环境。考虑绝大多数的 PC 用户使用 Windows 系统（在 Linux 系统中，其安装配置过程基本与在 Windows 系统中相同），我们只介绍在 Windows 系统中相关开发工具与运行环境的配置。下面详细地介绍如何为计算机搭建机器学习算法所需的运行环境。

1.4.1　Python 安装

因为本书的机器学习算法是采用 Python 语言实现的，所以我们的操作系统需要先安装

Python。首先在 Python 语言的官网下载所需版本的 Python 安装包，如图 1-2 所示。一般来说，较新的版本都可以，但有时候部分第三方工具库或框架，例如，TensorFlow 版本更新与 Python 版本更新可能不同步，导致最新版本的 Python 可能不支持 TensorFlow，安装不了 TensorFlow，所以，要根据实际情况，根据自己使用的操作系统，选取合适的版本进行安装。这里我们以 Windows 系统为例，进行演示。

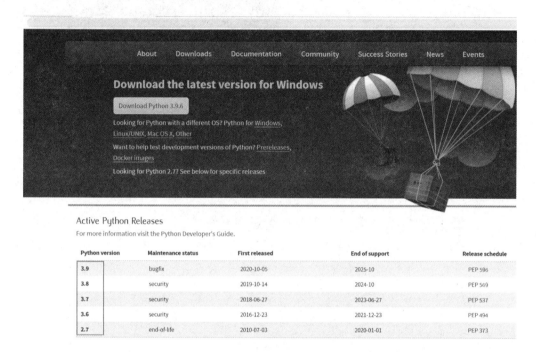

图 1-2　下载 Python 安装包

（1）下载合适的 Python 安装包后，双击该应用程序图标，弹出如图 1-3 所示的安装界面，勾选图中的两个复选框，将 Python 3.8 添加到系统环境变量中，方便以后使用，然后选择"Install Now"选项，不修改安装路径（当然，也可以根据自身需求修改安装路径），选择默认安装设置参数即可。

图 1-3　安装界面

（2）当安装完成之后，弹出如图 1-4（左）所示的对话框，将其关闭即可。也可以通过键盘组合键【Win + X】，在弹出的菜单栏中选择"运行"选项，然后在运行窗口中输入"cmd"，打开控制台，再输入"python --version"，确认 Python 是否安装成功。

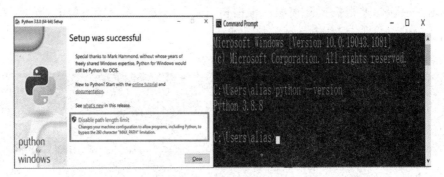

图 1-4　Python 安装完成

1.4.2　PyCharm 及相关包的下载安装

为了后续开发的方便，还需要安装一个集成开发环境（IDE），访问 JetBrains 的官网，下载 PyCharm 社区版（通过学生或教师邮箱注册账号，可免费使用专业版），如图 1-5 所示。

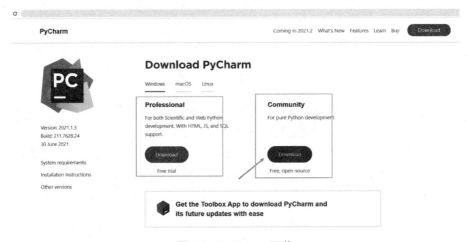

图 1-5　PyCharm 下载

下载之后，双击应用程序的图标，弹出如图 1-6 所示的对话框，单击"Next"按钮进入下一步操作，可进行安装路径的选择（不建议修改，因为当遇到问题时，便于处理），再次单击"Next"按钮，可以选择配置 PyCharm 安装，如创建桌面快捷方式、添加启动器目录到系统路径等，可根据需要进行选择。再次单击"Next"按钮进入下一步操作，单击"Install"按钮进行安装，稍等片刻即可，最后单击"Finish"按钮完成安装。该安装过程较为简单，在此不详细展示。此外，PyCharm 专业版的安装跟社区版基本一样，就不再赘述。

图 1-6　安装 PyCharm

　　一般来说，各个不同的项目所需的工作环境不同，所需的包不同或相同的包的版本不同，为避免不同项目之间因为包的不同而造成彼此干扰，创建 PyCharm 项目时，PyCharm 会为新项目创建一个新的独立虚拟环境，这是一个很贴心的功能。下面讲解虚拟环境的创建过程。

　　首先启动 PyCharm，如果是第一次运行该 IDE（集成开发环境），此时会弹出一个创建新项目的对话框；若之前已经运行过该 IDE，则会直接进入 IDE 的开发界面。若是第一种情况，则直接创建新项目即可；若是第二种情况，则选择 "File" 菜单，在弹出的菜单中选择 "New Project" 选项，弹出如图 1-7 所示的界面（第一种情况也是这样），然后按照图中所标数字顺序依次进行相应的操作。

　　（1）选择纯 Python 项目；

　　（2）选择保存项目的路径，这里设置为 F:\workspace\mlbook；

　　（3）选择新建 Virtualenv 虚拟环境；

　　（4）选择虚拟环境相关包的根目录存放路径 , 这里设置为 F:\workspace\mlbook\venv；

　　（5）选择 Python 的基本解析器。

　　然后单击图 1-7 中的 "Create" 按钮，这样就创建了一个新的 Python 项目。正如前面所说的，一个项目需要相关的库或包的支持，因此，我们还要根据需求进行相关包的安装。

　　因为默认的 pip 源为国外源，一般情况下的下载、安装速度很慢，因此，最好将 pip 源修改为国内源。具体做法如下：在 IDE 中，选择 "File" → "Settings" 选项弹出图 1-8 中标示数字 1 的 Setting 界面，然后按图中数字顺序依次单击数字 2 处的 "Python Interpreter" 选项，紧接着单击数字 3 处的 "+" 号，弹出数字 4 所标示的界面，单击 "Manage Repositories" 按钮，弹出最上面的界面，在数字 5 处，进行添加、删除或先选中下面的源列表中的某一项，再进行编辑，将 pip 源修改为国内源，如阿里云的源。如图 1-8 所示，将 pip 源修改为阿里云的源。最后单击数字 6 处的 "OK" 按钮，完成修改。

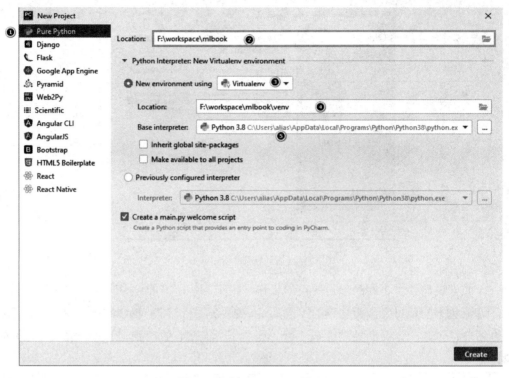

图 1-7　新建 PyCharm 项目

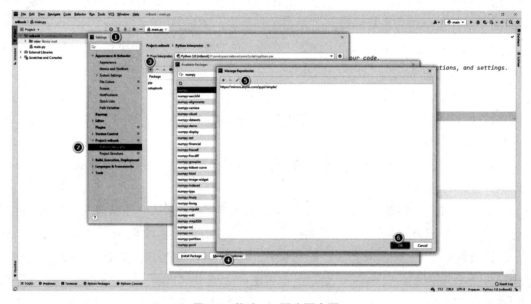

图 1-8　修改 pip 源为国内源

完成国内源的设置之后，根据项目需求，开始安装相关的包，我们以 NumPy 这个最为常用的科学计算库为例，讲解其安装过程。具体操作如图 1-9 所示，前 3 步与将 pip 源修改为国内源一致，然后在数字 4 处的搜索框内输入 "numpy"，这时，PyCharm 会在我们刚刚设置的阿里云的源中搜索是否存在 "numpy" 这个包，如果存在，那么会在下面的列表中显示，选中数字 5 处的"numpy"，然后单击数字 6 处的"Install Package"按钮，很快即可完成 NumPy 的安装。其他包的安装与此类似。

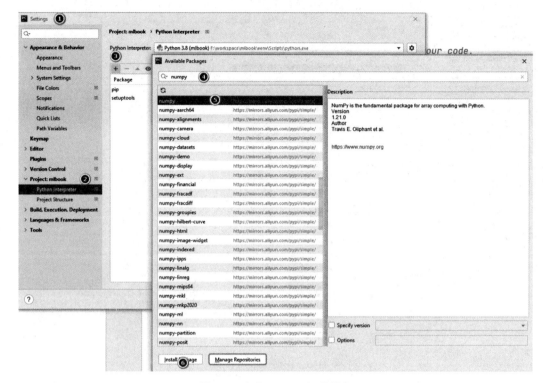

图 1-9　安装 Python 相关的包

1.4.3　JupyterLab

扫一扫
看微课

1. JupyterLab 简介

JupyterLab 是 Jupyter 主打的最新的数据科学计算工具。JupyterLab 是 Jupyter Notebook 的下一代产品，目前最新版本为 3.0.16。JupyterLab 作为一种基于 Web 的集成开发环境，可以用于编写 notebook、操作终端、编辑 markdown 文本、打开交互模式、查看 csv 文件及图片等。

2. JupyterLab 的安装与配置

JupyterLab 的安装非常容易。第一种方法：按照 1.4.2 节中介绍的方法进行安装，如图 1-10 所示，在数字 1 处输入"jupyterlab"并按回车键搜索，在搜索结果中，选中数字 2 处的"jupyterlab"，单击数字 3 处的"Install Package"按钮即可完成安装。安装完成之后，图 1-9 中数字 3 所在界面的 Package 下面会出现相关的新安装包的信息。

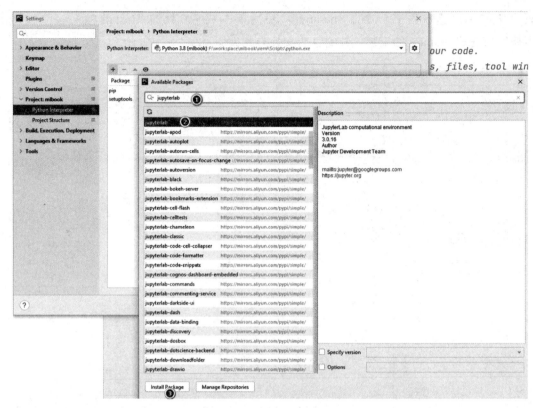

图 1-10　安装 JupyterLab

第二种安装方法如图 1-11 所示，在 PyCharm 的下方单击数字 1 处的 "Terminal"，然后在数字 2 处当前的虚拟环境目录下输入 "pip install jupyterlab" 并按回车键，即可完成安装。当然，也可以在控制台 cmd 中输入相同的命令，完成 JupyterLab 的安装，但这种安装，不属于在虚拟环境中的安装。

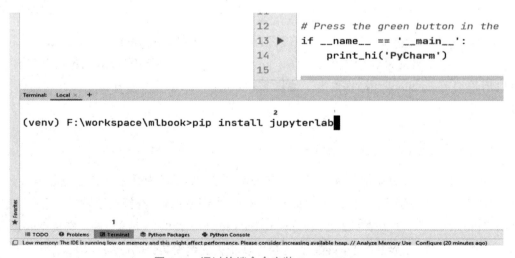

图 1-11　通过终端命令安装 JupyterLab

在图 1-11 的数字 2 处的命令行中，输入"jupyter lab --generate-config"并按回车键，默认会在用户目录下生成一个配置文件，该配置文件存放在"C:\Users\ 操作系统的用户名 \.jupyter\jupyter_lab_config.py"中，一般来说，保持默认配置即可。

当然也可以根据自身需求进行相应的配置。例如，为了修改 JupyterLab 启动之后打开的文件根目录，打开该配置文件，搜索 c.ServerApp.root_dir，删除最左边的注释符号 #，并将其值设置为希望启动后 JupyterLab 的笔记文件根目录，如 c.ServerApp.root_dir = 'F:\workspace\mlbook'。有时候，为了避免与其他应用程序的端口号发生冲突，可以搜索 c.ServerApp.port，删除最左边的注释符号 #，并将其值设置为想要的端口号，如 c.ServerApp.port = 28888。

完成以上的配置并保存之后，在 Terminal 中输入"jupyter lab"就可以启动 JupyterLab 了。如图 1-12 所示，在数字 1 处，可以看到当前使用的是前面设置的 28888 端口，根目录（数字 2 处）为前面设置的 F:\workspace\mlbook（可以通过 pwd 命令验证），单击数字 3 处的"Python 3（ipykernel）"，即可启动 JupyterLab。在下一章，我们将在 JupyterLab 中学习机器学习中用到的一些基础库的知识。

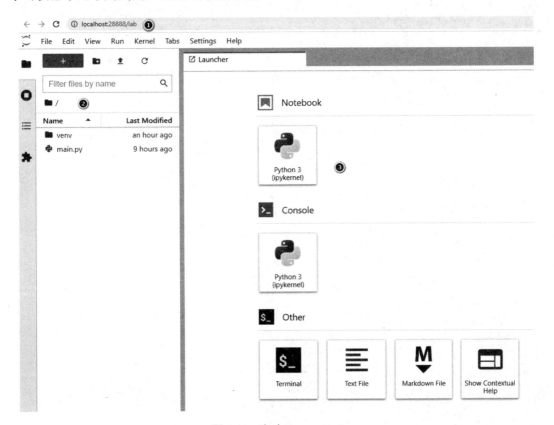

图 1-12　启动 JupyterLab

 1.5　本章小结

本章首先对机器学习做了一个概述，简单介绍了什么是机器学习及机器学习的分类。然后介绍了机器学习所需的开发环境搭建及相关包的安装与配置，为后续章节的学习做准备。

思考与练习

1. 简述机器学习的概念。

2. 在自己的计算机中安装并配置 Python 3、PyCharm 和 JupyterLab。

3. 在 PyCharm 中，安装机器学习所需的相关工具包，如 NumPy、Matplotlib、Sklearn 等。

第 2 章　NumPy 和 Matplotlib 入门

NumPy（Numerical Python）是 Python 中科学计算的基础包。它是一个 Python 包，提供多维数组对象、各种派生对象（如掩码数组和矩阵），以及用于数组快速操作的各种 API，包括数学、逻辑、形状操作、排序、选择、输入 / 输出、离散傅里叶变换、基本线性代数、基本统计运算和随机模拟等知识。越来越多的基于 Python 的科学和数学软件包使用 NumPy 数组，为了高效地使用当今科学 / 数学基于 Python 的工具，特别是本书后面的章节中，大量使用了 NumPy，我们需要学习如何使用 NumPy 数组。

Matplotlib 是一个 Python 2D 绘图包，它以多种硬拷贝格式和跨平台的交互式环境生成高质量的图形。Matplotlib 可用于 Python 脚本、Python 和 IPython Shell、Jupyter 笔记本、Web 应用程序服务器等。Matplotlib 尝试使事情变得更容易，只需几行代码就可以生成图表、直方图、功率谱、条形图、误差图、散点图等。本书后面章节中，为了更好地展示模型和数据，也将使用到该工具包，因此，本章也对该工具包做一个入门介绍。

2.1　NumPy 数组基础

NumPy 包的核心是 ndarray 对象。它封装了 Python 原生的同数据类型的 n 维数组，为了保证其性能优良，其中有许多操作都是代码在本地进行编译后执行的。下面展示如何创建 NumPy 数组。首先在控制台或 PyCharm 的 Terminal 中输入 "jupyter lab" 并按回车键，启动 JupyterLab。选择 Notebook 下的 Python 3，之后进入如图 2-1 所示界面。简单介绍一下 JupyterLab 界面包含的组件，图中数字 1 处是菜单栏，包含文件、编辑、运行、视图等常用操作选项；数字 2 处为左侧边栏，包含文件、kernel、终端、插件的管理器；数字 3 处为主工作区，可以在这里进行代码的输入、运行和输出等操作。主工作区还支持 markdown 语法的输入 / 输出，有关 JupyterLab 的更多操作功能和一些常用的快捷键，读者可以通过上网搜索学习。

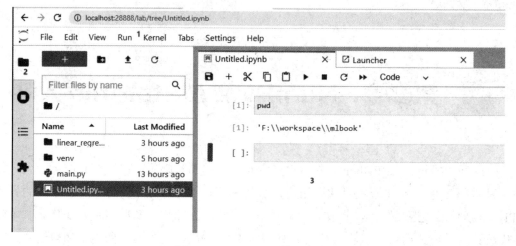

图 2-1　JupyterLab 的工作界面

2.1.1　创建 NumPy 数组

我们可以有多种方式创建 NumPy 数组，下面通过实例来介绍 NumPy 数组的创建。

```
[1]: pwd
[1]: 'E:\\workspace\\mlbook'
     使用 np.array 从 Python 列表创建数组
[2]: import numpy as np   # 导入 numpy
[3]: # 创建整数数组
         np.array([1, 2, 3, 4, 5])
[3]: array([1, 2, 3, 4, 5])
[4]: # 创建多维数组
     np.array([[1, 2, 3], [4, 5, 6], [7, 8, 9]])
[4]: array([[1, 2, 3],
            [4, 5, 6],
            [7, 8, 9]])
[5]: # NumPy 要求数组的元素类型必须是相同的，如果不匹配，NumPy 会自动向上转型（如果可行）
     # 如果希望明确设置数组元素的类型，可使用 dtype 关键字指定
         np.array([1, 2, 3, 4], dtype='float32')
[5]: array([1., 2., 3., 4.], dtype=float32)
```

除此之外，当需要创建大型数组（当然，为了方便展示，这里仍然使用小型数组的例子）时，通过 NumPy 内置的方法创建数组是一种更高效的方法。例如：

```
[6]: # 创建一个长度为 5 的全 0 数组
     np.zeros(5)
[6]: array([0., 0., 0., 0., 0.])
[7]: # 创建一个全 1 的 2x4 的浮点型数组
     np.ones([2, 4], dtype=float)
```

```
[7]: array([[1., 1., 1., 1.],
            [1., 1., 1., 1.]])
[8]: # 创建一个 3x4 的浮点型数组，数组元素均为 π 的近似值
     np.full([3, 4], np.pi)
[8]: array([[3.14159265, 3.14159265, 3.14159265, 3.14159265],
            [3.14159265, 3.14159265, 3.14159265, 3.14159265],
            [3.14159265, 3.14159265, 3.14159265, 3.14159265]])
[9]: # 创建一个数组值是线性序列的数组，从 0 开始，到 20 结束，步长为 2
     np.arange(0, 20, 2)
[9]: array([ 0,  2,  4,  6,  8, 10, 12, 14, 16, 18])
[10]: # 创建一个包含 11 个元素的数组，起取值在 [0, 1] 之间等间隔分布
     np.linspace(0, 1, 11)
[10]: array([0. , 0.1, 0.2, 0.3, 0.4, 0.5, 0.6, 0.7, 0.8, 0.9, 1. ])
[11]: # 创建一个 3x3 的，服从 0,1 均匀分布的数组
      # 为了方便读者重现，这里设定随机种子
      # 读者只要使用相同的随机种子就可以得到相同的结果
      np.random.seed(1)
      np.random.random((3, 3))
[11]: array([[4.17022005e-01, 7.20324493e-01, 1.14374817e-04],
             [3.02332573e-01, 1.46755891e-01, 9.23385948e-02],
             [1.86260211e-01, 3.45560727e-01, 3.96767474e-01]])
[12]: # 创建一个 3x3 的数组，其元素值服从 0 到 10 之间的均匀分布
      np.random.seed(1)
      np.random.uniform(0, 10, [3, 3])
[12]: array([[4.17022005e+00, 7.20324493e+00, 1.14374817e-03],
             [3.02332573e+00, 1.46755891e+00, 9.23385948e-01],
             [1.86260211e+00, 3.45560727e+00, 3.96767474e+00]])
[13]: # 创建一个 3x3 的，均值为 0，方差为 1 的正态分布随机数组
      np.random.seed(1)
      np.random.normal(0, 1, [3, 3])
[13]: array([[ 1.62434536, -0.61175641, -0.52817175],
             [-1.07296862,  0.86540763, -2.3015387 ],
             [ 1.74481176, -0.7612069 ,  0.3190391 ]])
[14]: # 创建一个 3x3 的单位矩阵
      np.eye(3)
[14]: array([[1., 0., 0.],
             [0., 1., 0.],
             [0., 0., 1.]])
```

　　当然，除了上述列举的方法，还有其他一些常见的创建数组的方法，用到的时候再做介绍。

2.1.2　NumPy 数组的索引与切片

NumPy 数组的索引方式相似，但又有所不同。特别是在进行多维数组引用时，采用 Python 标准列表索引方式，可能导致结果不是想要的，甚至是错误的，这点需要特别注意。下面通过实例进行说明。

数组索引，NumPy 数组的单个元素引用与 Python 列表的单个元素引用一样。

```
[1]: # 一维数组的元素引用
    import numpy as np
    a = np.array([0, 1, 2, 3, 4])
    a[1]
[1]: 1
[2]: # 二维数组的元素引用，可以用 a[i][j]，也可以用 a[i, j]
    b = np.array([[0, 1, 2], [3, 4, 5]])
    b[0][1]
[2]: 1
[3]: b[1, 2]
[3]: 5
```

NumPy 数组切片的语法与 Python 中的切片语法是一样的，都是 a[开始 : 结束 : 步长]。

```
[4]: a = np.arange(10)
    a
[4]: array([0, 1, 2, 3, 4, 5, 6, 7, 8, 9])
[5]: # 取出 a 的前 5 个元素
    a[:5]
[5]: array([0, 1, 2, 3, 4])
[6]: # 取出 a 的 2~4 个元素
    a[2:5]
[6]: array([2, 3, 4])
[7]: # 取出 a 的下标为奇数的元素
    a[1::2]
[7]: array([1, 3, 5, 7, 9])
[8]: # 有时候想要逆序取出数组最后几个元素，可以采用步长为负数的方式，例如，逆序每隔一个元素取出 a
    中的 3 个元素
    a[:-6:-2]
[8]: array([9, 7, 5])
```

对于多维数组的切片，可以用同样的方式进行处理，用冒号隔开，例如：
多维数组切片操作。

```
[9]: a = np.array([[0, 1, 2, 3], [4, 5, 6, 7], [8, 9, 10, 11]])
    a
```

```
[9]: array([[ 0,  1,  2,  3],
            [ 4,  5,  6,  7],
            [ 8,  9, 10, 11]])
[10]: # 取出数组 a 的前 2 行、前 3 列
      a[:2, :3]
[10]: array([[0, 1, 2],
            [4, 5, 6]])
[11]: # 特别注意，这个时候使用 a[:2][:3] 会得到不一样的结果
      a[:2][:3]
[11]: array([[0, 1, 2, 3],
            [4, 5, 6, 7]])
```

a[:2][:3] 的计算逻辑是先得到 a 的前 2 行 a[:2]，在这个结果的基础上，再去得到它的前 3" 列 "（实际上是中间结果的前 3 行）

```
[12]: b = a[:2] # b 是 a 的前 2 行数据
      b
[12]: array([[0, 1, 2, 3],
            [4, 5, 6, 7]])
[13]: b[:3] # 取出 b 的前 3 行数据，但因为 b 是一个 2x4 的数组，并没有 3 行，所以只能取出前 2 行
[13]: array([[0, 1, 2, 3],
            [4, 5, 6, 7]])
```

获取数组的行和列。

```
[14]: # 一种很常见的需求是获取数组的单行和单列
      a
[14]: array([[ 0,  1,  2,  3],
            [ 4,  5,  6,  7],
            [ 8,  9, 10, 11]])
[15]: a1 = a[:, 1]
      a1
[15]: array([1, 5, 9])
[16]: # 在获取行时，NumPy 提供了简洁的语法表达方式，既可以用 a[1,:] 也可以用 a[1] 得到第 1 行数据
      a[1,:]
[16]: array([4, 5, 6, 7])
[17]: a[1]
[17]: array([4, 5, 6, 7])
```

　　另一个需要特别注意的是，NumPy 为了提高自身的运行速度，切片运算得到的子数组作为 NumPy 的非副本数据视图（与原数组共享同一个内存空间），而非数组的一个副本，这在处理非常大的数据集时，可以直接获取或处理这些数据集的片段，而不用复制底层的数据缓存。但有时候，若不希望原始数据被修改，则需要通过 copy() 方法来复制一份

副本，下面通过实际例子来说明这一点。

```
[18]: a = np.array(np.arange(12).reshape(3,4)) # reshape()方法后面会讲到
      a
[18]: array([[ 0,  1,  2,  3],
             [ 4,  5,  6,  7],
             [ 8,  9, 10, 11]])
[19]: sub_a = a[:2, :2] # sub_a为a的前2行2列
      sub_a
[19]: array([[0, 1],
             [4, 5]])
[20]: sub_a[1, 1] = 100 # 修改sub_a第1行1列的元素值为100
[21]: a # 查看a的值，发现a[1, 1]的值也跟着变成了100
[21]: array([[  0,   1,   2,   3],
             [  4, 100,   6,   7],
             [  8,   9,  10,  11]])
[22]: a = np.array(np.arange(12).reshape(3,4))
      a
[22]: array([[ 0,  1,  2,  3],
             [ 4,  5,  6,  7],
             [ 8,  9, 10, 11]])
[23]: sub_a_copy = a.copy() # sub_a_copy是a的一个副本
      sub_a_copy
[23]: array([[ 0,  1,  2,  3],
             [ 4,  5,  6,  7],
             [ 8,  9, 10, 11]])
[24]: sub_a_copy[1, 1] = 100 # 修改sub_a_copy的第1行1列的元素值为100，并查看修改是否成功
      sub_a_copy
[24]: array([[  0,   1,   2,   3],
             [  4, 100,   6,   7],
             [  8,   9,  10,  11]])
[25]: a # 查看a是否跟着变化，可以发现，a仍然保留原来的数据，与sub_a_copy是独立的两份数据
[25]: array([[ 0,  1,  2,  3],
             [ 4,  5,  6,  7],
             [ 8,  9, 10, 11]])
```

2.1.3 NumPy 数组的变形

数组变形是一种很常用的操作，实际上，在上一节中已经使用。数组变形最灵活的实现方式是通过 reshape() 方法来实现，这个方法要求原始数组的大小和变形后的数组大小必须一致。这时，reshape() 方法会得到原始数组的一个非副本视图。除了 reshape() 方法，在需要增加维度的位置上增加一个关键字 np.newaxis 也是一种常用的方法。下面的例子展

示了如何将一维数组变形为二维数组。

数组的变形操作。

```
[1]: import numpy as np
     a = np.arange(0, 12) # 创建一个包含 12 个元素的一维数组
     a
[1]: array([ 0,  1,  2,  3,  4,  5,  6,  7,  8,  9, 10, 11])
[2]: b = a.reshape(2, 6)
     b
[2]: array([[ 0,  1,  2,  3,  4,  5],
            [ 6,  7,  8,  9, 10, 11]])
[3]: b[1, 1] = 100 # 修改 b 的元素 b[1, 1] 为 100
     # 查看数组 a 的数据, 发现 a[7] 也变成了 100, 可见 b 只是 a 的视图, 而不是独立的副本
     a
[3]: array([ 0,   1,   2,   3,   4,   5,   6, 100,   8,   9,  10,  11])
[4]: # 如果只要求将 a 表示为一个 3 行的二维数组, 那么另外一个维度, 可以由 NumPy 自动计算得到, 只需输
     入 -1
     # 要求数组 a 的总长度可以被转换后得到的数组 c 的行数 3 整除, 这时, 得到一个 3x4 的数组
     c = a.reshape(3, -1)
     c
[4]: array([[  0,   1,   2,   3],
            [  4,   5,   6, 100],
            [  8,   9,  10,  11]])
[5]: # 另一种常见的变形是将一个一维数组转变为二维数组
     # 只需在所需增加的维度上, 添加关键字 np.newaxis, 这时该维度上元素的个数为 1, 该方法生成的新
     数组也是原数组的视图
     a = np.arange(0, 6)
     b = a[np.newaxis, :] # b 是 a 在行 ( 第 0 个维度 ) 的位置上添加一个坐标, 变成 1x6 的矩阵
     b
[5]: array([[0, 1, 2, 3, 4, 5]])
[6]: # 将 a 转变为 6 行 1 列的数据, 并将其第 3 行 0 列的元素值修改为 100
     c = a[:, np.newaxis]
     c[3, 0] = 100
     c
[6]: array([[  0],
            [  1],
            [  2],
            [100],
            [  4],
            [  5]])
```

除了可以将一维数组变形为二维（多维）数组，也可以反过来，将二维（多维）数组变形为一维数组。

```
[7]: # 将二维数组转变为一维数组，可用 flatten() 方法
     a = np.arange(0, 10).reshape(2, 5)
     a
[7]: array([[0, 1, 2, 3, 4],
            [5, 6, 7, 8, 9]])
[8]: b = a.flatten()
     b
[8]: array([0, 1, 2, 3, 4, 5, 6, 7, 8, 9])
[9]: # 如果二维数组中有一个维度为 1，那么使用 squeeze() 方法也可以
     a = np.arange(0, 10).reshape(-1, 1)
     b = a.squeeze()
     b
[9]: array([0, 1, 2, 3, 4, 5, 6, 7, 8, 9])
[10]: # 事实上，对于一维数组和多维数组的转换也是同样成立的
      a = np.arange(0, 30).reshape(2, 3, 5)
      a # a 是一个 3 维的张量，这在图像处理中，彩色图像有 3 种颜色通道会用到
[11]: array([[[ 0,  1,  2,  3,  4],
             [ 5,  6,  7,  8,  9],
             [10, 11, 12, 13, 14]],

            [[15, 16, 17, 18, 19],
             [20, 21, 22, 23, 24],
             [25, 26, 27, 28, 29]]])
      b = a.flatten() # 将 3 维张量转化为一维数组（向量）
      b
[11]: array([ 0,  1,  2,  3,  4,  5,  6,  7,  8,  9, 10, 11, 12, 13, 14, 15, 16,
             17, 18, 19, 20, 21, 22, 23, 24, 25, 26, 27, 28, 29])
```

2.1.4 NumPy 合并与分割

前面介绍的创建数组、数组切片及数组变形等操作都是针对单一数组的，在实际应用中，很多时候也需要将多个数组合并成为一个，或将一个数组分割为多个。合并（拼接）操作主要使用 np.concatenate()、np.vstack()、np.hstack()、np.c_[] 及 np.r_[] 等方法来实现。接下来，通过实际例子来熟悉这些操作。

NumPy 数组的合并。

```
[1]: import numpy as np
     a = np.arange(0, 6)
     b = np.arange(6, 12)
     a, b
[1]: (array([0, 1, 2, 3, 4, 5]), array([ 6,  7,  8,  9, 10, 11]))
[2]: # concatenate() 方法合并或连接两个一维数组
```

```
      c = np.concatenate([a, b])
      c
[2]: array([ 0,  1,  2,  3,  4,  5,  6,  7,  8,  9, 10, 11])
[3]: # concatenate() 方法合并或连接两个数组，具体指出沿着哪一个方向进行合并
      # 本例是一维数组，只有 axis=0 这一个维度
      d = np.concatenate([a, b], axis=0)
      d
[3]: array([ 0,  1,  2,  3,  4,  5,  6,  7,  8,  9, 10, 11])
[4]: # 利用 a 和 b 创建两个二维数组 aa 和 bb
      aa = a.reshape(2, -1)
      bb = b.reshape(2, -1)
      aa, bb
[4]: (array([[0, 1, 2],
              [3, 4, 5]]),
       array([[ 6,  7,  8],
              [ 9, 10, 11]]))
[5]: # 将 aa 和 bb 沿着 axis=0（二维数组的行方向，或者理解为多维数组最大的维度，即该方向包含的元素
      数量最多）
      # 要求在另一个维度（列）axis=1 的方向上元素的个数必须是一样的
      cc = np.concatenate([aa, bb], axis=0)
      cc
[5]: array([[ 0,  1,  2],
              [ 3,  4,  5],
              [ 6,  7,  8],
              [ 9, 10, 11]])
[6]: # 将 aa 和 bb 沿着 axis=1（二维数组的列方向，或者理解为多维数组的次大的维度）
      # 要求沿着 axis=0 的方向上元素的个数必须是一样的
      dd = np.concatenate([aa, bb], axis=1)
      dd
[7]: array([[ 0,  1,  2,  6,  7,  8],
              [ 3,  4,  5,  9, 10, 11]])
      # concatenate() 方向也可以一次合并多个数组，只要其他维度符合规则即可
      ee = np.concatenate([aa, bb, cc])
      ee
[7]: array([[ 0,  1,  2],
              [ 3,  4,  5],
              [ 6,  7,  8],
              [ 9, 10, 11],
              [ 0,  1,  2],
              [ 3,  4,  5],
              [ 6,  7,  8],
              [ 9, 10, 11]])
```

沿着垂直方向合并数组时，使用 np.vstack()；沿着水平方向合并数组时，使用 np.hstack() 更方便。

```
[8]: x = np.array([[0, 1, 2]]) # 1x3
     y = np.array([[1, 1, 1], [2, 2, 2]]) # 2x3
     z = np.array([[3],[3]]) # 2x1
[9]: u = np.vstack([x, y]) # 沿着垂直方向合并，要求垂直方向上的元素个数相同，1x3 与 2x3 满足 u
     # 效果跟沿着 axis=0 方向拼接相同
[9]: array([[0, 1, 2],
            [1, 1, 1],
            [2, 2, 2]])
[10]: uu = np.concatenate([x, y], axis=0)
      uu
[10]: array([[0, 1, 2],
             [1, 1, 1],
             [2, 2, 2]])
[11]: v = np.hstack([y, z]) # 沿着水平方向合并，要求水平方向上的元素个数相同，2x3 与 2x1 满足 v
      # 效果跟沿着 axis=1 方向拼接相同
[11]: array([[1, 1, 1, 3],
             [2, 2, 2, 3]])
[12]: vv = np.concatenate([y, z], axis=1)
      vv
[12]: array([[1, 1, 1, 3],
             [2, 2, 2, 3]])
```

对于多维数组，还可以用 np.dstack() 沿着第三个维度进行数组的合并。

```
[13]: # 除此之外，还有 np.dstack() 沿着第三个维度进行数组合并
      a = np.arange(30).reshape(2, 3, 5)
      b = np.arange(29, -1, -1).reshape(2, 3, 5)
      a, b
[13]: (array([[[ 0,  1,  2,  3,  4],
               [ 5,  6,  7,  8,  9],
               [10, 11, 12, 13, 14]],

              [[15, 16, 17, 18, 19],
               [20, 21, 22, 23, 24],
               [25, 26, 27, 28, 29]]]),
       array([[[29, 28, 27, 26, 25],
               [24, 23, 22, 21, 20],
               [19, 18, 17, 16, 15]],

              [[14, 13, 12, 11, 10],
               [ 9,  8,  7,  6,  5],
```

```
                  [ 4,  3,  2,  1,  0]]]))
[14]: c = np.dstack([a, b])
      c
[14]: array([[[ 0,  1,  2,  3,  4, 29, 28, 27, 26, 25],
              [ 5,  6,  7,  8,  9, 24, 23, 22, 21, 20],
              [10, 11, 12, 13, 14, 19, 18, 17, 16, 15]],

             [[15, 16, 17, 18, 19, 14, 13, 12, 11, 10],
              [20, 21, 22, 23, 24,  9,  8,  7,  6,  5],
              [25, 26, 27, 28, 29,  4,  3,  2,  1,  0]]])
```

在进行合并操作时，还经常用到 np.c_[] 和 np.r_[] 方法，np.c_[] 按列拼接两个矩阵，就是把两个矩阵左右拼接，要求行数相等。而 np.r_[] 是按行拼接两个矩阵，就是把两个矩阵上下拼接，要求列数相等。

```
[15]: # 创建 A, B, C 三个矩阵
      A = np.arange(0, 8).reshape(2, 4)
      B = np.ones([2, 3])
      C = np.zeros([3, 4])
      A, B, C
[15]: (array([[0, 1, 2, 3],
              [4, 5, 6, 7]]),
       array([[1., 1., 1.],
              [1., 1., 1.]]),
       array([[0., 0., 0., 0.],
              [0., 0., 0., 0.],
              [0., 0., 0., 0.]]))
[16]: # 按列拼接两个矩阵，要求两个矩阵 A, B 的行数相同
      D = np.c_[A, B]
      D
[17]: array([[0., 1., 2., 3., 1., 1., 1.],
             [4., 5., 6., 7., 1., 1., 1.]])
      # 按行拼接两个矩阵，要求两个矩阵 A, C 的列相同
      E = np.r_[A, C]
      E
[17]: array([[0., 1., 2., 3.],
             [4., 5., 6., 7.],
             [0., 0., 0., 0.],
             [0., 0., 0., 0.],
             [0., 0., 0., 0.]])
```

与合并操作相反的操作是分割操作，分割操作可以通过 np.split()、np.vsplit() 和 np.hsplit() 方法来实现。其中 np.vsplit() 沿着垂直方向将数组切分成上下几个部分（相当于

沿着 axis=0 的方向），np.hsplit() 沿着水平方向将数组切分成左右几个部分（相当于沿着 axis=1 的方向），对于多维数组，还可以用 np.dsplit() 将数组沿着第三个维度切分。

```
[1]: import numpy as np
     a = np.arange(0, 15)
     a
[1]: array([ 0,  1,  2,  3,  4,  5,  6,  7,  8,  9, 10, 11, 12, 13, 14])
[2]: # 当 split() 函数的第二个参数为整数 n 时，将数组 a 切分为相等大小的 n 个子数组，要求 a 的元素个
     数能被第二个参数 n 整除
     a1, a2, a3 = np.split(a, 3)
     a1, a2, a3
[2]: (array([0, 1, 2, 3, 4]), array([5, 6, 7, 8, 9]), array([10, 11, 12, 13, 14]))
[3]: # 当 split() 函数的第二个参数为数组时（表示下标），该参数记录切分点位置，n 个切分点会得到 n+1
     个子数组
     # 下面的 np.hsplit() 和 np.split() 的用法类似
     a1, a2, a3 = np.split(a, [2, 5])
     a1, a2, a3
[3]: (array([0, 1]),
      array([2, 3, 4]),
      array([ 5,  6,  7,  8,  9, 10, 11, 12, 13, 14]))
[4]: b = np.reshape(a, [3, -1]) # b= a.reshape(3, -1) 结果一样
     b
[4]: array([[ 0,  1,  2,  3,  4],
            [ 5,  6,  7,  8,  9],
            [10, 11, 12, 13, 14]])
[5]: # 对于二维数组，split() 方法还可以指定切分的方向，默认为 axis=0
     c = np.split(b, [2, 4], axis=1) # 沿着列的方向切分
     c
[5]: [array([[ 0,  1],
             [ 5,  6],
             [10, 11]]),
      array([[ 2,  3],
             [ 7,  8],
             [12, 13]]),
      array([[ 4],
             [ 9],
             [14]])]
[6]: # 沿着水平方向切分，可以使用 np.hsplit() 方法，将数组切分为左右几个部分
     d = np.hsplit(b, [2, 4])
     d
[6]: [array([[ 0,  1],
             [ 5,  6],
             [10, 11]]),
```

```
      array([[ 2,  3],
             [ 7,  8],
             [12, 13]]),
      array([[ 4],
             [ 9],
             [14]])]
```

```
[7]: # 沿着垂直水平方向切分，可以使用 np.vshplit()，将数组切分为上下几个部分
     e = np.vsplit(b, [2])
     e
[7]: [array([[0, 1, 2, 3, 4],
            [5, 6, 7, 8, 9]]),
      array([[10, 11, 12, 13, 14]])]
[8]: # 多维数组，沿着第三维进行切分
     f = np.arange(0, 24).reshape(1, 2, -1)
     f
[8]: array([[[ 0,  1,  2,  3,  4,  5,  6,  7,  8,  9, 10, 11],
            [12, 13, 14, 15, 16, 17, 18, 19, 20, 21, 22, 23]]])
[9]: g = np.dsplit(f, [2, 5])
     g
[9]: [array([[[ 0,  1],
             [12, 13]]]),
      array([[[ 2,  3,  4],
             [14, 15, 16]]]),
      array([[[ 5,  6,  7,  8,  9, 10, 11],
             [17, 18, 19, 20, 21, 22, 23]]])]
```

2.1.5　NumPy 的通用函数

　　NumPy 运算效率高的关键是向量化操作，通常在 NumPy 的通用函数（Universal Function）中实现。NumPy 为很多类型的操作提供了静态类型的可编译程序接口，即向量化操作一对数组的每个元素，来避免 CPython 在每次循环时对数据类型的检查和函数的调度（这些操作使运算本身更耗时），从而提高程序的执行效率。

　　NumPy 提供了大量的通用函数，既可以对标量和数组操作，也可以对两个数组进行操作。

```
[1]: import numpy as np
     a = np.arange(6).reshape(2, -1)
     2 ** a
[1]: array([[ 1,  2,  4],
            [ 8, 16, 32]], dtype=int32)
[2]: # 取绝对值
     b = np.arange(-5, 5)
     b
```

```
[2]: array([-5, -4, -3, -2, -1,  0,  1,  2,  3,  4])
[3]: c = np.abs(b)  # 也可以直接输入 np.abs(b) 得到输出结果
     c
[3]: array([5, 4, 3, 2, 1, 0, 1, 2, 3, 4])
[4]: # 取模
     d = np.mod(b, 3)
     d
[4]: array([1, 2, 0, 1, 2, 0, 1, 2, 0, 1], dtype=int32)
[5]: # 更常用的取模操作，使用 %
     e = b % 3
     e
[5]: array([1, 2, 0, 1, 2, 0, 1, 2, 0, 1], dtype=int32)
[6]: # 三角函数，输出：角度，正弦，余弦，正切
     theta = np.linspace(0, np.pi, 7)
     theta, np.sin(theta), np.cos(theta), np.tan(theta)
[6]: (array([0.        , 0.52359878, 1.04719755, 1.57079633, 2.0943951 ,
            2.61799388, 3.14159265]),
      array([0.00000000e+00, 5.00000000e-01, 8.66025404e-01, 1.00000000e+00,
            8.66025404e-01, 5.00000000e-01, 1.22464680e-16]),
      array([ 1.00000000e+00,  8.66025404e-01,  5.00000000e-01,  6.12323400e-17,
            -5.00000000e-01, -8.66025404e-01, -1.00000000e+00]),
      array([ 0.00000000e+00,  5.77350269e-01,  1.73205081e+00,  1.63312394e+16,
            -1.73205081e+00, -5.77350269e-01, -1.22464680e-16]))
[7]: # 指数运算
     x = np.arange(0, 5)
     print(f"x = {x}, 2**x = {np.exp(x)} \ne^x = {np.exp(x)}, 4^x = {np.
     power(4, x)}")
[7]: x = [0 1 2 3 4], 2**x = [ 1.         2.71828183  7.3890561  20.08553692
     54.59815003]
     e^x = [ 1.         2.71828183  7.3890561  20.08553692 54.59815003], 4^x = [
     1    4   16   64  256]
[8]: # 对数运算
     x = np.arange(1, 5)
     print(f"ln(x) = {np.log(x)} \n log2(x) = {np.log2(x)} \n log10(x) = {np.
     log10(x)}")
[8]: ln(x) = [0.          0.69314718 1.09861229 1.38629436]
     log2(x) = [0.          1.          1.5849625 2.        ]
     log10(x) = [0.          0.30103    0.47712125 0.60205999]
```

除此之外，其他一些函数，如双曲三角函数（在 Logistic 回归计算 sigmoid() 函数时，对于一些接近 0 的数值，可避免异常）等，遇到时再介绍。

2.1.6　NumPy 数组的聚合运算

机器学习中常需对数据进行预处理，如对数据进行归一化，以方便后续处理；对数据进行统计以获得对数据的整体认识。常用的统计信息有均值、标准差，除此之外，可能还包括最小值、最大值、和、中位数等。NumPy 内置了一些高效的聚合函数可用于数组的运算。

下面通过具体的例子，来熟悉部分常用内置函数的用法。

数组的聚合操作。

```
[1]: import numpy as np
     np.random.seed(1)
     a = np.random.randint(0, 50, 10) # 产生 10 个 0 到 50 之间的随机整数，构成一维数组
     a
[1]: array([37, 43, 12,  8,  9, 11,  5, 15,  0, 16])
[2]: # 求 a 的最大值、最小值、平均值，以及对 a 的元素求和
     print(f"max_a = {np.max(a)}, min_a = {np.min(a)}, mean_a = {np.mean(a)}, sum_a
     = {np.sum(a)}")
[2]: max_a = 43, min_a = 0, mean_a = 15.6, sum_a = 156
[3]: # 求 a 的标准差和方差
     np.std(a), np.var(a)
[3]: (13.039938650016243, 170.04)
[4]: # 找出 a 中最大值和最小值的下标（索引）
     np.argmax(a), np.argmin(a)
[4]: (1, 8)
[5]: # 计算数组 a 的中位数和分位数 q，至少有百分之 q 的元素小于或等于计算得到的值
     np.median(a), np.percentile(a, 25)
[5]: (11.5, 8.25)
[6]: # 求 b 中各个元素的积
     b = np.array([1, 2, 3, 4])
     np.prod(b)
[6]: 24
[7]: # 对于多元数组，在进行聚合操作时，需要指定操作沿着哪一个方向执行
     c = np.arange(12)
     np.random.seed(1) # 固定种子，方便读者重现实例，读者可修改种子进行测试
     np.random.shuffle(c) # 就地打乱数组的顺序，没有返回值，这种情况在机器学习样本的训练过程中
     有时候会出现
     c = np.reshape(c, [3, 4])
[8]: # 找出行方向上的最大值 max，行最大值的下标 argmax，在机器学习的多元分类问题中，经常使用到
     np.max(c, axis=0), np.argmax(c, axis=0)
[8]: (array([11,  9,  8, 10]), array([2, 2, 2, 0], dtype=int64))
[9]: # 找出列方向上的最小值，列最小值的下标 argmin
     np.min(c, axis=1), np.argmin(c, axis=1)
[9]: (array([2, 0, 5]), array([0, 2, 3], dtype=int64))
```

```
[10]: # 求出c沿着列方向上的和
      np.sum(c, axis=1)
[10]: array([19, 14, 33])
```

2.1.7 NumPy 数组的广播

广播是指 NumPy 在算术运算期间处理不同形状的数组的行为。对数组的算术运算通常在相应的元素上进行。若两个数组具有完全相同的形状，则这些操作被无缝执行。若两个数组的维数不相同，则元素到元素的操作是不可能发生的。然而，在 NumPy 中仍然可以对形状不一样的数组进行操作，因为它具有广播功能。其规则如下：

（1）若两个数组的维数不相同，则两个数组先右对齐，然后维数较小的数组，在其形状的左边补 1 直至两个数组的维数相同。

（2）若两个数组维数相同但形状不匹配，并且在所有对应维度不匹配的形状中，都有一个数组在该维度上的形状为 1，则可扩展形状为 1 的维度为与另一数组相同的形状，否则不可广播。

下面通过具体例子来理解上面的这两条规则。扩展时相当于多复制几份形状 1 上的数据。

```
[1]: import numpy as np
     a = np.array([1, 2, 3]) # a是维数为1的向量，形状为 (3,)
     b = 3 # b是一个标量，没有形状属性
     print(f"a.shape = {a.shape}, a + b = {a + b}") # 根据规则1，为了能与a进行计算，b扩
     展为维数为1、形状为 (3,) 的向量
[1]: a.shape = (3,), a + b = [4 5 6]
[2]: a = np.arange(6).reshape(2, 3) # a是一个维数为2、形状为 (2, 3) 的数组（矩阵）
     b = 3
     print(f"a.shape = {a.shape} \n a + b = \n {a + b}") # 根据规则1，为了能与a进行计算，
     b扩展为维数为2、形状为 (2,3) 的矩阵
[2]: a.shape = (2, 3)
      a + b =
      [[3 4 5]
      [6 7 8]]
[3]: a = np.arange(6).reshape(2, 3) # a是一个维数为2，形状为（2, 3）的数组（矩阵）
     b= np.arange(3) # b是一个维数为1，形状为 (3,) 的向量
     # 根据规则1，a和b的维数不同，形状先右对齐，然后b的形状左边补1得到 (1, 3)，这时，两个数据
     的维数相同
     # 但a和b的形状不匹配，根据规则2，不匹配的维度上有一个是1，可将其扩展为另一个数组的形状，这
     样b的形状变为 (2, 3)
     # 这样就可以进行计算了，这就是广播
     a + b
```

```
[3]: array([[0, 2, 4],
            [3, 5, 7]])
[4]: # 准备测试数据，a 是一个维数为 3（可用 a.ndim 查看维数）、形状为 (2,3,1) 的数组（张量）
     a = np.arange(6).reshape(2, 3, 1)
     b = np.arange(3)  # b 是一个维数为 1、形状为 (3,) 的数组
     print(f"a = {a}, b = {b}")
     (a = [[[0]
       [1]
       [2]]


      [[3]
       [4]
       [5]]], b = [0 1 2]
[5]: # a 和 b 的形状分别是 (2, 3, 1) 和 (3,)，维数不一致，根据规则 1，首先形状右对齐，然后维数小的
     形状左边补 1
     # 得到 b' 的形状为 (1, 1, 3)，这时 a 和 b 的维数都是 3 根据规则 2，对应维度不匹配的形状中，都有
     一个是 1
     # 将之扩展到另一个数组的形状，所以 a 的第 3 个维度扩展为 3，b 的第 1、第 2 个维度分别扩展为 2 和 3，
     最终两个数组都是 (2, 3, 3) 的形状
     c = a + b
     print(f"c = {c}, c.shape = {c.shape}")
     c = [[[0 1 2]
       [1 2 3]
       [2 3 4]]


      [[3 4 5]
       [4 5 6]
       [5 6 7]]], c.shape = (2, 3, 3)
```

我们再来看一个不满足广播规则的例子，两个数组相加将产生异常。

```
[6]: # a 的形状是 (2, 3)，b 的形状是 (2,)，由规则 1，先将 b 扩展为 (1, 2)
     # 但这时 a 和 b 的最右边的形状不匹配，并且没有一个是 1，根据规则 2，无法广播，从而产生异常
     a = np.arange(6).reshape(2, 3)
     b = np.arange(2)
     a + b
     ------------------------------------------------------------------------
     ValueError                                Traceback (most recent call last)
     Input In [9], in <cell line: 5>()
           3 a = np.arange(6).reshape(2, 3)
           4 b = np.arange(2)
     ----> 5 a + b

     ValueError: operands could not be broadcast together with shapes (2,3) (2,)
```

以上的广播操作，演示的都是加法运算，事实上，对于减法和乘法等运算也是成立的。

2.1.8 NumPy 数组比较、掩码和布尔逻辑

当需要根据某些准则来抽取、修改、计数或对一个数组中的值进行其他操作时，掩码通常是完成这类任务的高效方式。

```
[1]: # 取出数组中比 3 小的元素
     import numpy as np
     a = np.array([0, 1, 2, 3, 4, 5])
     a < 3 # 这时可以得到 a 中比 3 小的元素对应的下标的值为 True，比 3 大的元素对应的下标的值为
     False
[1]: array([ True,  True,  True, False, False, False])
[2]: a[a<3] # 取出比 3 小的元素
[2]: array([0, 1, 2])
[3]: # 同理，可以获取大于 3 的，不等于 3 的，大于等于 3 和等于 3 的元素
     a[a>3], a[a!=3], a[a>=3], a[a==3]
[3]: (array([4, 5]), array([0, 1, 2, 4, 5]), array([3, 4, 5]), array([3]))
[4]: # 统计 a>3 的元素个数
     # 统计 a>3 的元素个数，也可以用 np.sum() 方法统计
     print(np.count_nonzero(a > 3), np.sum(a>3)) # 这时判断 a >3 为 True 的值，被解释为 1
     2 2
[5]: # 判断 a 中是否存在大于 3 的元素使用 any() 方法，判断 a 中是否所有元素都大于 3 的元素用 all() 方法
     print(np.any(a > 3), np.all(a > 3))
     True False
[6]: # 布尔运算，按位进行逻辑运算，包括按位与 &，按位或 |，按位异或 ^ 以及按位取反 ~
     a = np.array([0, 1, 2, 3, 4, 5])
     # 取出大于 1 并且小于 4 的元素，注意不能直接写成 1 < a < 4，因为这是按位计算的
     a[(1 < a) & (a < 4)]
[6]: array([2, 3])
[7]: a[a > 3], a[~(a <= 3)] # 等价
[7]: (array([4, 5]), array([4, 5]))
[8]: a = np.array([0, 2, 4, 6]) # 按位异或，例如，6 的二进制为 110，3 的二进制为 011，异或得
     到 101 即 5
     b = np.array([0, 1, 2, 3])
     a ^ b
[8]: array([0, 3, 6, 5], dtype=int32)
```

2.1.9 NumPy 花哨的索引

NumPy 数组强大的功能，还体现在花哨的索引（Fancy Indexing）上。使用数组作为索引称为花哨的索引。它跟前面介绍的简单的索引值（如 a[2]）、切片（如 a[2:]）和布尔

掩码（如 a[a>2]）类似，但它传递的是索引数组，而不是单个标量。花哨的索引能快速访问复杂数组的子数据集；使用花哨的索引同样可以对子数据集进行写操作；利用花哨的索引获得的结果与索引的形状（Shape）一致，与被索引的数组的形状无关。

```
[1]: # 花哨的索引传递一个索引（下标）数组，来一次性获得多个数组元素
     import numpy as np
     np.random.seed(1)
     a = np.random.randint(1, 100, 20)
     a
[1]: array([38, 13, 73, 10, 76,  6, 80, 65, 17,  2, 77, 72,  7, 26, 51, 21, 19,
            85, 12, 29])
[2]: # 若想获得索引 0,5,10,15 的元素，可以通过下面的方式得到
     [a[0], a[5], a[10], a[15]]
[2]: [38, 6, 77, 21]
[3]: # 但更好的方法是用花哨的索引
     ind1 = [0, 5, 10, 15]
     a[ind1]
[3]: array([38,  6, 77, 21])
[4]: # 一个重要的特点，利用花哨的索引，结果的形状与索引一致，这在一些场景下非常有用
     ind2 = np.array([[0, 5], [10, 15]])
     a[ind2]
[4]: array([[38,  6],
            [77, 21]])
[5]: # 花哨的索引也可以用于多维数组，这时第一个索引指的是行，第二个索引指的是列
     a = np.arange(12).reshape(3, 4)
     a
[5]: array([[ 0,  1,  2,  3],
            [ 4,  5,  6,  7],
            [ 8,  9, 10, 11]])
[6]: row = np.array([0, 1, 2]) # 行索引（下标）
     col = np.array([2, 1, 3]) # 列索引（下标）
     a[row, col] # 得到的是 a[0, 2]、a[1, 1]、a[2, 3] 构成的数组
[6]: array([ 2,  5, 11])
[7]: # 花哨索引的配对规则满足前面介绍过的广播规则
     ind = row[:, np.newaxis], col
     ind
[7]: (array([[0],
             [1],
             [2]]),
      array([2, 1, 3]))
[8]: a[ind] # ind 是形状为 (3, 1) 和 (3,) 的数组进行配对，经过右对齐广播之后，形成一个 (3, 3) 的
     索引数组，因此，获取值时，得到一个 3×3 数组
[8]: array([[ 2,  1,  3],
```

```
       [ 6,   5,   7],
       [10,   9,  11]])
```

花哨的索引与其他索引方式结合，可构成更强大的索引功能，如花哨的索引与简单索引组合，花哨的索引与切片组合，花哨的索引和掩码组合等。

```
# 花哨的索引和简单索引组合
[9]: a[2, [2, 0, 1]]
[9]: array([10,   8,   9])
[10]: # 花哨的索引与切片
      a[:2, [2, 0, 1]]
[10]: array([[2, 0, 1],
             [6, 4, 5]])
[11]: # 花哨的索引和掩码组合，下面的 mask 等价于 np.array([True, False, True, False])
      mask = np.array([1, 0, 1, 0], dtype=bool) # 这时只取下标为 1 对应的位置
      row = np.array([0, 2])
      a[row[:, np.newaxis], mask]
[11]: array([[ 0,   2],
             [ 8, 10]])
```

使用花哨的索引，也可以很方便地修改数组中部分元素的值。

```
[12]: # 用花哨的索引修改数组中部分元素的值
      a = np.arange(10)
      ind = np.array([2, 1, 5, 8])
      a[ind] = 100
      print(a)
      [  0 100 100   3   4 100   6   7 100   9]
[13]: b = np.arange(12).reshape(3, 4)
      row = np.array([0, 2])
      col = np.array([1, 3])
      b[row, col] = 100
      b
[13]: array([[  0, 100,   2,   3],
             [  4,   5,   6,   7],
             [  8,   9,  10, 100]])
```

2.1.10 NumPy 的矩阵运算

NumPy 可以轻松计算矩阵乘积、逆矩阵、行列式和特征值。NumPy 具有通用多维数组类 ndarray 和矩阵（二维数组）专用类 matrix。ndarray 和 matrix 都可以执行矩阵（二维数组）操作（矩阵乘积、逆矩阵等），这里只介绍使用 ndarray 进行矩阵运算的用法。有了

ndarray 矩阵运算的知识，matrix 类的学习也非常简单，对 matrix 类感兴趣的读者，可自行查阅相关资料，进行学习。

```
[1]: # 创建矩阵, 矩阵加法、减法
     import numpy as np
     a = np.arange(6).reshape(2, 3)
     b = np.arange(5, -1, -1).reshape(2, 3)
     print(f"a = \n {a} \n b = \n {b}")
     print(f"a + b = \n {a + b}")
     print(f"a - b = \n {a - b}")
     a =
      [[0 1 2]
      [3 4 5]]
      b =
      [[5 4 3]
      [2 1 0]]
     a + b =
      [[5 5 5]
      [5 5 5]]
     a - b =
      [[-5 -3 -1]
      [ 1  3  5]]
[2]: # 矩阵对应元素相乘
     c = np.arange(6).reshape(2, 3)
     d = np.arange(3)
     print(f"(c = \n {c} \nd = \n {d}")
     (c =
      [[0 1 2]
      [3 4 5]]
     d =
      [0 1 2]
[3]: c * d # 矩阵对应元素相乘, 因为 c 和 d 的形状不同, 这时需要用到前面小节介绍过的广播功能
[3]: array([[ 0,  1,  4],
            [ 0,  4, 10]])
[4]: # 矩阵相乘, 有几种操作符或函数可以实现, np.dot(), np.matmul, 还有 @（在 Python 3.5
     NumPy 1.10.0 之后支持）等
     m1 = np.arange(6).reshape(2, 3)
     m2 = np.arange(6).reshape(3, 2)
     print(f"m1 = \n {m1}")
     print(f"m2 = \n {m2}")
     print(f" 矩阵相乘方法 1: m1.dot(m2) = \n {m1.dot(m2)}")
     print(f" 矩阵相乘方法 2: np.dot(m1, m2) = \n {np.dot(m1, m2)}")
     print(f" 矩阵相乘方法 3: np.matmul(m1, m2) = \n {np.matmul(m1, m2)}")
```

```
    print(f"矩阵相乘方法 4: m1 @ m2 = \n {m1 @ m2}")
    m1 =
     [[0 1 2]
     [3 4 5]]
    m2 =
     [[0 1]
     [2 3]
     [4 5]]
    矩阵相乘方法 1: m1.dot(m2) =
     [[10 13]
     [28 40]]
    矩阵相乘方法 2: np.dot(m1, m2) =
     [[10 13]
     [28 40]]
    矩阵相乘方法 3: np.matmul(m1, m2) =
     [[10 13]
     [28 40]]
    矩阵相乘方法 4: m1 @ m2 =
     [[10 13]
     [28 40]]
```

```
[5]: # 矩阵相乘究竟采用上述哪一种方法，可根据具体要求选择，注意矩阵不符合交换律
    print(f"矩阵相乘 m2 @ m1 = \n {m2 @ m1}")
    print(f"矩阵相乘 m1 @ m2 的结果和 m2 @ m1 的结果，形状一般是不同的, (m1 @ m2).shape =
    {(m1 @ m2).shape}, (m2 @ m1).shape = {(m2 @ m1).shape}")
    矩阵相乘 m2 @ m1 =
     [[ 3  4  5]
     [ 9 14 19]
     [15 24 33]]
    矩阵相乘 m1 @ m2 的结果和 m2 @ m1 的结果，形状一般是不同的, (m1 @ m2).shape = (2, 2), (m2
    @ m1).shape = (3, 3)
```

```
[6]: # 矩阵的转置
    print(f"m1 = \n {m1}")
    print(f"(m1.T = \n {m1.T}")
    m1 =
     [[0 1 2]
     [3 4 5]]
    (m1.T =
     [[0 3]
     [1 4]
     [2 5]]
```

```
[7]: # 向量的内积，或向量与矩阵的点积，向量间的点积也可以运算
    a = np.array([1, 2])
    b = np.array([3, 4])
```

```
        c = np.array([[1, 2], [3, 4]])
        print(f" 向量 a 和 b 的内积：{np.inner(a, b)}，向量 a 和矩阵 c 的点积：{np.inner(a, c)}")
        向量 a 和 b 的内积：11，向量 a 和矩阵 c 的点积：[ 5 11]
[8]:    # 矩阵的逆，需要用到线性代数包，若矩阵不可逆，则需要用到伪逆
        a = np.array([[1, 2, 3], [2, 5, 7], [3, 8, 9]])
        b = np.linalg.inv(a) # a 的逆矩阵
        c = a @ b # 单位阵
        print(f"b = \n {b}")
        print(f"c = \n {c}")
        b =
         [[ 5.5 -3.    0.5]
          [-1.5 -0.    0.5]
          [-0.5  1.   -0.5]]
        c =
         [[ 1.00000000e+00   0.00000000e+00 -1.11022302e-16]
          [-2.77555756e-16   1.00000000e+00 -3.33066907e-16]
          [-1.05471187e-15   0.00000000e+00  1.00000000e+00]]
[9]:    # 矩阵的迹，方正的主对角线元素的和 1 + 5 + 9
        np.trace(a)
[9]:    15
[10]:   # 矩阵的行列式
        np.linalg.det(a)
[10]:   -1.9999999999999998
[11]:   # 矩阵特征值和特征向量
        # w：多个特征值组成一个向量，多个特征值并没有按特定的次数排列，特征值中可能包行复数
        # v：多个特征向量组成一个矩阵，每个特征向量都被归一化，第 i 列的特征向量 v[:, i] 对应第 i 个特
        征值 w[i]
        w, v = np.linalg.eig(a)
        print(f" 矩阵 a 的特征值 w = {w}")
        print(f" 矩阵 a 的特征向量 v = \n{v}")
        矩阵 a 的特征值 w = [15.63154682  0.16136309 -0.7929099 ]
        矩阵 a 的特征向量 v =
        [[-0.23914292 -0.96420521 -0.34645664]
         [-0.56494774  0.24210526 -0.67167816]
         [-0.78971179  0.10813585  0.65484062]]
[12]:   # 矩阵的迹等于矩阵所有特征值的和，所以约等于上面求出的 15
        np.sum(w)
[12]:   15.000000000000009
```

🤖 2.2 Matplotlib 数据可视化

本节介绍使用 Python 的 Matplotlib 工具实现数据可视化的方法。Matplotlib 是建立在 NumPy 数组基础上的多平台可视化程序库，具有良好的操作系统兼容性和图形显示底层接口兼容性。Matplotlib 支持几十种图形显示接口和输出格式。Matplotlib 有两种画图接口，一种是便捷的 MATLAB 风格接口，另一种是功能更为强大的面向对象接口，可以适用于更复杂的场景，更好地控制图形。因为篇幅限制和使用更为便捷的 MATLAB 风格已经足够，所以，本书只介绍 MATLAB 风格。

在使用 Matplotlib 进行数据可视化之前，必须先将该包导入，通常使用 import matplotlib.pyplot as plt。下面介绍几种常用的可视化方法。

2.2.1 线形图

在所有图形中，最简单、最常用的是线形图。我们通过具体例子来学习其用法。各条语句的含义，已经在其附近做了注释（正常编写代码时，无须如此多的注释）。

线形图示例如下所示。

```
[1]: # 绘制图像前，需要导入matplotlib包
     import matplotlib.pyplot as plt # matlab风格的接口
     # 在jupyterlab中，使用下面语句，无须重复执行show()方法，若在PyCharm中，则必须执行plt.
     show()方法
     %matplotlib inline
[2]: # 绘制最简单的正弦函数
     import numpy as np
     x = np.linspace(-np.pi, np.pi, 50) # 准备数据，总共描绘50个点
     y = np.sin(x)
     plt.plot(x, y)
     [<matplotlib.lines.Line2D at 0x2bbcecb36a0>]
```

```
[3]: # matplotlib.pyplot.plot(*args, **kwargs) 方法的使用极其灵活多变，只能通过例子介绍其中
     一些常用的用法
     # 如果想要同时绘制多条曲线，可以通过在 plt.plot() 方法中连续指出横纵坐标对进行绘制
     x1 = np.linspace(-np.pi, np.pi, 50) # 准备数据，总共描绘 50 个点
     x2 = np.linspace(0, 2 * np.pi, 50) # 准备数据，总共描绘 50 个点
     y = np.sin(x1)
     z = np.cos(x2)
     plt.plot(x1, y, x2, z) # 连续画出两条曲线，还可以在此基础上，增加线型等
     [<matplotlib.lines.Line2D at 0x2bbd0dca460>,
      <matplotlib.lines.Line2D at 0x2bbd0dca490>]
```

```
[4]: # 同时画出两条曲线，也可以通过执行两次 plt.plot 方法实现
     x1 = np.linspace(-6, 6, 50) # 准备抛物线数据，总共描绘 50 个点
     x2 = np.linspace(-4, 4, 50) # 准备指数函数数据，总共描绘 50 个点
     y = np.array(x1 ** 2) # 绘制抛物线，幂函数
     z = np.exp(x2) # 绘制指数函数
     plt.plot(x1, y)
     plt.plot(x2, z)
     [<matplotlib.lines.Line2D at 0x2bbd0e3ea30>]
```

　　上例中的几条曲线，基本上都是采取了默认的设置绘制出来的，系统会自动选择合适的线条、颜色、坐标轴刻度等。有时候为了使图形更为美观，满足实际需求，也可以对其进行必要的参数设置。

线形图的详细参数设置如下所示。

```
[5]: # plt.plot()方法有很多参数可以对线形图进行设置
     # 在 matplotlib 中设置字体为黑体，解决 matplotlib 中文乱码问题
     plt.rcParams['font.sans-serif'] = ['SimHei']
     # 解决 matplotlib 坐标轴负号显示为方块的问题
     plt.rcParams['axes.unicode_minus'] = False
     # 绘制最简单的正弦函数
     import numpy as np
     x = np.linspace(-2 * np.pi, 2 * np.pi, 50) # 描绘 50 个点
     y = np.sin(x)
     z = np.cos(x)
     # 设置曲线线形和颜色，b 为蓝色，r 为红色，g 为绿色，y 为黄色，k 为黑色等
     # -为实线，--为虚线，-.为点画线，o 为圆点等，更多参数请查看相关文档
     # 设置 label，为后面显示图例 legend 做准备
     plt.plot(x, y, 'k-.', label='sin(x)')
     plt.plot(x, z, 'yo', label='cos(x)')
     # 设置坐标轴的上下限，横轴从-5 到 +5，纵轴从-1.5 到 +1.5
     plt.xlim(-5, 5)
     plt.ylim(-1.5, 1.5)
     # 设置图形的标题 title
     plt.title('三角函数', fontsize=20)
     # 设置图形的坐标轴标签 label
     plt.xlabel('横坐标', fontsize=18)
     plt.ylabel('纵坐标', fontsize=18)
     # 设置图例 legend，为了显示图例，需要在 plt.plot()方法中设置 label
     plt.legend()
     # 增加网格
     plt.grid()
```

线形图绘制方法 plt.plot() 的使用非常灵活，它还可以采用关键字参数或者位置参数与关键字参数混合使用，这些参数的取值，既可以用全称，也可以简写。因其参数个数，每

个参数取值都较多，限于篇幅，不便一一介绍，更详细的内容可参考网络资源。

使用关键字参数绘制图形如下所示。

```
[6]: x = np.linspace(-2 * np.pi, 2 * np.pi, 30) # 描绘 30 个点
     y = np.sin(x) * np.exp(-x) # 待绘制的两条曲线
     z = x ** 3 + 2 * x ** 2 + 3 * x + 4
     # 设置线形、标记、颜色和标签
     plt.plot(x, y, linestyle='-.', marker='*', color='b', label='$y=sin(x)+e^{-x}$')
     # 标签支持 LaTex 风格
     plt.plot(x, z, linestyle=':', marker='<', color='g', label='$z=x^3+2x^2+3x+4$')
     # 设置图形的标题 title
     plt.title(' 使用关键字参数示例 ', fontsize=20)
     # 设置图例 legend，为了显示图例，需要在 plt.plot() 方法中设置 label
     plt.legend()
     # 增加网格
     plt.grid()
```

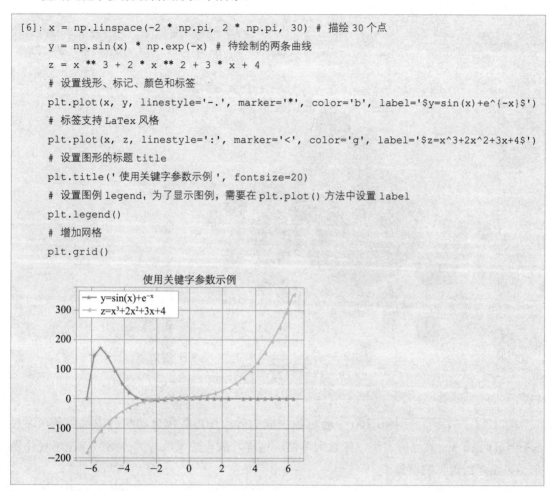

2.2.2　散点图

另一种常用的图形是散点图（Scatter Plot），这种图形不再由线段连接，而由独立的点、圆圈或其他形状构成。在机器学习中，经常需要查看样本的分布情况，这种场景使用散点图最为合适。事实上，散点图也可用上一节的 plt.plot() 方法绘制，如 2.2.1 节小圆点刻画的余弦函数曲线。但是散点图更多的是使用 plt.scatter() 进行绘制，其功能非常强大，且用法与 plt.plot() 类似。下面主要以 plt.scatter() 方法为例，进行介绍。

散点图示例如下所示。

```
[1]: import numpy as np
     import matplotlib.pyplot as plt
     %matplotlib inline
     np.random.seed(1) # 方便读者重现实例，固定种子
```

```
x = np.random.randn(100)
y = np.random.randn(100) # 产生100个服从标准正态分布N(0, 1)的随机数，作为横坐标和纵坐标
colors = np.random.rand(100)
sizes = 1000 * np.random.rand(100) # 产生100个服从均匀分布U[0,1]的随机数作为颜色值
plt.scatter(x, y, c=colors, s=sizes, alpha=0.3, cmap='viridis') # alpha参数调整透明度
plt.colorbar() # 显示颜色条
<matplotlib.colorbar.Colorbar at 0x238229f0a60>
```

以上程序展示了一个由100个随机数生成的散点图。颜色自动映射成颜色条（通过colorbar()显示），散点的大小以像素为单位。这样，散点的颜色与大小就可以在可视化图形中显示多维数据的信息了。

在机器学习中，鸢尾花数据集是一个经常被用到的数据集，它里面有3种鸢尾花（山鸢尾、变色鸢尾、弗吉尼亚鸢尾），每个样本是一种花，包含4个特征，分别是花瓣长度、花瓣宽度、萼片长度和萼片宽度。

散点图对鸢尾花的特征可视化如下所示。

```
[2]: from sklearn.datasets import load_iris
     iris = load_iris() # 导入并加载鸢尾花数据集
     features = iris.data.T # 对特征进行转置
     # 以鸢尾花的萼片长度、萼片宽度作为(x, y)，以花瓣宽度表示点的大小，以3种颜色对应3种不同种类
     的鸢尾花
     plt.scatter(features[0], features[1], alpha=0.2, s=100*features[3], c=iris.
     target, cmap='viridis')
     plt.xlabel(iris.feature_names[0], fontsize=18)
     plt.ylabel(iris.feature_names[1], fontsize=18)
[2]: Text(0, 0.5, 'sepal width (cm)')
```

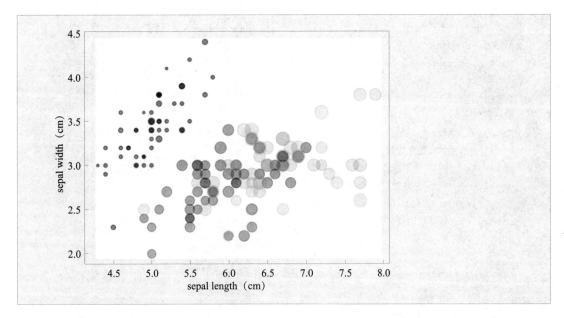

以上程序对鸢尾花进行了数据的可视化处理，在该散点图中，我们同时看到了不同维度的数据：每个点的坐标值 (x, y) 分别表示萼片长度和萼片宽度，点的大小表示花瓣宽度，3 种颜色对应 3 种不同类型的鸢尾花。这类多颜色和多特征的散点图在探索和演示数据时非常有用。

2.2.3　直方图和柱状图

在机器学习中，可视化数据集对于理解数据非常有帮助，一个简易的频次直方图可以作为理解数据集的良好开端。

直方图是一种统计报告图，在形式上是一个个长条，直方图用长条的面积表示频数，所以长条的高度表示频数 / 组距，宽度表示组距，其长度和宽度均有意义。当宽度相同时，一般就用长条的长度表示频数。

柱状图（条形图）在形式上也是一个个长条，用长条表示每个类别，长条的长度表示类别的频数，宽度表示类别。

直方图一般用来描述等距数据，柱状图一般用来描述名称（类别）数据或顺序数据。直观上，直方图各个长条是衔接在一起的，表示数据间的数学关系；柱状图各长条之间留有空隙，区分不同的类。

直方图的示例如下所示。

```
[1]: import matplotlib
     import matplotlib.pyplot as plt
     import numpy as np
     # 设置 matplotlib 正常显示中文和负号（用 plt.rcParams['font.sans-serif']=['SimHei'] 也可以）
     matplotlib.rcParams['font.sans-serif']=['SimHei']  # 用黑体显示中文
```

```
matplotlib.rcParams['axes.unicode_minus']-False  # 正常显示负号
# 随机生成 (10000,) 服从标准正态分布的数据
np.random.seed(1)
data = np.random.randn(100000)
"""
绘制直方图
data：必选参数，绘图数据
bins：直方图的长条形数目，可选项，默认为 10
denstity：是否将得到的直方图向量归一化，可选项，默认为 0，代表不归一化，显示频数
density=1，表示归一化，显示频率
facecolor：长条形的颜色
edgecolor：长条形边框的颜色
alpha：透明度
"""
plt.hist(data, bins=40, density=0, facecolor='blue', edgecolor='black', alpha=0.5)
# 显示横轴标签
plt.xlabel(' 区间 ', fontsize=18)
# 显示纵轴便签
plt.ylabel(' 频数 / 频率 ', fontsize=18)
# 显示图标题
plt.title(" 频数 / 频率分布直方图 ", fontsize=20)
```

[1]: Text(0.5, 1.0, ' 频数 / 频率分布直方图 ')

以下程序是共享单车需求量随季节的变化而变化的条形图，该数据来源于 Kaggle 竞赛中提供的共享单车问题数据。

```
[2]: import matplotlib.pyplot as plt
     import matplotlib
     # 设置matploblib正常显示中文和负号
     matplotlib.rcParams['font.sans-serif']=['SimHei'] # 用黑体显示中文
     matplotlib.rcParams['axes.unicode_minus']=False # 正常显示负号
     season = ['春', '夏', '秋', '冬']
     data = [116, 215, 234, 199]
     x = range(len(season))
     rects = plt.bar(x, height=data, width=0.4, alpha=0.8, color='blue')
     plt.title(' 季节与需求量 ', fontsize=20)
     plt.xticks([index for index in x], season, fontsize=18)
     plt.ylim(0, 280)
     for rect in rects:
         height = rect.get_height()
     plt.text(rect.get_x() + rect.get_width() / 2, height + 5, str(height), ha =
     "center", va = "bottom")
```

季节与需求量

2.2.4　等高线图

有时在二维图上用等高线图或者彩色图来表示三维数据是一个不错的方法，Matplotlib 提供了 3 个函数来解决这个问题：用 plt.contour() 画等高线图（轮廓图），用 plt.contourf() 画带有填充色的等高线图（filled contour plot），用 plt.imshow() 显示图形。

等高线图示例 $Z = X^2 + Y^2$ 如下所示。

```
[1]: # 导入模块
     import numpy as np
     import matplotlib.pyplot as plt
     x = np.linspace(-10, 10, 100)
```

```
y = np.linspace(-10, 10, 100)
X, Y = np.meshgrid(x, y)  # 用原始一维数组构建二维网格数据
Z = X ** 2 + 2 * Y ** 2  # 绘制的函数 Z
# 画等高线，levels 为等高线密度（越大越密），colors 等高线颜色为蓝色，alpha 不透明度为 0.5
C = plt.contour(X, Y, Z, levels=7, colors='blue', alpha=0.5)
plt.clabel(C, inline=True, fontsize=10)  # inline 表示是否把标签嵌入等高线内，fontsize
标注字体大小
```

```
[1]: <a list of 12 text.Text objects>
```

以上程序展示了多元函数的等高线图，可以清晰看到，该三维图像在 Z 轴方向上的切面是一个椭圆。有时为了更好地展示图形，还可以在图形的等高线之间进行色彩的填充。在机器学习的支持向量机中，利用核函数方法进行分类时，常会用到填充的等高线图。作为对比，下面程序在绘制出等高线的基础上，同时填充了色彩。

```
# 导入模块
[2]: import numpy as np
    import matplotlib.pyplot as plt
    x = np.linspace(-10, 10, 100)
    y = np.linspace(-10, 10, 100)
    X, Y = np.meshgrid(x, y)  # 用原始一维数组构建二维网格数据
    Z = X ** 2 + 2 * Y ** 2  # 绘制的函数 Z
    # 填充颜色，f 即 filled
    plt.contourf(X, Y, Z)
    # 画等高线，levels 为等高线密度（越大越密），colors 等高线颜色为白色，alpha 不透明度为 0.5
    C = plt.contour(X, Y, Z, levels=7, colors='white', alpha=0.5)
    plt.clabel(C, inline=True, fontsize=10)  # inline 表示是否把标签嵌入等高线内，fontsize
    标注字体大小
    # 取消坐标刻度
    plt.xticks(())
    plt.yticks(())
    ([], [])
```

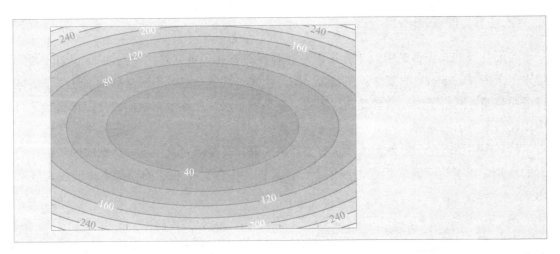

通过组合使用 plt.contour()、plt.contourf() 和 plt.imshow() 这 3 个函数，基本可以满足我们绘制所有这种在二维图标上的三维数据的需求。以下程序为使用 plt.imshow() 函数展示多元函数的轮廓图。

```
[3]: import numpy as np
     import matplotlib.pyplot as plt
     x = np.linspace(0, 10, 50)
     y = np.linspace(0, 10, 50)
     X, Y = np.meshgrid(x, y)
     Z = np.sin(X) ** 2 + np.cos(Y) ** 2
     contours = plt.contour(X, Y, Z, 3, colors='blue')
     plt.clabel(contours, inline=True, fontsize=8)  # 绘制轮廓标签
     # extent 表示绘图的区间，origin 表示坐标轴的样式（lower 跟平时画的一致，upper 的圆点在左上
     角），cmap 设置线条的色彩
     plt.imshow(Z, extent=[0, 8, 0, 8], origin='lower', cmap='PiYG')
     <matplotlib.image.AxesImage at 0x1a17215e520>
```

2.2.5 多子图

前面几节的知识都是绘制单一图形，有时候需要从多角度对比数据，Matplotlib 为此提出了子图（subplot）的概念：在较大的图形中同时放置一组较小的坐标轴。这些子图可以是图中图、网格子图，或者是其他形式更复杂的布局。在本节，我们将介绍在机器学习中比较常用的子图方法。

（1）图中图适用于对数据既要求有整体的了解，又要求对其中部分特殊的细节进行展示的场景。以下程序既展示了曲线的整体，又在图中图里把曲线的局部最小值放大展示出来。

```
[1]: import matplotlib.pyplot as plt
     import numpy as np
     # matplotlib 中设置字体为黑体，解决 matplotlib 中文乱码问题
     plt.rcParams['font.sans-serif']=['SimHei']
     # 解决 matplotlib 坐标轴负号显示为方块的问题
     plt.rcParams['axes.unicode_minus']=False
     fig = plt.figure()
     x = np.linspace(0, 4*np.pi, 50)
     y = np.sin(x) * np.exp(-x)
     # 设置坐标轴（图形的坐标的左下角为 (0, 0)，右下角为 (1, 1)）
     left, bottom, width, height = 0.1, 0.1, 0.8, 0.8
     # 增加坐标轴，并在这个坐标轴上绘制
     ax1 = fig.add_axes([left, bottom, width, height])
     ax1.plot(x, y, 'g-.')
     ax1.set_xlabel('x', fontsize=18)
     ax1.set_ylabel('y', fontsize=18)
     ax1.set_title('$sin(x)e^{-x}$ 整体图形 ', fontsize=20)
     x = np.linspace(3, 6.5, 50)
     y = np.sin(x) * np.exp(-x)
     left, bottom, width, height = 0.4, 0.35, 0.45, 0.45
     # 绘制子图方法 2，MATLAB 风格
     plt.axes([left, bottom, width, height])
     plt.plot(x, y, 'b')
     plt.xlabel('x', fontsize=16)
     plt.ylabel('y', fontsize=16)
     plt.title('$sin(x)e^{-x}$ 局部细节 ', fontsize=18)
[1]: Text(0.5, 1.0, '$sin(x)e^{-x}$ 局部细节 ')
```

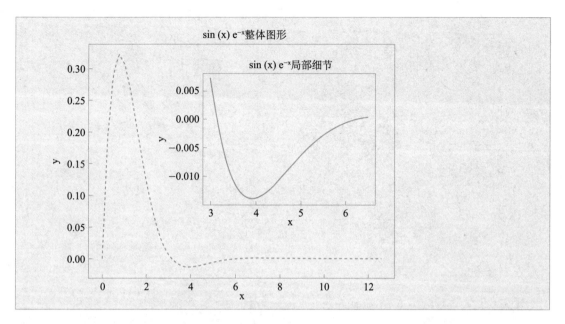

（2）网格子图适用于对多条曲线进行对比的场景，根据曲线的数量及排版的不同要求，又可以将其设置为左右子图或上下子图。使用 plt.subplot() 都可以实现多子图的绘制。事实上，只要修改 plt.subplot() 的参数，就可以实现多行多列的子图，如下所示。

上下子图。

```
[2]: import matplotlib.pyplot as plt
     import numpy as np
     plt.rcParams['font.sans-serif']=['SimHei']
     plt.rcParams['axes.unicode_minus']=False
     fig = plt.figure()
     x = np.linspace(0, 4 * np.pi, 50)
     y = np.sin(x) * np.exp(-x)
     z = np.cos(x) * np.exp(-x)
     # 该方法 3 个参数，表示要创建的网格子图的行数、列数和索引值（从 1 开始），从左上角到右下角依次增大
     plt.subplot(2, 1, 1)
     plt.plot(x, y) # 2 行 1 列，第一个
     plt.title('$sin(x)e^{-x}$', fontsize=20)
     plt.subplot(2, 1, 2) # 2 行 1 列，第二个
     plt.title('$cos(x)e^{-x}$', fontsize=20)
     plt.plot(x, z)
     plt.tight_layout() # 该方法会自动保持子图之间的正确间距
```

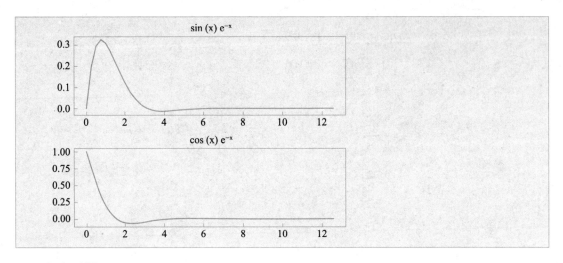

左右子图。

```
[3]: import matplotlib.pyplot as plt
     import numpy as np
     plt.rcParams['font.sans-serif']=['SimHei']
     plt.rcParams['axes.unicode_minus']=False
     fig = plt.figure()
     x = np.linspace(0, 4 * np.pi, 50)
     y = np.sin(x) * np.exp(-x)
     z = np.cos(x) * np.exp(-x)
     plt.subplot(1, 2, 1)  # 1 行 2 列的第一个
     plt.plot(x, y)
     plt.title('$sin(x)e^{-x}$', fontsize=20)
     plt.subplot(1, 2, 2)  # 1 行 2 列的第二个
     plt.plot(x, z)
     plt.title('$cos(x)e^{-x}$', fontsize=20)
     plt.tight_layout()  # 该方法会自动保持子图之间的正确间距
```

（3）在一些特殊的场景中，需要实现不规则多行多列的网格子图。plt.GridSpec 类是最好的工具。该类本身并不直接创建图形，而是为 plt.subplot() 提供易于识别的接口。以下程序展示了如何绘制不规则的多行多列的子图，并且该图中的不同子图可以是不同的类型。

```
[4]: import matplotlib.pyplot as plt
     import numpy as np
     np.random.seed(1)
     grid = plt.GridSpec(2, 3, wspace=0.4, hspace=0.3) # 创建 2 行 3 列的大图，并设置小图
     之间的间隔
     ax1 = plt.subplot(grid[0, 0]) # 设置各个子图所占据的位置，在 0 行 0 列，1 个位置
     ax2 = plt.subplot(grid[0, 1:]) # 设置各个子图所占据的位置，在 0 行 1 列及后续列
     ax3 = plt.subplot(grid[1, :2])
     ax4 = plt.subplot(grid[1, 2])
     x = np.linspace(-5, 5, 20)
     y1 = x # 线性方程
     y2 = 1/(1 + np.exp(-x)) # sigmoid() 函数
     y3 = np.random.randn(100000)
     y4 = 1 * (x > 0) * x # relu() 函数
     ax1.plot(x, y1) # 绘制线形图
     ax2.scatter(x, y2) # 绘制散点图
     _ = ax3.hist(y3, bins=40, density=0, facecolor='blue', edgecolor='black',
     alpha=0.5) # 直方图
     _ = ax4.plot(x, y4) # _表示不需要该返回值
```

plt.GridSpec 类的这种灵活的网格排列方式用途十分广泛，经常会被用于绘制多轴频次直方图（Multi-axes Histogram）。例如，以下程序表示多维正态分布数据可视化。

```
[5]: import matplotlib.pyplot as plt
     import numpy as np
     np.random.seed(1)
     mean = np.array([0, 0]) # 正态分布的均值
     cov = np.array([[1, 1], [1, 2]]) # 正态分布协方差矩阵
     x, y = np.random.multivariate_normal(mean, cov, 3000).T # 产生数据
     # 设置坐标轴和网格配置方式
     fig =plt.figure(figsize=(6, 6))
     grid = plt.GridSpec(4, 4, hspace=0.2, wspace=0.2)
     main_ax = fig.add_subplot(grid[:-1, 1:])
     y_hist = fig.add_subplot(grid[:-1, 0], xticklabels=[], sharey=main_ax)
     x_hist = fig.add_subplot(grid[-1, 1:], yticklabels=[], sharex=main_ax)
     # 主坐标轴散点图
     main_ax.plot(x, y, 'ok', markersize=3, alpha=0.2)
     # 次坐标轴绘制频次直方图
     x_hist.hist(x, 40, histtype='stepfilled', orientation='vertical', color='gray')
     x_hist.invert_yaxis()
     y_hist.hist(x, 40, histtype='stepfilled', orientation='horizontal',
     color='gray')
     y_hist.invert_xaxis()
```

2.2.6 三维图像

对于复杂数据，为了对其有更加深入的理解，可利用三维图像，三维图像因其具有直观展示更多信息的优点，备受青睐。因此，对数据进行三维可视化，极具实用价值。Matplotlib 中最基本的三维图像是由 (x, y, z) 三维坐标点构成的线形图与散点图，可以用

ax.plot3D() 和 ax.scatter3D() 函数来创建，默认情况下，散点会自动改变透明度，以在平面上呈现出立体感。以下程序展示了使用上述两个函数绘制的三维螺旋曲线及其散点图。

```
[1]: %matplotlib inline
     import numpy as np
     import matplotlib.pyplot as plt
     # 在创建任意一个普通坐标轴的过程中，加入projection='3d'关键字，就可以创建三维坐标轴
     ax = plt.axes(projection='3d')
     z = np.linspace(0, 15, 100)
     x = 5 * np.sin(z)
     y = 5 * np.cos(z)
     ax.plot3D(x, y, z) # 绘制空间曲线
     zd = 15 * np.random.random(100)
     xd = 5 * np.sin(zd) + 0.1 * np.random.randn(100)
     yd = 5 * np.cos(zd) + 0.1 * np.random.randn(100)
     _ = ax.scatter3D(xd, yd, zd, c=zd, cmap='Greens') # 绘制散点图
```

在机器学习中，为了避免数据的过度拟合，经常会使用正则化算法。例如，在线性回归中，当训练样本的特征个数过多，或者训练数据不足，都容易产生过度拟合。在不使用正则化算法时，线性回归的均方误差函数会呈现山岭状。在这里我们使用 ax.plot_surface() 模拟绘制均方误差为 $F\left(w_1, w_2\right)=w_1^2$ 的三维图像，如下所示。

```
[2]: import matplotlib.pyplot as plt
     import numpy as np
     w1 = np.linspace(-3, 3, 100)
     w2 = np.linspace(-3, 3, 100)
     W1, W2 = np.meshgrid(w1, w2)
     Z1 = W1 ** 2
     ax = plt.axes(projection='3d')
     _ = ax.plot_surface(W1, W2, Z1, cmap='rainbow')
```

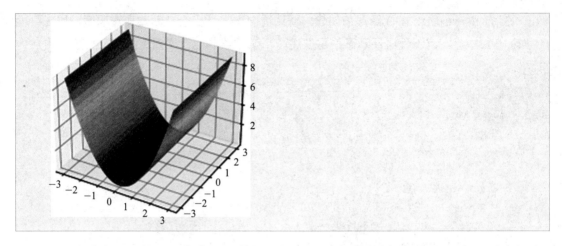

以上程序中的函数非严格的凸函数，在优化问题中不利于处理，并且容易过度拟合，因此，为了便于处理和避免过度拟合，经常在此基础上对数据进行正则化处理。以下程序展示了 $F(w_1, w_2) = w_1^2 + 0.5w_1w_2 + 0.5w_2^2$ 的三维图像，由图可见，正则化消除了上面程序绘制图形中的狭长山岭。

```
[3]: import matplotlib.pyplot as plt
     import numpy as np
     w1 = np.linspace(-3, 3, 100)
     w2 = np.linspace(-3, 3, 100)
     W1, W2 = np.meshgrid(w1, w2)
     Z2 = W1 ** 2 + 0.5 * W1 * W2 + 0.5 * W2 ** 2
     ax = plt.axes(projection='3d')
     _ = ax.plot_surface(W1, W2, Z2, cmap='rainbow')
```

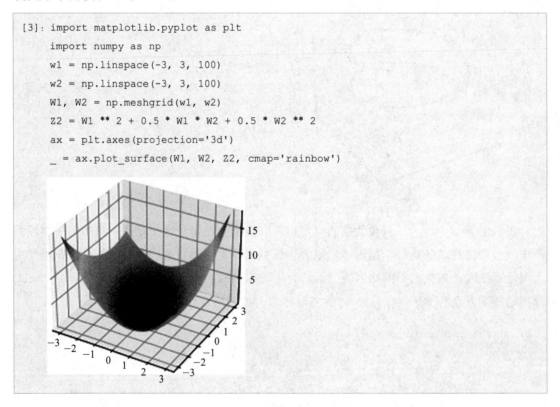

🤖 2.3 本章小结

本章主要介绍了机器学习所需的 NumPy 数组的基础知识和 Matplotlib 绘制图像的基础知识，为后续章节学习机器学习算法打下了良好基础。这部分的内容务必熟练掌握。当然，关于 NumPy 和 Matplotlib 的内容远不止本章介绍的，但一般情况下，已满足学习需求。

思考与练习

1. 练习本章中出现的各种 NumPy 数组的基本操作，包括数组创建、数组变形、数组拼接、数组分割、数组聚合、通用函数、数组比较、数组广播、花哨的索引、矩阵运算等。

2. 练习本章中出现的各种 Matplotlib 绘图的基本操作，包括线形图、散点图、直方图和柱状图、等高线图、多子图、三维图像等。

3. 重现本章所有实例。

第3章 线性回归算法

 ## 3.1 简单线性回归

扫一扫
看微课

线性回归算法是解决监督式学习中回归问题的重要算法，它是将模型假设为线性模型的经验损失最小化算法。在很多实际问题中，对象的特征与其标签之间存在一定的关系，如果特征与标签之间的关系是近似线性的，就可以用一个线性模型来拟合这种关系。

首先介绍最简单也最广为人知的线性回归模型——将数据拟合成一条直线，直线拟合的模型方程为 $y = ax + b$，其中 a 是直线的斜率，b 是直线的截距。

在第 1 章的时候已经创建了 PyCharm 中的项目 mlbook（如果尚未创建，请参考 1.4.2 节中图 1-7 所介绍的方法进行创建），在项目中新建一个包（或文件夹），取名为 linear_regression，然后在该包中新建一个 linear_scatter.py 文件，输入如图 3-1 所示内容（因为代码篇幅较长，本书中的代码没有完全遵循 PEP8 规范）。

```
1    import numpy as np
2    import matplotlib.pyplot as plt
3    np.random.seed(1)
4    x = 10 * np.random.rand(10)
5    y = 2 * x + 5 + np.random.normal(0, 0.3, 10)
6    plt.scatter(x, y)
7    # 导入 Sklearn 包，该包需要按照第 1 章所讲，先下载安装
8    from sklearn.linear_model import LinearRegression
9    model = LinearRegression(fit_intercept=True)
10   model.fit(x.reshape(-1, 1), y)
11   xfit = np.linspace(0, 10, 100)
12   yfit = model.predict(xfit.reshape(-1, 1))
13   plt.plot(xfit, yfit)
14   plt.show()
15   print(f" 直线的斜率: {model.coef_[0]}")
16   print(f" 直线的截距: {model.intercept_}")
```

图 3-1　简单线性回归

在图 3-1 中，第 1～2 行导入科学计算和画图的包；第 3～5 行设置固定的随机种子，方便重现，生成 10 个服从 [0,1) 均匀分布的随机数并放大 10 倍得到 x，在 x 的基础上，利

用服从正态分布 $N(0,0.3)$ 的随机数作为噪声，产生 y。第 6 行画出 x，y 的散点图，第 8 行导入 Sklearn 中的线性回归模块，第 9～10 行利用线性回归模型对训练数据 x 进行训练，第 11、12 行对 [0,10) 区间内的数据进行预测，并通过第 13 行画出拟合出来的直线。该程序运行结果为直线的斜率：1.990223576092961；直线的截距：5.024238917698329，与真实值非常接近，并得到图 3-2。

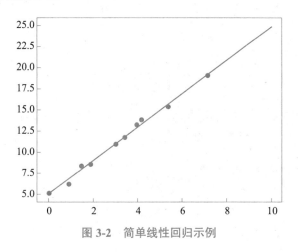

图 3-2　简单线性回归示例

🤖 3.2　正规方程算法（最小二乘法）

从 3.1 节中，假设我们找到了最佳拟合的直线方程 $y = ax + b$，则对于每个样本点 $x^{(i)}$，其中上角标 i 表示第 i 个样本，根据拟合的直线方程，预测值为 $\hat{y}^{(i)} = ax^{(i)} + b$，而真实值为 $y^{(i)}$。所以，应该找到合适的 a 和 b，使得 $\hat{y}^{(i)}$ 和 $y^{(i)}$ 的差距尽可能地小，即 $\left|\hat{y}^{(i)} - y^{(i)}\right|$ 尽可能地小，也即 $\min\limits_{a,b}\left|\hat{y}^{(i)} - y^{(i)}\right|$，为了计算方便，其又等价于 $\min\limits_{a,b}\left(\hat{y}^{(i)} - y^{(i)}\right)^2$，其中 $\min\limits_{a,b}$ 表示寻找合适的 a，b 使表达式取得最小值。

考虑所有样本 $\left(x^{(1)}, x^{(2)}, \cdots, x^{(m)}\right)$，则要求有 $\min\limits_{a,b}\sum\limits_{i=1}^{m}\left(\hat{y}^{(i)} - y^{(i)}\right)^2 = \min\limits_{a,b}\sum\limits_{i=1}^{m}\left(ax^{(i)} + b - y^{(i)}\right)^2$，这就是线性回归的目标函数。这是一个典型的最小二乘法的问题，最小化误差的平方，经过简单的推导，可以求出 a，b 的值分别为：

$$a = \frac{\sum\limits_{i=1}^{m}\left(x^{(i)} - \bar{x}\right)\left(y^{(i)} - \bar{y}\right)}{\sum\limits_{i=1}^{m}\left(x^{(i)} - \bar{x}\right)^2} \text{，} b = \bar{y} - a\bar{x}$$

其中，$\bar{x} = \dfrac{1}{m}\sum\limits_{i=1}^{m}x^{(i)}$，$\bar{y} = \dfrac{1}{m}\sum\limits_{i=1}^{m}y^{(i)}$ 分别为样本和标签的平均值。

对于上一节的数据，我们可以利用最小二乘法进行计算，验证其与 Sklearn 提供的线性回归算法计算的结果是否一致。在 linear_regression 包中，新建一个 mean_squared_error.py

文件（读者也可以自己创建包名和文件名，并修改为自己喜欢的目录），并在其中编写图 3-3 中的代码：

```
1    import numpy as np
2    np.random.seed(1)
3    x = 10 * np.random.rand(10)
4    y = 2 * x + 5 + np.random.normal(0, 0.3, 10)
5    x_mean = np.mean(x)
6    y_mean = np.mean(y)
7    num = 0.0
8    d = 0.0
9    for x_i, y_i in zip(x, y):
10       num += (x_i - x_mean) * (y_i - y_mean)
11       d += (x_i - x_mean) ** 2
12   a = num / d
13   b = y_mean - a * x_mean
14   print(f"a={a}")
15   print(f"b={b}")
```

图 3-3　最小二乘法求解线性回归问题

在 PyCharm 中运行的结果为 $a=1.99$，$b=5.02$，这跟上一节的结果是一致的（本书只讨论小数点后 2 位）。

上述例子是只有两个参数 a 和 b 的简单线性回归问题，在真实世界中，数据样本 x 通常是有多个特征的，记为向量 $x=(x_1, x_2, \cdots, x_n)$。为了充分发挥 NumPy 工具库的性能，应该尽量将数据向量化，通过矩阵运算来实现算法。为了简化算法描述中的记号，在线性回归中的 n 维向量 x 的首位之前增补一个常数 1（相当于增加了一个分量 $x_0 \equiv 1$），使其成为一个 $n+1$ 维的向量 $\tilde{x}$，即 $\tilde{x}=(1, x)$。对参数 $w \in \mathbf{R}^n$，$b \in \mathbf{R}$，若记 $\tilde{w}=(b, w) \in \mathbf{R}^{n+1}$，则模型假设为 $h_{w,b}(x)=w_1 x_1 + w_2 x_2 + \cdots + w_n x_n + b = w^\mathrm{T} x + b = \tilde{w}^\mathrm{T} \tilde{x}$。因此，可以将线性模型表达为"齐次"形式，方便代码的实现。如无特别说明，后面的样本 x 均为包含首位为 1 的向量。

在描述正规方程之前，首先介绍有关术语。假设在一个线性回归问题中，有 m 条训练数据 $S=\left\{\left(x^{(1)}, y^{(1)}\right), \left(x^{(2)}, y^{(2)}\right), \cdots, \left(x^{(m)}, y^{(m)}\right)\right\}$，其中每个 $x^{(i)}$ 均为 n 维向量，且首位为 1，定义 X 与 y 为如下矩阵：

$$X = \begin{pmatrix} x^{(1)\mathrm{T}} \\ x^{(2)\mathrm{T}} \\ \vdots \\ x^{(m)\mathrm{T}} \end{pmatrix}, \quad y = \begin{pmatrix} y^{(1)} \\ y^{(2)} \\ \vdots \\ y^{(m)} \end{pmatrix}$$

所以，X 是一个 $m \times n$ 的矩阵，y 是一个 $m \times 1$ 的列向量。X 称为特征矩阵，y 称为标签向量。有了这个定义之后，线性回归算法的目标函数等价于

$$\min_{w \in \mathbf{R}^n} \|Xw - y\|^2$$

如果 $X^{\mathrm{T}}X$ 可逆，那么 $w^* = \left(X^{\mathrm{T}}X\right)^{-1} X^{\mathrm{T}}y$ 就是线性回归方程的最优解。

为了能够直观地度量模型的效果，引入决定系数的概念。这是一个判断模型预测拟合效果的重要指标，其定义如下：

（定义）设 $\bar{y} = \dfrac{1}{m}\sum_{i=1}^{m} y^{(i)}$ 为训练数据标签平均值，则

$$R^2 = 1 - \frac{\sum_{i=1}^{m}\left(h\left(x^{(i)}\right) - y^{(i)}\right)^2}{\sum_{i=1}^{m}\left(\bar{y} - y^{(i)}\right)^2}$$

称为模型 h 的决定系数。

从上式可以看出，决定系数的取值在 $[0,1)$ 之间，等式的第二部分的分子越小，说明模型预测值与真实值越接近，这时 R^2 越接近 1，说明模型的拟合效果越好。

下面通过具体的程序代码实现正规方程求解线性回归问题，并用均方误差及决定系数度量模型的预测效果。在 linear_regression 包中创建 linear_regression.py 文件，在该文件中创建 LinearRegression 类，具体代码如图 3-4 所示。

```
1    import numpy as np
2    class LinearRegression:
3      def __init__(self):
4          self.w = None
5          self.coef_ = None
6          self.intercept_ = None
7    #  根据正规方程拟合出最优的参数 w, X 为训练样本，为一个 m×n 的矩阵, y 为样本标签,
     是一个 m×1 的矩阵
8      def fit(self, X, y):
9          self.w = np.linalg.inv(X.T.dot(X)).dot(X.T).dot(y)
10         self.intercept_ = self.w[0]
11         self.coef_ = self.w[1:]
12         return self
13       # 对新数据进行预测
14     def predict(self, X):
15         return X.dot(self.w)
16       # 计算均方误差 mse
17     def mse(self, y_true, y_pred):
18         return np.average((y_true - y_pred) ** 2, axis=0)
19       # 计算决定系数 r^2
20     def r2(self, y_true, y_pred):
21         numerator = (y_true - y_pred) ** 2
22         denominator = (y_true - np.average(y_true, axis=0)) ** 2
23         return 1 - numerator.sum(axis=0) / denominator.sum(axis=0)
```

图 3-4　定义正规方程求解线性回归问题的类

在图 3-4 所示的代码段中，定义了一个线性回归的类，在该类中实现了几个方法，第 8～12 行的 fit() 方法对样本进行训练，第 14～15 行的 predict() 方法对新数据进行预测，第 17～18 行的 mse() 方法和第 20～23 行的 r2() 方法则计算出最小均方误差和决定系数。

我们以前面的简单线性回归的数据为例，再次进行测试，验证算法是否正确。在 linear_regression 包中创建 simple_linear_regression.py 文件，具体代码如图 3-5 所示。

```
1    import numpy as np
2    from matplotlib import pyplot as plt
3    # 若读者不是按照上面的目录创建，则应该根据自己创建的 LinearRegression 类所在的目
     录，适当修改导入的路径
4    import linear_regression as lib
5    def generate_samples(m):
6      X = 10 * np.random.rand(m, 1)
7      y = 2 * X + 5 + np.random.normal(0, 0.3, (m, 1))
8      return X, y
9    def process_features(X):
10     m, n = X.shape   # 获取训练样本的大小
11     X = np.c_[np.ones((m, 1)), X]   # np.c_[] 在这里的作用是在矩阵 X 的前面拼
     接一个 m×1 的全 1 向量，构成一个新的 X
12     return X
13   # 为了跟前面的例子保持一致，此处仍然使用同一个随机种子，产生 10 个样本
14   np.random.seed(1)
15   X_train, y_train = generate_samples(10)
16   plt.scatter(X_train[:], y_train[:])
17   # 此处正是使用了前面所说的为了简化记号，增加了一个全 1 列，相当于把截距 b 也放到 w 中
18   X_train = process_features(X_train)
19   # 调用模型，拟合出适当的参数 w
20   model = lib.LinearRegression()
21   model.fit(X_train, y_train)
22   print(f"w_0 = {model.intercept_}, w_1 = {model.coef_}")
23   # 再次随机产生测试数据，并计算相应的均方误差和决定系数
24   X_test, y_test = generate_samples(20)
25   X_test = process_features(X_test)
26   y_pred = model.predict(X_test)
27   mse = model.mse(y_test, y_pred)
28   r2 = model.r2(y_test, y_pred)
29   print(f"mse = {mse}, r2 = {r2}")
30   plt.plot(X_test[:, 1], y_pred)
31   plt.show()
```

图 3-5　正规方程求解简单线性回归问题

运行图 3-5 中的代码，结果为：w_0 = [5.02423892]，w_1 =[1.99022358]，mse = [0.05582633]，r2 = [0.99872947]。生成的曲线与图 3-2 一样，即与前面的两种方法运行结果完全一致。

案例实战 3.1 使用线性回归预测加州房价。

通常房价与一个地区的地理位置、人口数量、居民收入等诸多因素有密切关系，房价预测问题是要根据给定小区的特征预测该小区房价的中位数。我们以 Sklearn 工具库中提供的加州房价作为预测的数据，该数据集一共包含 20640 条数据，每条数据包含 9 个变量，其中房价的中位数是标签，其余 8 个是数据特征。下面使用正规方程算法求解线性回归问题。在 linear_regression 包中创建 california_house.py 文件，具体代码如图 3-6 所示。

```
1    import numpy as np
2    from sklearn.datasets import fetch_california_housing
3    from sklearn.model_selection import train_test_split
4    from sklearn.preprocessing import StandardScaler
5    import linear_regression as lib
6    def process_features(X):
7      scaler = StandardScaler()
8      X = scaler.fit_transform(X)
9      m, n = X.shape
10     X = np.c_[np.ones((m, 1)), X]
11     return X
12   housing = fetch_california_housing()
13   print(housing.DESCR)
14   print(housing.feature_names)
15   X = housing.data
16   print(X[:2])
17   y = housing.target.reshape(-1, 1)
18   X_train, X_test, y_train, y_test = train_test_split(X, y, test_
     size=0.5, random_state=1)
19   X_train = process_features(X_train)
20   X_test = process_features(X_test)
21   model = lib.LinearRegression()
22   model.fit(X_train, y_train)
23   y_pred = model.predict(X_test)
24   mse = model.mse(y_test, y_pred)
25   r2 = model.r2(y_test, y_pred)
26   print(f"mse = {mse}, r2 = {r2}")
```

图 3-6 加州房价预测问题的线性回归之正规方程算法

在图 3-6 所示的代码中，第 1～5 行是导入相关的库，第 6～11 行是对样本特征做必要的处理。其中，StandardScaler() 和 fit_transform() 通过去除均值并缩放到单位方差来标准化特征，并且是针对每个特征维度来做的，先对训练数据进行拟合，找到该特征分量的整体指标，如均值、方差、最大值、最小值等（根据具体转换的目标），然后对训练数据进行转换，从而实现数据的标准化、归一化等，而不是针对样本。因为在一个实际的线性回归问题中，特征的各个分量往往处于不同的量级。由于线性回归是各个特征分量的加权和，如果两个特征分量的量级不同，会导致量级大的特征主导模型的训练，从而可能忽视与标签更为相关的量级较小的特征分量。这将导致模型过度拟合量级较大的特征。因此，当特征的各个分量处于相同量级时，线性回归算法的效果最好，这就是特征标准化的目的。

经过对特征进行标准化处理之后，第 9～11 行对特征的首位增补常数 1 以简化记号，这在前文已经讲述，并且该步骤必须在标准化之后进行，否则，全 1 列将会被标准化为 0，给正规方程算法求解带来困难。

第 12～16 行获取加州房价数据，打印该数据集的描述信息和各特征的名称并展示前两条数据。

第 18 行将获取到的房价数据按设定的比例分离为训练数据和测试数据，然后第 23～25 行调用线性回归模型进行训练和预测，最后输出最小均方误差 mse 和决定系数 R^2。从运行结果 mse = [0.52447004]，r2 = [0.60857668] 来看，模型的拟合效果是比较理想的。读者可以尝试调整不同的训练数据和测试数据比例，观察决定系数的变化情况，以确定最佳的划分。

Sklearn 中还有波士顿房价预测数据集，读者可通过运行 from sklearn.datasets import load_boston 导入该库，进行线性回归的预测练习。

案例实战 3.2 使用线性回归预测糖尿病。

本次案例采用 Sklearn 中的 diabetes 数据集，diabetes 是一个关于糖尿病的数据集，包括 442 个糖尿病病人的生理数据及一年后的病情发展状况。diabetes 数据集中包含 442 个样本，每个样本包含 10 个特征，分别是：年龄、性别、体重、血压和 6 个血清测量值。糖尿病预测问题的任务是根据上述 10 个特征预测病情量化值。使用线性回归算法完成糖尿病预测任务，仍采用正规方程算法求解。在 linear_regression 包中创建 diabetes.py 文件，具体代码如图 3-7 所示。

```
1    import numpy as np
2    from sklearn.model_selection import train_test_split
3    from sklearn.preprocessing import StandardScaler
4    import linear_regression as lib
5    from sklearn.datasets import load_diabetes
6    def process_features(X):
7      scaler = StandardScaler()
8      X = scaler.fit_transform(X)
9      m, n = X.shape
10     X = np.hstack([np.ones((m, 1)), X])
```

图 3-7 正规方程算法预测糖尿病病情发展情况

```
11      return X
12   diabetes = load_diabetes()
13   X = diabetes.data
14   y = diabetes.target.reshape(-1, 1)
15   X_train, X_test, y_train, y_test = train_test_split(X, y, test_
     size=0.2, random_state=1)
16   X_train = process_features(X_train)
17   X_test = process_features(X_test)
18   model = lib.LinearRegression()
19   model.fit(X_train, y_train)
20   y_pred = model.predict(X_test)
21   mse = model.mse(y_test, y_pred)
22   r2 = model.r2(y_test, y_pred)
23   print(f"mse = {mse}, r2 = {r2}")
```

图 3-7　正规方程算法预测糖尿病病情发展情况（续）

运行上述代码可以得到 mse = [3026.28171596]，r2 = [0.43210761]，决定系数 r2<0.5 说明预测效果并不是非常好。此外，在特征处理函数中，这里，在特征矩阵 X 的最左边拼接一个全 1 的列，使用的是 np.hstack() 方法，与前面使用 np.c_[] 效果是一致的，这里只是为了说明，实现同一个功能可以采取不同的方法，可根据自己熟悉的方法，灵活选择。

最后，简单说明一下，正规方程算法求解问题存在一定的局限性。只有当 $X^{\mathrm{T}}X$ 可逆时，才能通过正规方程算法求解问题。此外，因为求解 $\left(X^{\mathrm{T}}X\right)^{-1}$ 的时间复杂度为 $O\left(n^3\right)$，正规方程算法的时间复杂度也比较高，这对于特征较多的回归问题来说，是无法接受的。因此，在很多时候，我们需要用到如第 4 章介绍的随机梯度下降算法等，以弥补正规方程算法的不足。

🤖 3.3　多项式回归

在某些实际问题中，标签和特征的关系并非是线性的，而是呈现多项式关系，这时如果采用 3.2 节的线性回归模型来解决问题，效果就不会太好。多项式回归模型是线性回归模型中的一种，此时回归函数关于回归系数是线性的。由于任一函数都可以用多项式逼近（泰勒展开），因此多项式回归有着广泛应用。

假设在一个回归问题中，训练数据中只有一个特征，并且呈现如图 3-8 所示的关系，从图中可以清晰地看出标签和特征之间不存在线性关系，而呈现一个多项式的变动趋势，其有点像二次抛物线的关系，又不完全是。如果用一个模型来拟合标签与特征的关系，那么可尝试采取次数不超过 3 次的一元多项式模型。假设 $H = \{h_w(x) = w_0 + w_1 x + w_2 x^2 + w_3 x^3 \mid \boldsymbol{w} = (w_0, w_1, w_2, w_3) \in \mathbf{R}^4\}$。采用均方误差，以 H 为模型假设的经验损失最小化算法会输出一个模型 $h(x)$，尽管训练数据中只有一个特征 x，但若将 1，x，x^2，x^3 均看作特征，则一元三次方程模型 $h(x)=w_0+w_1x+w_2x^2+w_3x^3$，也可以看作标签关于这 4 个特征的线性模型，从而可以直接应用于所有线性回归算法的理论和实践，这就是多项式回归的基本思想。

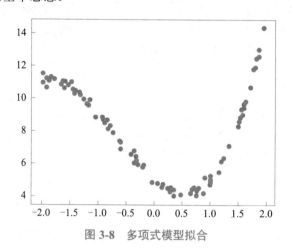

图 3-8　多项式模型拟合

在 linear_regression 包中新建一个 poly_regression.py 文件，在其中编写图 3-9 中的代码，来拟合图 3-8 中的这些散点数据。

```
1    import matplotlib.pyplot as plt
2    import numpy as np
3    from sklearn.preprocessing import PolynomialFeatures
4    import linear_regression as lib
5    def generate_samples(m):
6      X = 4 * np.random.rand(m, 1) - 2
7      y = X ** 3 + 2 * X ** 2 - 3 * X + 5 + np.random.normal(0, 0.2, (m, 1))
8      return X, y
9    np.random.seed(1)
10   X, y = generate_samples(100)
11   poly = PolynomialFeatures(degree=3)
12   X_poly = poly.fit_transform(X)
13   model = lib.LinearRegression()
14   model.fit(X_poly, y)
15   print(f"w_0 = {model.intercept_}, coef_ = {model.coef_}")
16   # 再次随机产生测试数据，并计算多项式回归相应的均方误差和决定系数
17   X_test, y_test = generate_samples(20)
18   X_test = poly.fit_transform(X_test)    # 测试时，使用上面得到的多项式 poly
19   y_pred = model.predict(X_test)
20   mse = model.mse(y_test, y_pred)
21   r2 = model.r2(y_test, y_pred)
```

图 3-9　多项式回归测试

```
22    print(f"mse = {mse}, r2 = {r2}")
23    plt.figure(0)
24    plt.scatter(X, y)
25    plt.figure(1)
26    plt.scatter(X, y)
27    W = np.linspace(-2, 2, 100).reshape(100, 1)    # 拟合曲线，点集 W 拟合出 u
28    W_poly = poly.fit_transform(W)
29    u = model.predict(W_poly)
30    plt.plot(W, u)
31    plt.show()
```

图 3-9　多项式回归测试（续）

第 3 行代码导入了 Sklearn 预处理包中的多项式特征处理模块；第 4 行导入了线性回归类。第 5～8 行，定义了生成数据的函数 generate_samples()，在这个例子中，特征是随机产生的服从 [-2,2) 均匀分布数据，标签分布是一个以 $x^3 + 2x^2 - 3x + 5$ 为期望、标准差为 0.2 的正态分布。第 9 行固定随机种子方便读者重现程序，第 10 行调用函数生成 100 条训练数据。

第 11～15 行是本程序的关键部分，实现了特征的多项式化。在 Sklearn 工具库中实现了 PolynomialFeatures 类。它的功能就是将原始特征转化为指定次数的多项式特征，在这里，我们指定次数为 3（默认 degree=2）。第 12 行调用了 poly.fit_transform() 函数将特征 3 次多项式化，第 13～14 行调用了图 3-3 中的正规方程算法对多项式特征进行线性回归模型训练。第 15 行打印训练之后的参数信息，结果为 w_0 = [4.99396973]，coef_ = [[-2.99221581][2.01536875] [0.99099275]]。

第 17～21 行生成了测试数据，并计算了测试数据的最小均方误差 mse 和决定系数 r2，分别得到 mse = [0.06407983]，r2 = [0.99316625]，说明效果非常好。

第 23～31 行绘制模型图像。经过第 2 章的学习，这部分应该非常简单。程序运行结果如图 3-10 所示。

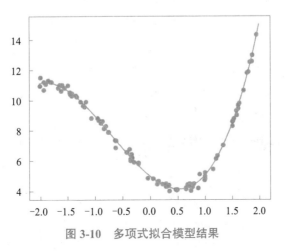

图 3-10　多项式拟合模型结果

🤖 3.4 线性回归的正则化算法

正则化是一种用于回归的方法，可以降低模型的复杂性并缩小独立特征的系数。该技术将复杂的模型转换为更简单的模型，从而避免了过度拟合的风险并缩小了系数，从而降低了计算成本。常用的正则化方法有 L_1 和 L_2 正则化方法，它们分别用的是 L_1 范数和 L_2 范数。其定义分别如下。

（定义）线性回归的 L_1 正则化目标函数

$$\min_{\boldsymbol{w} \in \mathbf{R}^n} F(\boldsymbol{w}) = \frac{1}{m} \|X\boldsymbol{w} - \boldsymbol{y}\|^2 + \lambda |\boldsymbol{w}|$$

称为 LASSO（Least Absolute Shrinkage and Selection Operator）回归，其中 λ（$\lambda > 0$）为正则化系数。

由于绝对值函数在原点处不可导，所以目标函数的优化方式需要用到次梯度下降算法或坐标下降算法等搜索算法。在 LASSO 回归中，当正则化系数 λ 足够大时，惩罚具有迫使某些系数估计精确等于零的作用，LASSO 回归将次要特征的系数转换为零，这有助于特征选择，并且它缩小了剩余特征的系数以降低模型的复杂性，从而避免了过度拟合。

（定义）线性回归的 L_2 正则化目标函数

$$\min_{\boldsymbol{w} \in \mathbf{R}^n} F(\boldsymbol{w}) = \frac{1}{m} \|X\boldsymbol{w} - \boldsymbol{y}\|^2 + \lambda \|\boldsymbol{w}\|^2$$

称为岭回归，其中 λ（$\lambda > 0$）为正则化系数。

当 $\lambda \to 0$ 时，惩罚项没有影响，并且由岭回归产生的估计值将等于最小二乘数，即损失函数类似线性回归算法的损失函数。因此，较小的 λ 类似线性回归模型。当 $\lambda \to \infty$ 时，收缩损失的影响增大，并且岭回归系数估计将接近零（系数接近零，但不为零）。岭回归缩小了系数，因此它有助于降低模型的复杂性和多重共线性。

特征太多或训练数据量不足通常是出现过度拟合的两大原因。当特征个数 n 大于训练数据个数 m 时，正规方程解中的 $\left(X^\mathrm{T}X\right)^{-1}$ 不存在，即不可逆。无法通过正规方程求解。这时均方误差函数图像呈现山岭状，这一点已经在第 2 章讲解。经过 L_2 正则化之后，可消除第 2 章中图 2-17 的狭长山岭，其结果如图 2-18 所示。

案例实战 3.3 对比有无 L_2 正则化的模型拟合多项式。

首先，在 linear_regression 包中创建 ridge_regression.py 文件，在其中编写具体代码如图 3-11 所示。

```
1    import numpy as np
2    class RidgeRegression:
3      def __init__(self, Lambda):
4        self.Lambda = Lambda
5        self.w = None
6        self.coef_ = None
7        self.intercept_ = None
8      def fit(self, X, y):
9        m, n = X.shape
10       r = np.diag(self.Lambda * np.ones(n))
11       self.w = np.linalg.inv(X.T.dot(X) + r).dot(X.T).dot(y)
12       self.intercept_ = self.w[0]
13       self.coef_ = self.w[1:]
14       return self
15     def predict(self, X):
16       return X.dot(self.w)
17     def mse(self, y_true, y_pred):
18       return np.average((y_true - y_pred) ** 2, axis=0)
19     def r2(self, y_true, y_pred):
20       numerator = (y_true - y_pred) ** 2
21       denominator = (y_true - np.average(y_true, axis=0)) ** 2
22       return 1 - numerator.sum(axis=0) / denominator.sum(axis=0)
```

图 3-11　线性回归的 L_1 正则化测试

　　案例实战 3.3 中使用的类与图 3-3 线性回归类很相似，除了拟合函数 fit() 采用了 L_2 正则化。正则化拟合出最优参数的具体算法，需要用到较为深入的矩阵论和最优化知识，在此就不讨论了。

　　有了案例实战 3.3 中使用的类之后，在 linear_regression 包中，再创建 l2_regression.py 文件，对 L_2 正则化算法进行测试，在文件中编写具体代码如图 3-12 所示。

```
1    import numpy as np
2    from sklearn.preprocessing import PolynomialFeatures
3    import matplotlib.pyplot as plt
4    from ridge_regression import RidgeRegression
5    def generate_samples(m):
6      X = 2 * (np.random.rand(m, 1) - 0.5)
7      y = X + np.random.normal(0, 0.3, (m, 1))
8      return X, y
9    np.random.seed(100)
10   poly = PolynomialFeatures(degree=10)
11   X, y = generate_samples(10)
```

图 3-12　多项式回归的 L_2 正则化测试

```
12    X_poly = poly.fit_transform(X)
13    # model = RidgeRegression(Lambda=0.0000)
14    model = RidgeRegression(Lambda = 0.01)
15    # model = RidgeRegression(Lambda = 100)
16    model.fit(X_poly, y)
17    plt.scatter(X, y)
18    plt.axis([-1, 1, -2, 2])
19    W = np.linspace(-1, 1, 100).reshape(100, 1)
20    W_poly = poly.fit_transform(W)
21    u = model.predict(W_poly)
22    plt.plot(W, u)
23    plt.show()
```

图 3-12   多项式回归的 L_2 正则化测试（续）

图 3-12 中的代码，与图 3-9 中的代码存在很多相似之处，关键的不同点在于第 13～15 行，在这里，我们调用了岭回归算法进行拟合。读者可以自行运行该段代码，改变注释中 λ（代码中为 Lambda）的值，可以得到不同的结果。图 3-13 的左子图展示了当 $\lambda = 0$ 时的结果，可以看到，曲线几乎完美地拟合了这些散点，明显出现了过度拟合现象。当 $\lambda = 0.01$ 时的结果如图 3-13 的右子图所示时，可以看出，拟合出来的曲线没有出现过度拟合，很好地体现了 L_2 正则化的作用。

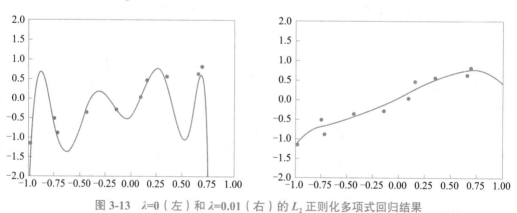

图 3-13 $\lambda=0$（左）和 $\lambda=0.01$（右）的 L_2 正则化多项式回归结果

🤖 3.5   Sklearn 的线性回归

由于 Sklearn 库中 sklearn.linear_model 提供了多种支持线性回归分析的类，其中最基本的一个是普通最小二乘线性回归类。

```
class sklearn.linear_model.LinearRegression(*, fit_intercept=True, normalize=False,
copy_X=True, n_jobs=None)
```

各参数及其含义如下：

```
    fit_intercept=True：是否计算此模型的截距。若设置为 False，则在计算中将不使用截距（数据应中
心化）。
    normalize=False ：fit_intercept 设置为 False 时，将忽略此参数。若为 True，则在回归
之前通过减去均值并除以 L2-范数来对回归变量 X 进行归一化。如果你希望标准化，请先使用 sklearn.
preprocessing.StandardScaler，然后调用 fit 估算器并设置 normalize=False。
    copy_X=True：如果为 True，将复制 X；否则 X 可能会被覆盖。
    n_jobs=None：用于计算的核心数。这只会为 n_targets> 1 和足够大的问题提供加速。除非在上下文中
设置了 joblib.parallel_backend 参数，否则 None 表示 1。-1 表示使用所有处理器。
```

该类的属性及其含义如下：

```
    coef_：线性回归问题的估计系数。若在拟合过程中传递了多个目标，则这是一个二维数组，形状为 (n_
targets, n_features)，而若仅传递了一个目标，则是长度为 n_features 的一维数组。
    rank_：矩阵 X 的秩。仅在 X 是密集矩阵时可用。
    singular_：X 的奇异值。仅在 X 是密集矩阵时可用。
    intercept_：线性模型中的截距项。若设置 fit_intercept = False，则截距为 0.0。
```

除此之外，还有 sklearn.linear_model.Ridge 类，即岭回归，Ridge 回归通过使用 L_2 正则化对系数的大小进行惩罚来解决普通最小二乘的一些问题。sklearn.linear_model.Lasso，Lasso 是一个线性模型，它使用 L_1 正则化来估计稀疏系数。sklearn.linear_model.ElasticNet，即弹性网，Elastic-Net 是使用系数的 L_1 和 L_2 范数正则化训练的线性回归模型等，其用法非常相似，在此通过一个案例介绍其简单的使用方法。

案例实战 3.4　仅使用 diabetes 数据集的第一个特征，以说明此回归技术的二维绘图。在图 3-14 中可以看到直线，显示线性回归如何试图绘制一条直线，使数据集中观察到的响应与线性近似预测的响应之间的残差平方和最小化。

在 linear_regression 包中，创建 diabetes_linear_regression_sklearn.py 文件，在其中并编写代码如图 3-15 所示。

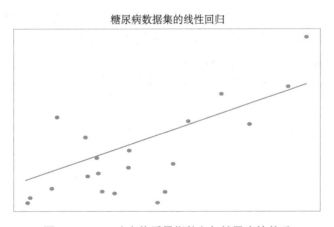

糖尿病数据集的线性回归

图 3-14　BMI（身体质量指数）与糖尿病的关系

```
1    import matplotlib.pyplot as plt
2    from sklearn import linear_model
3    from sklearn.metrics import mean_squared_error, r2_score
4    from sklearn.datasets import load_diabetes
5    plt.rcParams['font.sans-serif'] = ['SimHei']
6    plt.rcParams['axes.unicode_minus'] = False
7
8    # 加载糖尿病数据集
9    diabetes = load_diabetes()
10   X, y = diabetes.data, diabetes.target
11   # 仅取出BMI(body mass index)身体质量指数（1个特征）
12   X = X[:, 2].reshape(-1, 1)
13   # 将数据分成训练集和测试集及它们对应的值
14   X_train, X_test, y_train, y_test = X[:-20], X[-20:], y[:-20], y[-20:]
15   model = linear_model.LinearRegression()
16   model.fit(X_train, y_train)
17   y_pred = model.predict(X_test)
18   print(f'系数coe: {model.coef_}')
19   print(f'均方误差mse: {mean_squared_error(y_test, y_pred):.2f}')
20   print(f'决定系数R^2: {r2_score(y_test, y_pred):.2f}')
21   plt.scatter(X_test, y_test,  color='black')
22   plt.plot(X_test, y_pred, color='blue', linewidth=3)
23   plt.title('糖尿病数据集的线性回归')
24   plt.xticks(())
25   plt.yticks(())
26   plt.show()
```

图 3-15　糖尿病数据集的 BMI 特征的线性回归

在图 3-15 中，第 1～6 行导入相关的包并设置绘制图像的中文支持，第 9～14 行加载糖尿病数据集，只取出其 BMI 特征作为线性回归的依据，第 15 行加载 Sklearn 的线性回归模型，第 16 行训练模型，第 17 行预测测试数据集的结果，第 18～20 行输出相关的结果，第 21 行绘制测试集散点图，第 22 行绘制测试数据的线性回归直线，第 23 行绘制图像的标题，第 24～25 行取消图像的坐标信息。运行该程序，得到：系数 coe：[938.23786125]，均方误差 mse：[2548.07]，决定系数 R^2：[0.47]，同时生成图 3-14，展示了 BMI 与糖尿病的关系。

到目前为止，linear_regression 包的结构大致如图 3-16 所示。

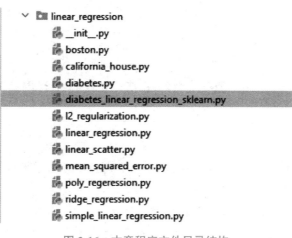

图 3-16　本章程序文件目录结构

🤖 3.6　本章小结

　　本章从简单线性回归入手，介绍了线性回归的目标函数最小均方误差，介绍了求解线性回归问题的正规方程算法（最小二乘法），以及当标签和特征之间明显不具有线性关系，而是呈现多项式关系时，采取多项式回归模型来拟合数据。最后为了避免出现过度拟合，在回归算法中引入了正则化算法，常用的正则化算法有 L_1 和 L_2 正则化。最后，通过实例介绍了 Sklearn 中的线性回归模型的使用方法。

思考与练习

　　1. 重现本章所有的案例实战。

　　2. 使用图 3-9 中生成的数据，采用线性回归和二次多项式算法拟合曲线，对比这 3 种不同回归算法得到的 mse 和 R^2。

　　3. 利用图 3-11 中的岭回归类，通过改变正则化系数 λ，描绘出正则化系数与多项式回归模型的训练数据与测试数据的决定系数关系图。

第4章 机器学习中的搜索算法

机器学习中的许多问题，最终都归结为一个明确的最优化问题。因此，机器学习中的很多算法不可避免地用到了最优化理论中的成熟、高效的算法。在机器学习中，除了少数的问题具有精确的数学解析表达式，如第3章的线性回归算法和岭回归算法，都可以用正规方程求解。事实上，绝大多数的机器学习算法的最优解都没有精确的数学解析表达式。这时，就需要用到最优化理论中一般的优化算法，搜索算法就是其中一种最为常用的一般性优化算法。

搜索算法是利用计算机的高性能来有目的地穷举一个问题解空间的部分或所有的可能情况，从而求出问题的解的一种方法。该算法通常具有如下基本结构：从可行区域中任意初始点开始搜索，在每个搜索点的局部可行区域中寻找一个能使目标函数值下降的方向并沿着该方向移动至下一个可行点。按此方式循环迭代，直至无法继续移动为止。此时输出搜索结束时所在的可行点。由于从最终输出的可行点出发无法再找到一个能局部降低目标函数的下一个可行点，因而算法输出的解必定是一个局部最优解。对于凸优化问题，已经证明了局部最优解一定也是全局最优解，所以算法必定能输出最优解；对于非凸优化问题，无法保证能得到全局最优解，但当局部最优值接近全局最优值时，算法也能输出一个近似最优解。

.

 ## 4.1 梯度下降算法

4.1.1 梯度下降算法概述

梯度下降（Gradient Descent）算法是解决优化问题的重要方法之一，在机器学习中应用十分广泛，不论是在线性回归还是 Logistic 回归中，其主要目的都是通过迭代找到目标函数的最小值。梯度下降算法的基本思想是：假定目标函数可微，算法从空间中任意给定的初始点开始进行指定轮次的搜索（或达到某个条件为止），在每轮搜索中都计算目标函数在当前点的梯度，并沿着与梯度相反的方向，按照一定的步长移动到下一个可行点。

下面这个通俗的例子可以帮助理解梯度下降算法。假设这样一个场景：一个人需要从山的某处开始下山，尽快到达山脚。在下山之前他需要确认两件事：一是下山的方向，二是下山的距离。这是因为下山的路有很多，他必须利用一些信息，找到从该处开始最陡峭的方向下山，这样可以保证他尽快到达山底。此外，这座山最陡峭的下山方向并不是一成不变的，每当走过一段规定的距离，他必须停下来，重新利用现有信息找到新的最陡峭的下山方向。通过反复进行该过程，最终抵达山脚。

将例子里的关键信息与梯度下降算法中的关键信息对应起来：山代表了需要优化的函数表达式，山的最低点就是该函数的最优值，即我们的目标；每次下山的距离代表后面要解释的学习率；寻找下山方向利用的信息即样本数据；最陡峭的下山方向则与函数表达式梯度的方向有关，之所以要寻找最陡峭的下山方向，是为了满足最快到达山脚的限制条件。

在选择每次行动的距离时，若所选择的距离过大，则有可能偏离最陡峭的下山方向，甚至已经到达最低点却没有停下来，从而跨过最低点而不自知，一直无法到达山脚；若距离过小，则需要频繁寻找最陡峭的下山方向，每次寻找是非常复杂的。同理，梯度下降算法也会面临这个问题，因此需要我们找到最佳的学习率，在不偏离方向的同时耗时最短。下一节将通过模拟实现梯度下降算法的例子来加深理解。

4.1.2　模拟实现梯度下降算法

案例实战 4.1　运用梯度下降算法模拟下山过程，假设"山函数"为 $f(x)=\cos^2\left(\dfrac{1}{x}\right)$。

由山函数 $f(x)$，简单求导可求得该山的梯度函数为 $df(x)=\dfrac{\sin\left(\dfrac{2}{x}\right)}{x^2}$。在 PyCharm 的

mlbook 项目中，创建一个新的包 search_algorithms，并在该包中创建 mountain_gd.py 文件，在其中编写代码如图 4-1 所示。

```
1    import matplotlib.pyplot as plt
2    import numpy as np
3    plt.rcParams['font.sans-serif'] = ['SimHei']
4    plt.rcParams['axes.unicode_minus'] = False
5    np.seterr(divide='ignore', invalid='ignore')
6    def f(x):
7      return (np.cos(1/x)) ** 2
8    def df(x):
9      return np.sin(2 / x) / (x ** 2)
10   X, y = [], []
11   eta, epsilon = 0.001, 0.0001 # 学习率 eta 和终止条件 epsilon
12   x = 0.3
13   i = 1
14   plt.text(x, f(x) + 0.1, '起始点')
```

图 4-1　模拟下山的梯度下降算法

```
15    while abs(df(x)) > epsilon:
16      X.append(x)
17      y.append(f(x))
18      if i % 4 == 0:
19      # if i == 20 or i ==100:
20       plt.text(x-0.05, f(x), f' 第 {i} 步 ')
21      x = x - eta * df(x)
22      i = i + 1
23    print(f" 函数经过 {i} 次迭代，极值点为：(x, f(x)={x, f(x)}")
24    plt.text(x, f(x) - 0.1, ' 终止点 ')
25    W = np.linspace(0, 1, 500).reshape(500, 1)
26    U = f(W)
27    plt.plot(W, U)
28    plt.scatter(X, y, s=15)
29    plt.xlim([0.1, 0.7])
30    plt.ylim([-0.5, 1.5])
31    plt.show()
```

图 4-1   模拟下山的梯度下降算法（续）

运行图 4-1 中的代码，在这里我们选用了起始点 *x*=0.3，其他参数如图 4-1 所示，可以得到输出：函数经过 13 次迭代，极值点为：(x, f(x)={0.21220659781172502, 2.431934421073981e-14}，运行程序生成了图 4-2 左子图。将起始点 *x* 改为 *x*=0.4，同时将第 18 行注释起来，并将第 19 行去掉注释，再次运行该程序，得到输出：函数经过 772 次迭代，极值点为：(x, f(x)={0.6366116347713777, 4.0316505572340213e-10}，运行程序生成了图 4-2 右子图。由这两条曲线，我们可以清晰地看到，选择了不同的起点，其收敛到的终止点是不同的，并且收敛的速度也差异极大，可以尝试修改其学习率 eta 和终止条件 epsilon 查看有没有变化。请读者再次学习本节的内容，加以体会。

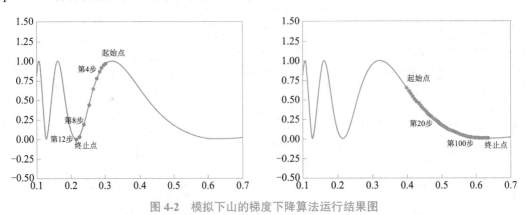

图 4-2   模拟下山的梯度下降算法运行结果图

4.1.3　线性回归中的梯度下降算法

上一节中，运用梯度下降算法模拟了最快下山的搜索过程。图 4-3 总结了梯度下降算法的描述过程。梯度下降算法的任务是一个无约束优化问题：

$$\min_{x \in \mathbf{R}^n} f(x)$$

其中目标函数 f 是一个可微的 n 元可微函数。该算法包含两个参数，一个是搜索的轮次 N，另一个是搜索的步长 $\eta\ (\eta > 0)$。初始时，设定 x 为全 0 向量，开始 N 轮循环，在每轮循环中都沿着梯度 $\nabla f(x)$ 的反方向前进一小步，步长为 η：

$$x \leftarrow x - \eta \nabla f(x)$$

将 η 称为学习速率。

梯度下降算法如图 4-3 所示。

```
x=0
for i=1, 2,…,N
    x ← x-η∇f(x)
return x
```

图 4-3　梯度下降算法

以 $f(x)$ 为一元函数为例，分析梯度下降算法的收敛原理。对于任意一点 x_0，将函数 $f(x)$ 在 x_0 处按泰勒公式展开，有 $f(x) = f(x_0) + f'(x_0)(x - x_0) + \dfrac{1}{2!}f''(x_0)(x - x_0)^2 + \cdots$

取 $x = x_0 - \eta \nabla f(x_0)$，并将之代入上式，可得到 $f(x) = f(x_0) - \eta f'(x_0)^2 + o(\eta)$，其中 $o(\eta)$ 是关于 η 的高阶无穷小量，当 η 足够小时，该项可以忽略。只要 $f'(x_0) \neq 0$，就有 $\eta f'(x_0)^2 > 0$，那么 $f(x) < f(x_0)$，这就说明使用图 4-3 中的迭代算法，目标函数值能沿着梯度相反的方向局部下降，这就是梯度下降算法能收敛到局部最优值的原理。对于多元函数来说，原理是相似的，这里就不具体分析了，感兴趣的读者可以查阅相关的数学文献。

案例实战 4.2　使用梯度下降算法对加州房价问题进行预测。

在第 3 章中，我们已经对加州房价使用正规方程算法进行了预测，但由于正规方程算法需要计算特征方阵 $(X^{\mathrm{T}}X)^{-1}$，当数据的特征个数很多的时候，求解正规方程的计算量非常大，从而导致正规方程求解算法效率低下，甚至不可行，因此，对于特征个数较多的数据的线性回归问题，梯度下降算法更为实用。

在 search_algorithms 包中创建 linear_regression_gd.py 文件，并在文件中创建 Linear-Regression-GD 类，具体代码如图 4-4 所示。

```
1    import numpy as np
2    class LinearRegressionGD:
```

图 4-4　解决线性回归问题时梯度下降算法的类

```
3       def __init__(self):
4         self.w = None
5         self.coef_ = None
6         self.intercept_ = None
7       def fit(self, X, y, eta, epsilon):
8         m, n = X.shape
9         w = np.zeros((n, 1))
10        while True:
11          e = X.dot(w) - y
12          g = 2 * X.T.dot(e) / m
13          w = w - eta * g
14          if np.linalg.norm(g, 2) < epsilon:
15            break
16        self.w = w
17        self.intercept_ = self.w[0]
18        self.coef_ = self.w[1:]
19        return self
20      def predict(self, X):
21        return X.dot(self.w)
22      # 计算均方误差 mse
23      def mse(self, y_true, y_pred):
24        return np.average((y_true - y_pred) ** 2, axis=0)
25      # 计算决定系数 r^2
26      def r2(self, y_true, y_pred):
27        numerator = (y_true - y_pred) ** 2
28        denominator = (y_true - np.average(y_true, axis=0)) ** 2
29        return 1 - numerator.sum(axis=0) / denominator.sum(axis=0)
```

图 4-4　解决线性回归问题时梯度下降算法的类（续）

在图 4-4 中，第 7～19 行的 fit() 函数是算法的关键，其中第 10～13 行使用了图 4-3 的梯度下降算法，第 14～15 行对精度进行了判断，如果达到了设定的精度，就可以跳出循环，第 16～19 行保存了拟合出来的参数。另外需要注意的是，fit() 函数中多了两个参数，分别是学习率 η 和计算精度 ε。其他地方与前面线性回归算法的正规方程求解过程基本一样，读者可进行对比，加深理解。

在 search_algorithms 包中创建 california_house_gd.py 文件，在其中编写具体代码如图 4-5 所示。

在图 4-5 中，在第 5 行，导入了图 4-4 中的模块，然后在第 18 行利用该模块创建了线性回归的梯度下降算法实例，第 19 行对训练样本进行拟合，其中传递过来了学习率和计算精度两个参数。其他地方与第 3 章基本类似，不再赘述。运行图 4-5 中的代码，得到：mse = [0.52511737], r2 = [0.60809356]，运行结果和使用正规方程求解的结果极其相近。

```
1    import numpy as np
2    from sklearn.datasets import fetch_california_housing
3    from sklearn.model_selection import train_test_split
4    from sklearn.preprocessing import StandardScaler
5    import linear_regression_gd as gd
6    def process_features(X):
7      scaler = StandardScaler()
8      X = scaler.fit_transform(X)
9      m, n = X.shape
10     X = np.c_[np.ones((m, 1)), X]
11     return X
12   housing = fetch_california_housing()
13   X = housing.data
14   y = housing.target.reshape(-1, 1)
15   X_train, X_test, y_train, y_test = train_test_split(X, y, test_
     size=0.5, random_state=1)
16   X_train = process_features(X_train)
17   X_test = process_features(X_test)
18   model = gd.LinearRegressionGD()
19   model.fit(X_train, y_train, eta=0.01, epsilon=0.01)
20   y_pred = model.predict(X_test)
21   mse = model.mse(y_test, y_pred)
22   r2 = model.r2(y_test, y_pred)
23   print(f"mse = {mse}, r2 = {r2}")
```

图 4-5　加州房价预测问题的线性回归之梯度下降算法

4.2　随机梯度下降算法

随机梯度下降算法是梯度下降算法的改进，每次只随机抽取一个样本进行梯度计算迭代，训练速度可以提高 m 倍（m 是数据样本总数），对于准确度来说，随机梯度下降算法由于仅仅用一个样本决定梯度方向，导致解很有可能不是最优的。对于收敛速度来说，由于随机梯度下降算法一次迭代一个样本，导致迭代方向变化很大，不能很快地收敛到局部最优解。但当数据样本总数 m 很大时，随机选取的一条训练数据的梯度的数学期望等于整体数据的梯度，所以，可以认为随机梯度下降算法也能收敛到局部最优解，这就是随机梯度下降算法的核心思想。

与梯度下降算法相比，当数据规模较小时，随机梯度下降算法的时间复杂度优势不明显，稳定性也差很多，可能多次运行随机梯度下降算法会得到完全不同的结果。但当数据规模较大的情况下，随机梯度下降算法是一个更好的选择。在实际应用中应该根据待求问题的特性和要求选择合适的优化算法。

图 4-6 是随机梯度下降算法的描述过程，图中算法的目标是最小化目标函数：

$$\min_{w \in \mathbf{R}^n} f(w) = \frac{1}{m} \sum_{i=1}^{m} l\left(h_w\left(x^{(i)}\right), y^{(i)}\right)$$

其中，$l\left(h_w\left(x^{(i)}\right), y^{(i)}\right)$ 是模型 h_w 在训练样本数据 $\left(x^{(i)}, y^{(i)}\right)$ 上的经验损失。

算法输入的是一组训练数据 S，参数是搜索步数 N 及学习率 η_0 和 η_1。算法循环执行 N 轮搜索。在每轮的循环 t 中，随机选取一条训练数据 $\left(x^{(i)}, y^{(i)}\right)$，并计算当前模型在该样本上的经验损失的梯度，然后算法沿着梯度的反方向调整 w 的值，步长设置为 $\eta_t = \dfrac{\eta_0}{\eta_1 + t}$，步长随着搜索轮次 t 的增加而减少。这样，随着算法搜索越接近最优解，搜索的步长 η_t 随着 t 的增加而变小，以确保不会跳过最优解。算法的输出是所有搜索点的平均值，以增强结果的稳定性。

```
w=0, w_s=0
for t=1,2,…,N:
    (x^(i),y^(i))~S
    η_t = η_0 / (η_1 + t)
    w ← w - η_t ∇l(h_w(x^(i)),y^(i))
    w_s ← w_s + w
return w̄ = w_s / N
```

图 4-6　随机梯度下降算法

4.2.1　回归问题中的随机梯度下降算法

案例实战 4.3　加州房价预测问题的线性回归之随机梯度下降算法应用。

在 search_algorithms 包中创建 linear_regression_sgd.py 文件，并在该文件中创建 LinearRegressionSGD 类，具体代码如图 4-7 所示。

```
1    import numpy as np
2    class LinearRegressionSGD:
3      def __init__(self):
4        self.w = None
5        self.coef_ = None
6        self.intercept_ = None
7      def fit(self, X, y, eta_0=10, eta_1=50, N=10000):
8        m, n = X.shape
9        w = np.zeros((n, 1))
```

图 4-7　解决线性回归问题时随机梯度下降算法的类

```
10        self.w = w
11        for t in range(N):
12          i = np.random.randint(m)
13          x = X[i].reshape(1, -1)
14          e = x.dot(w) - y[i]
15          # 特别注意，这里的 e 是一个数，所以这里的乘法是数乘向量，不是矩阵乘法
16          g = 2 * e * x.T
17          w = w - eta_0 * g / (t + eta_1)
18          self.w += w
19        self.w /= N
20        self.intercept_ = self.w[0]
21        self.coef_ = self.w[1:]
22        return self
23
24      def predict(self, X):
25        return X.dot(self.w)
26      def mse(self, y_true, y_pred):
27        return np.average((y_true - y_pred) ** 2, axis=0)
28      def r2(self, y_true, y_pred):
29        numerator = (y_true - y_pred) ** 2
30        denominator = (y_true - np.average(y_true, axis=0)) ** 2
31        return 1 - numerator.sum(axis=0) / denominator.sum(axis=0)
```

图 4-7　解决线性回归问题时随机梯度下降算法的类（续）

图 4-7 中第 7～22 行的 fit() 函数是随机梯度下降算法类的关键，该函数具有 5 个参数，分别是输入的数据 X 和标签 y，以及设置了默认参数值的搜索步数 N 和学习率 η_0 和 η_1。在 for 循环的 N 轮搜索中，每次都通过随机数选出一条数据进行梯度下降算法的计算。因为在线性回归问题中，损失函数为 $l\left(h_w\left(x^{(i)}\right), y^{(i)}\right) = \left(w^{\mathrm{T}}x^{(i)} - y^{(i)}\right)^2$，所以损失函数的梯度为 $\nabla_w l = 2\left(w^{\mathrm{T}}x^{(i)} - y^{(i)}\right)x^{(i)}$。按照图 4-6 的算法进行 N 轮迭代，因为无法保证迭代一定收敛到局部最优，所以，最后采用了所有搜索点的平均值以增强结果的稳定性。

创建了图 4-7 的类之后，在 search_algorithms 包中，创建 california_house_sgd.py 文件，在其中编写具体代码如图 4-8 所示。

```
1    import numpy as np
2    from sklearn.datasets import fetch_california_housing
3    from sklearn.model_selection import train_test_split
4    from sklearn.preprocessing import MinMaxScaler
5    from sklearn.preprocessing import StandardScaler
6    import linear_regression_sgd as sgd
```

图 4-8　加州房价预测问题的线性回归之随机梯度下降算法

```
7    def process_features(X):
8        scaler = StandardScaler()
9        X = scaler.fit_transform(X)
10       scaler = MinMaxScaler(feature_range=(-1, 1))
11       X = scaler.fit_transform(X)
12       m, n = X.shape
13       X = np.c_[np.ones((m, 1)), X]
14       return X
15   housing = fetch_california_housing()
16   X = housing.data
17   y = housing.target.reshape(-1, 1)
18   X_train, X_test, y_train, y_test = train_test_split(X, y, test_
     size=0.5, random_state=1)
19   X_train = process_features(X_train)
20   X_test = process_features(X_test)
21   model = sgd.LinearRegressionSGD()
22   model.fit(X_train, y_train)
23   y_pred = model.predict(X_test)
24   mse = model.mse(y_test, y_pred)
25   r2 = model.r2(y_test, y_pred)
26   print(f"mse = {mse}, r2 = {r2})"
```

图 4-8　加州房价预测问题的线性回归之随机梯度下降算法（续）

图 4-8 利用图 4-7 中定义的类对加州房价进行随机梯度下降算法的预测。需要特别注意的是，在使用随机梯度下降算法时，必须对特征进行标准化和限界处理。否则，可能在运行算法的过程中出现中间结果超出浮点数上界或者算法可能不收敛。所以，在图 4-8 中的第 4~5 行中导入了相关的包，并在特征处理函数 process_features() 中对特征进行了相关的处理。第 21 行实例化了随机梯度下降算法的类，然后对训练样本进行训练和预测，输出：mse = [0.55580555]，r2 = [0.58519031]，这与前面案例采用不同的算法得到的结果非常接近。

4.2.2　梯度下降算法与随机梯度下降算法的效果对比

本节通过 Sklearn 工具库中的 make_regression() 函数随机生成一个线性回归问题的数据，然后对前面已经实现梯度下降算法的类和随机梯度下降算法的类稍做修改，增加追踪记录在迭代过程中的权值 w 的变化，将这些权值的变化可视化，即可得到对梯度算法收敛过程的直观的认识。为了方便可视化，由 make_regression() 函数生成的数据特征个数设置为 2，数据规模为 1000 条，标签服从正态分布，标准差为 0.1，偏置项为 0。

在 search_algorithms 包中创建一个 gd_vs_sgd.py 文件，在其中编写如图 4-9 所示的代码。

```
1    import matplotlib.pyplot as plt
2    import numpy as np
3    from sklearn.datasets import make_regression
4    class LinearRegressionGD:
5      def __init__(self):
6        self.w = None
7        self.W = None
8        self.coef_ = None
9        self.intercept_ = None
10     def fit(self, X, y, eta, N=1000):
11       m, n = X.shape
12       w = np.zeros((n, 1))
13       self.W = np.zeros((N, 2))
14       for t in range(N):# 梯度下降每次循环的计算量大，但总体的循环次数 N 小
15         # 有 2 个特征，所以权值 w 有两个分量，w[0],w[1]，这里记录 N 次循环过程
16          # w 的值的变化细节，然后以 w[0] 为横坐标，w[1] 为纵坐标绘制出图像，就可知道，w
   的优化过程
17           self.W[t][0] = w[0]
18           self.W[t][1] = w[1]
19           e = X.dot(w) - y
20           g = 2 * X.T.dot(e) / m   # 这里是所有样本，相差了 m 倍
21           w = w - eta * g
22         self.w = w
23         return self
24     def predict(self, X):
25       return X.dot(self.w)
26   class LinearRegressionSGD:
27     def __init__(self):
28        self.w = None
29        self.W = None
30        self.coef_ = None
31        self.intercept_ = None
32     def fit(self, X, y, eta_0=10, eta_1=50, N=3000):
33       m, n = X.shape
34       w = np.zeros((n, 1))
35       self.w = w
36       self.W = np.zeros((N, 2))
37       for t in range(N):
38         self.W[t][0] = w[0]   # 记录权值 w 的变化，用于画出 w 的轨迹
39         self.W[t][1] = w[1]
40         i = np.random.randint(m)
```

图 4-9　梯度下降算法与随机梯度下降算法收敛过程对比

```
41          x = X[i].reshape(1, -1)  # 为了计算方便，将第i个样本X[i]转换成列向量
42          e = x.dot(w) - y[i]  # x^T * w -y_{i}，这里是一个样本
43          gradient = 2 * e * x.T
44          w = w - eta_0 * gradient / (t + eta_1)
45          self.w += w
46        self.w /= N
47        return self
48    def predict(self, X):
49        return X.dot(self.w)
50 X, y = make_regression(n_samples=1000, n_features=2, noise=0.1,
   bias=0, random_state=0)
51 y = y.reshape(-1, 1)
52 model = LinearRegressionGD()
53 model.fit(X, y, eta=0.01, N=3000)
54 plt.scatter(model.W[:, 0], model.W[:, 1], s=5)
55 plt.plot(model.W[:, 0], model.W[:, 1], 'y')
56 print(model.w)
57 model = LinearRegressionSGD()
58 model.fit(X, y)
59 plt.scatter(model.W[:, 0], model.W[:, 1], s=15)
60 plt.plot(model.W[:, 0], model.W[:, 1], 'b')
61 plt.xlabel('$w_0$')
62 plt.ylabel('$w_1$')
63 print(model.w)
64 plt.show()
```

图 4-9 梯度下降算法与随机梯度下降算法收敛过程对比（续）

因为对两个梯度下降算法的类做了修改，为了方便对比，就将其一起放置在图4-9中，并将这两个类中计算 mse 和 R^2 等无须用到的函数删除，同时在两个类中都增加了一个新的成员变量（W），用于记录权值的变化过程。具体的记录过程请看代码及注释。

图 4-9 中的第 3 行导入了 Sklearn 包中的线性回归函数，并在第 50 行中调用该函数生成测试数据。第 52～64 行分别调用了梯度下降算法类和随机梯度下降算法类，并进行了训练，将记录得到的权值 W 作为绘制图像的依据，最终两个算法的权值 W 分别收敛到 [[41.08889557] [40.05546774]] 和 [[41.04965767] [40.05121532]]，非常接近。其中，梯度下降算法得到的曲线在图 4-10 中下面位置，随机梯度下降算法得到的曲线在图 4-10 中上面位置（请读者注意，在这个例子中，随机梯度下降算法每次挑选的样本都不一样，因此，读者运行出来的结果可能与图 4-10 不同）。可以看出，梯度下降算法每步都朝着最优解的方向前进，而随机梯度下降算法的收敛过程整体方向也是朝着最优解前进，但收敛过程要曲折得多。所以，采用哪一种算法要根据实际情况进行确定。

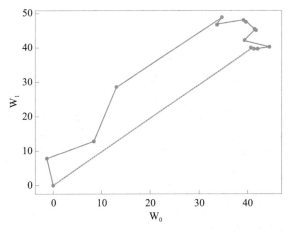

图 4-10　两种算法的收敛过程对比

🤖 4.3　小批量梯度下降算法

通过上一节中对梯度下降算法与随机梯度下降算法的对比，我们知道，这两种算法各有优缺点，那么，能否设计一个折中的算法以兼具二者之长呢？小批量梯度下降算法（Mini-Batch Gradient Descent）正是这种思路的结果，在每次梯度下降的过程中，只选取数据的一部分（B 条样本数据）计算梯度。这种方法减少了参数更新时的变化，能够更加稳定地收敛。同时，也能利用高度优化的矩阵，进行高效的梯度计算。在数据量较大的项目中，可以明显地减少梯度计算的时间。

只要将上一节的随机梯度下降算法的一次随机取出 1 条数据样本修改为一次取出 B 条数据样本，就可以得到小批量随机梯度下降算法。

在 search_algorithms 包中创建 linear_regression_mbgd.py 文件，并在该文件中创建 LinearRegressionMBGD 类，具体代码如图 4-11 所示。

```
1    import numpy as np
2    class LinearRegressionMBGD:
3      def __init__(self):
4        self.w = None
5        self.coef_ = None
6        self.intercept_ = None
7      def fit(self, X, y, eta_0=10, eta_1=50, N=3000, B=10):
8        m, n = X.shape
9        w = np.zeros((n, 1))
10       self.w = w
```

图 4-11　小批量梯度下降算法的类

```
11        for t in range(N):
12            batch = np.random.randint(low=0, high=m, size=B)
13            X_batch = X[batch].reshape(B, -1)
14            y_batch = y[batch].reshape(B, -1)
15            e = X_batch.dot(w) - y_batch
16            g = 2 * X_batch.T.dot(e) / B   # 小批量梯度下降算法的计算公式与随机梯
      度下降算法的计算公式基本上是一样的
17            w = w - (eta_0 / (t + eta_1)) * g   # w的更新公式有点不同
18            self.w += w
19        self.w /= N
20        self.intercept_ = self.w[0]
21        self.coef_ = self.w[1:]
22        return self
23    def predict(self, X):
24        return X.dot(self.w)
25    def mse(self, y_true, y_pred):
26        return np.average((y_true - y_pred) ** 2, axis=0)
27    def r2(self, y_true, y_pred):
28        numerator = (y_true - y_pred) ** 2
29        denominator = (y_true - np.average(y_true, axis=0)) ** 2
30        return 1 - numerator.sum(axis=0) / denominator.sum(axis=0)
```

图 4-11　小批量梯度下降算法的类（续）

在图 4-11 中，第 7～22 行的 fit() 函数实现了数据的拟合训练，其中，参数 $B=10$ 就是每次小批量迭代时，将样本个数默认设置为 10，其他几个参数与随机梯度下降算法含义一样。第 11 行的 for 循环开始迭代，每次从 m 个样本中随机取出 B 条数据，进行梯度下降的计算，最终拟合出合适的参数 w。

在 search_algorithms 包中，创建测试程序，仍然以加州房价作为预测数据（读者可以使用其他数据，如波士顿房价等），创建 california_house_mbgd.py 文件，在其中编写具体代码如图 4-12 所示。

```
1    import numpy as np
2    from sklearn.datasets import fetch_california_housing
3    from sklearn.model_selection import train_test_split
4    from sklearn.preprocessing import StandardScaler
5    from sklearn.preprocessing import MinMaxScaler
6    import linear_regression_mbgd as mbgd
7    def process_features(X):
8        scaler = StandardScaler()
9        X = scaler.fit_transform(X)
```

图 4-12　加州房价预测问题的线性回归之小批量梯度下降算法

```
10        scaler = MinMaxScaler(feature_range=(-1, 1))
11        X = scaler.fit_transform(X)
12        m, n = X.shape
13        X = np.c_[np.ones((m, 1)), X]
14        return X
15  housing = fetch_california_housing()
16  X = housing.data
17  y = housing.target.reshape(-1, 1)
18  X_train, X_test, y_train, y_test = train_test_split(X, y, test_
    size=0.5, random_state=1)
19  X_train = process_features(X_train)
20  X_test = process_features(X_test)
21  model = mbgd.LinearRegressionMBGD()
22  model.fit(X_train, y_train)
23  y_pred = model.predict(X_test)
24  mse = model.mse(y_test, y_pred)
25  r2 = model.r2(y_test, y_pred)
26  print(f"mse = {mse}, r2 = {r2}")
```

图 4-12　加州房价预测问题的线性回归之小批量梯度下降算法（续）

运行上面的代码，输出：mse = [0.56665433]，r2 = [0.57709363]，这与前面的结果较接近，读者可以测试这几种不同方法的运行效率（时间长短），进行对比。

以上介绍的几种梯度下降算法，都可以推广到带 L_2 正则化因子的目标函数中，可参考 3.4 节带 L_2 正则化因子的正规方程算法的求解方法，基本上很相似。

前面所介绍的目标函数都是可微的，可以很方便地对目标函数运用梯度下降算法，但当目标函数不可微时（如带 L_1 正则化因子），则要采用次梯度下降算法，其定义如下：

（定义）设 $f:\mathbf{R}^n \to \mathbf{R}$ 为一个 n 元函数。若 $x,y \in \mathbf{R}^n$ 满足如下性质：

$$f(z) \geq f(x) + y^{\mathrm{T}}(z-x), \forall z \in \mathbf{R}^n$$

则称 y 是 f 在 x 处的一个次梯度。称集合 $\partial f(x)=\{ y \in \mathbf{R}^n \mid y$ 为 f 在 x 处的次梯度 $\}$ 为 f 在 x 处的次梯度集。

图 4-13 对次梯度的含义做出了直观的解释，图中在实线 $f(z)$ 每条下面的虚线的直线斜率 y 都是函数 f 在 x 处的一个次梯度。当目标函数是凸函数时，次梯度是梯度在不可微情形下的自然推广，在可微的情形下，次梯度就是梯度。它的优势是比梯度下降算法处理问题的范围大，劣势是算法收敛速度慢。

我们以 Sklearn 工具库中的 LASSO 回归为例，应用次梯度下降算法，对加州房价进行预测。在 search_algorithms 包中，创建 california_house_lasso.py 文件，在其中编写具体代码如图 4-14 所示。

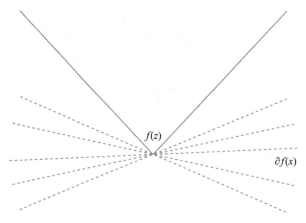

图 4-13　次梯度集

```
1    from sklearn.datasets import fetch_california_housing
2    from sklearn.linear_model import Lasso
3    from sklearn.metrics import mean_squared_error
4    from sklearn.metrics import r2_score
5    from sklearn.model_selection import train_test_split
6    housing = fetch_california_housing()
7    X = housing.data
8    y = housing.target.reshape(-1, 1)
9    X_train, X_test, y_train, y_test = train_test_split(X, y, test_
     size=0.5, random_state=1)
10   model = Lasso(alpha=0.1)
11   model.fit(X_train, y_train)
12   y_pred = model.predict(X_test)
13   mse = mean_squared_error(y_test, y_pred)
14   score = r2_score(y_test, y_pred)
15   print("mse = {}, r2 = {}".format(mse, score))
```

图 4-14　加州房价的 LASSO 算法预测

在该段代码中，我们使用了 Sklearn 提供的加州房价数据 fetch_california_housing，
Lasso 类，以及最小均方误差模块 mean_squared_error 和决定系数模块 r2_score，然后
实例化 Lasso 类，传递给参数 alpha 的值为 0.1（这个就是正则化中的系数 λ），利用实
例化的模型对加州房价数据进行拟合，最终输出：mse = [0.6114745751305338]，r2 =
[0.5436433162460612]，这与前面的结果稍有差异，读者可以通过调整 test_size 等参数进
行测试，当训练数据数量较多时，结果会较好。

🤖 4.4　牛顿迭代算法

扫一扫
看微课

　　牛顿迭代法（Newton's Method）是一种在实数域和复数域上近似求解方程的方法。因其收敛速度具有平方收敛，迭代步数较少，所以在许多机器学习算法的优化部分都可以用该迭代法来实现。牛顿迭代法的缺点是需要计算目标函数的海森（Hessian）矩阵，当特征个数较多时，比较耗时。

　　（定理）设 $f \in C^2[a,b]$，即 f 在闭区间 $[a,b]$ 上二阶连续可导，且存在数 $p \in [a,b]$，满足 $f(p)=0$。若 $f'(p) \neq 0$，则存在一个数 $\delta > 0$，对任意初始近似值 $p_0 \in [p-\delta, p+\delta]$，使得由如下迭代定义的序列 $\{p_k\}_{k=0}^{\infty}$ 收敛到 p：

$$p_k = g(p_{k-1}) = p_{k-1} - \frac{f(p_{k-1})}{f'(p_{k-1})}, k=1,2\cdots$$

定义函数 $g(x) = x - \dfrac{f(x)}{f'(x)}$，称为牛顿 – 拉夫森迭代函数。由于 $f(p)=0$，显然 $g(p)=p$。这样通过寻找 $g(x)$ 的不动点，可以实现寻找方程 $f(x)=0$ 的根的牛顿 – 拉夫森迭代。

　　由牛顿 – 拉夫森迭代，我们可以得到求解 $f(x)$ 的牛顿迭代算法，具体如图 4-15 所示，其中 $\in$ 为迭代的精度。

```
求 f(x) 在 0 点的牛顿迭代算法
x=0
while |f(x)|>∈:
        x ← x - f(x)/f'(x)
return x
```

图 4-15　牛顿迭代算法求解方程的根

4.4.1　模拟实现牛顿迭代算法

　　案例实战 4.4　使用牛顿迭代算法求解 $f(x) = (x-1)^2$ 的根。

　　在 search_algorithms 包中创建 newton_find_root.py 文件，在该文件中编写代码如图 4-16 所示。

```
1    import numpy as np
2    import matplotlib.pyplot as plt
3    plt.rcParams['font.sans-serif'] = ['SimHei']
4    plt.rcParams['axes.unicode_minus'] = False
5    def f(x):
```

图 4-16　牛顿迭代算法求解方程的根示例

```
6        return (x-1)**2
7    def df(x):
8        return 2*x - 2
9    epsilon = 1e-6
10   x = 0.5
11   lstx = []
12   lsty = []
13   i = 1
14   while np.abs(f(x)) > epsilon:
15       x = x - f(x)/df(x)
16       lstx.append(x)
17       lsty.append(f(x))
18       if i == 1 or i == 2:
19       plt.text(x + 0.02, f(x), f' 第 {i} 步迭代 ')
20       i = i + 1
21   plt.text(x, f(x)-0.01, f' 第 {i} 步迭代 ')
22   print(f" 函数 f(x) 的根为 {x}")
23   plt.scatter(lstx, lsty)
24   x = np.linspace(0.7, 1.3, 100)
25   plt.ylim([-0.02, 0.1])
26   plt.plot(x, f(x))
27   plt.show()
```

图 4-16　牛顿迭代算法求解方程的根示例（续）

代码比较简单，核心语句为第 14～15 行的牛顿迭代算法，就是根据图 4-15 的算法求解方程的根。运行该程序，得到结果：函数 f(x) 的根为 0.9990234375。其图像如图 4-17 所示。

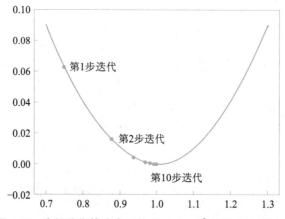

图 4-17　牛顿迭代算法求函数 $f(x)=(x-1)^2$ 的根的迭代过程

牛顿迭代算法的另一个应用是求解任意大于 0 的常数 A 的 n 次方根，下面举一个例子。例如，求 100 的 3 次方根，即求 $f(x)=100-x^3$ 的根。从而可将其转化成牛顿迭代算法求解。

在 search_algorithms 包中创建 cube_root.py 文件，在其中编写代码如图 4-18 所示。

```
1    import numpy as np
2    A = 100
3    x = 10
4    epsilon = 1e-6
5    def f(x):
6        return A-x**3
7    def df(x):
8        return -3 * x ** 2
9    while np.abs(f(x)) > epsilon:
10       x = x - f(x)/df(x)
11   print(f"{A} 的 3 次方根为 {x}")
```

图 4-18　牛顿迭代法求 100 的 3 次方根

图 4-18 中求解的是 A 的 3 次方根，将其转化为函数 $f(x)$ 的零点，第 7～8 行求函数 $f(x)$ 的导数，第 9～10 行为牛顿迭代算法的核心，运行上述程序，可求得：100 的 3 次方根为 4.641588833612856。请读者用计算器验证一下结果。

4.4.2　线性回归问题中的牛顿迭代算法

在机器学习中，很多的优化问题归结为求函数的极值问题。对于一元函数 $f(x)$ 来说，可将求极值问题 $\min\limits_{x\in\mathbf{R}} f(x)$ 转化为求该函数驻点，即导函数 $f'(x)$ 的零点，从而可以利用牛顿迭代算法。一元函数优化问题的牛顿迭代算法如图 4-19 所示。

```
x=0
while |f'(x)|>∈:

    x ← x - f'(x)/f''(x)

return x
```

图 4-19　一元函数优化问题的牛顿迭代算法

案例实战 4.5　考察 $f(x)=x^2+3x+4$。利用图 4-19 的算法求解该函数的极小值。

在 search_algorithms 包中创建 func_extreme_point.py 文件，并在其中编写求函数极小值点的代码，具体代码如图 4-20 所示。

图 4-20 中，$f(x)$ 是待求函数，$\mathrm{d}f(x)$ 是 $f(x)$ 的一阶导函数，$\mathrm{dd}f(x)$ 是 $f(x)$ 的二阶导函数，第 10～11 行是牛顿迭代算法的核心，运行该程序得到：函数 $f(x)=x^2+3x+4$ 的极小值为：1.75。

```
1    import numpy as np
2    def f(x):
3      return x ** 2 + 3 * x + 4
4    def df(x):
5      return 2 * x + 3
6    def ddf(x):
7      return 2
8    x = 0
9    epsilon = 1e-6
10   while np.abs(df(x)) > epsilon:
11     x = x - df(x)/ddf(x)
12   print(f" 函数 f(x)=x^2 + 3x + 4 的极小值为 :{f(x)}")
```

图 4-20　牛顿迭代算法求一元函数的极小值

一元函数的导数在高维空间中对应多元函数的梯度，相应的二阶导数对应海森矩阵。可将图 4-15 中一元函数的牛顿迭代算法推广到多元优化问题。

给定函数 $f : \mathbf{R}^n \to \mathbf{R}$ 为二阶可微的 n 元函数，算法的目标是计算 $\min\limits_{x \in \mathbf{R}^n} f(x)$。则多元函数优化问题的牛顿迭代算法如图 4-21 所示。

```
多元函数 f(x) 优化问题的牛顿迭代算法
x=0
while ‖∇f(x)‖ >∈:
        x ← x - ∇²f(x)⁻¹ ∇f(x)
return x
```

图 4-21　多元函数优化问题的牛顿迭代算法

案例实战 4.6　线性回归问题中的牛顿迭代算法。

在具有 n 个样本特征的线性回归问题中，目标函数的均方误差为 $f(w) = \|Xw - y\|^2$，其中 w 为待求参数，是一个 $n \times 1$ 的向量，X 是样本，为一个 $m \times n$ 的矩阵，y 是标签，为一个 $m \times 1$ 的向量，m 为样本数量。初始化 $w = 0$，则有 $\nabla f(0) = -2X^{\mathrm{T}}y$，$\nabla^2 f(0) = 2X^{\mathrm{T}}X$，按照算法中 x 的更新规则（这里 x 写成了 w，主要是为了与线性回归中的参数 w 保持一致），可以得到 $w = -\nabla^2 f(0)^{-1} \nabla f(0) = (X^{\mathrm{T}}X)^{-1} X^{\mathrm{T}}y$，这说明将 $w = 0$ 设置为初值，则牛顿迭代算法一步就收敛了，这个解刚好就是前面我们用正规方程求出的解。所以，正规方程算法可认为是牛顿迭代算法在线性回归中的具体应用。

4.5　坐标下降算法

坐标下降算法（Coordinate Descent）是一个简单却高效的非梯度优化算法。与梯度优化算法沿着梯度最快下降的方向寻找函数最小值不同，坐标下降算法依次沿着坐标轴的方向最小化目标函数值。

坐标下降算法的核心思想是将一个复杂的优化问题分解为一系列简单的优化问题进行求解。高维的损失函数 $f(x_0, x_1, \cdots, x_n)$，求最小值有时并不是一件容易的事情，而坐标下降算法就是迭代地通过将大多数自变量 $(x_0, x_1, \cdots, x_{i-1}, x_{i+1}, \cdots, x_n)$ 固定（看作已知常量），而只针对剩余的自变量 x_i 求极值的过程。这样，一个高维的优化问题就被分解成了多个一维的优化问题，从而大大降低了问题的复杂度。

下面通过一个简单的例子来演示坐标下降算法是如何工作的：假设我们有目标函数 $f(x, y) = 5x^2 - 6xy + 5y^2$，其等高线如图 4-22 所示，求 (x, y) 以使目标函数在该点的值最小。

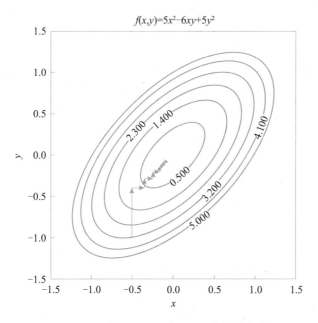

图 4-22　函数 $f(x,y)=5x^2-6xy+5y^2$ 的等高线

图 4-22 中箭头标示的是起始点 $(-0.5, -1.0)$，此时 $f = 3.25$。现在我们固定 x，将 f 看成关于 y 的一元二次方程，并求当 f 最小时 y 的值。

由 $f(x, y) = 5x^2 - 6xy + 5y^2$，当 $x = -0.5$ 时，$f(y|x=-0.5) = 5 \times (-0.5)^2 - 6 \times (-0.5) \times y + 5y^2 = 5y^2 + 3y + 1.25$，在这个条件下，函数 $f(x, y)$ 的极小值为当 $f'(y|x=-0.5) = 10y + 3 = 0$ 时取得，即 $y = -0.3$ 时取得极小值，此时的自变量为 $(-0.5, -0.3)$ 取得极小值 $f = 0.8$。

在此基础上，将新得到的 y 值固定（$y=-0.3$），将 f 看成关于 x 的一元二次方程，并求当 $f(x, -0.3)$ 最小时的 x 值。$f(x|y=-0.3) = 5x^2 + 1.8x + 0.45$，函数 $f(x, y)$ 的极小值为当 $f'(x|y=-0.3) = 10x + 1.8 = 0$ 时取得，即 $x = -0.18$ 时取得极小值 $f = 0.288$。依次类推，经过多轮的迭代之后，自变量 (x, y) 的运动轨迹就如图 4-22 所示。

可见，随着自变量 (x, y) 在相应坐标轴上的移动，目标函数逐渐接近其极小值点，直至在某次迭代中函数得不到优化，即达到某一驻点后停止。这就是一次完整的优化过程。

我们将这个过程一般转化为图 4-23 所示算法。

对于 $f(x0, x1, \cdots, x_n)$，求 x 以得到

$$\min_{x=(x_0, x_1, \cdots, x_n)} f(x)$$

假设 $x^{(k)}$ 表示第 k 次迭代，那么从初始值开始循环 k=1, 2, $\cdots$：

$$x_0^{(k)} = \arg\min_{x_0} f\left(x_0, x_1^{(k-1)}, x_2^{(k-1)}, \cdots, x_n^{(k-1)}\right)$$

$$x_1^{(k)} = \arg\min_{x_1} f\left(x_0^{(k)}, x_1, x_2^{(k-1)}, \cdots, x_n^{(k-1)}\right)$$

$$x_2^{(k)} = \arg\min_{x_2} f\left(x_0^{(k)}, x_1^{(k)}, x_2, \cdots, x_n^{(k-1)}\right)$$

$$\cdots$$

$$x_n^{(k)} = \arg\min_{x_n} f\left(x_0^{(k)}, x_1^{(k)}, x_2^{(k)}, \cdots, x_n\right)$$

直至收敛

图 4-23 坐标下降算法

> 注意：每次得到的新的 $x^{(k)}$ 值会立用到后续的计算中，请特别留意上述表达式的上下标。坐标轴的顺序可以是任意的，可以使用 $\{1, 2, \cdots, n\}$ 中的任何排列。

假如寻找到一个 x 使得在所有单个坐标轴上 $f(x)$ 都最小，是否证明找到了全局最小值点？我们有以下结论：

（1）若 $f(x)$ 是可微的凸函数，因为 $f(x)$ 在任何坐标轴方向上求得的偏导数都是 0，并且对于凸函数来说，局部极小值就是全局最小值。

（2）若 $f(x)$ 是不可微的凸函数，则不能保证找到全局最小值。

（3）若 $f(x)$ 是可微凸函数与凸函数的线性组合，则能找到全局最小值。

4.6 Sklearn 的随机梯度下降算法

随机梯度下降（Stochastic Gradient Descent，SGD）算法是一种简单但又非常高效的方法，主要用于凸损失函数下线性分类器的判别式学习，如（线性）支持向量机和 Logistic 回归。其优点是高效、易于实现，缺点是需要一些超参数，如正则化参数和设置迭代次数，且对特征缩放较敏感。

Sklearn 提供了随机梯度下降算法的两个实现——一个用于分类问题（SGDClassfier），另一个用于回归问题（SGDRegressor）。分类使用一对多（OVA，One Versus All）策略来组合多个二分类器，从而实现多分类。给定 k 个类，建立 k 个模型，对于每个 k 类，可以训练一个二分类器来区分自身和其他 $k-1$ 个类，因此总共需创建 k 个二进制分类器。这就会产生 k 组系数和 k 个向量的预测值及其概率。最后，与其他类比较每个类的发生概率，

将分类结果分配给概率最大的类。如果要求给出多项式分布的实际概率，只要简单地与总数相除就能对结果归一化，SoftMax 函数就是这么处理的。

SGDClassfier 类的原型如下：

```
class sklearn.linear_model.SGDClassifier(loss='hinge', *, penalty='l2',
alpha=0.0001, l1_ratio=0.15, fit_intercept=True, max_iter=1000, tol=0.001,
shuffle=True, verbose=0, epsilon=0.1, n_jobs=None, random_state=None, learning_
rate='optimal', eta0=0.0, power_t=0.5, early_stopping=False, validation_
fraction=0.1, n_iter_no_change=5, class_weight=None, warm_start=False,
average=False)
```

SGDClassifier 的参数说明：

```
loss（损失函数）：可以通过 loss 参数来设置，默认为 hinge；可选项为 'hinge'（软-间隔）线性支持
向量机，'log' Logistic 回归，'modified_huber' 平滑的 hinge 损失，'squared_hinge' 类似合页损
失，但惩罚为平方级，'perceptron' 感知器或者一个回归损失：'squared_loss'，'huber'，'epsilon_
insensitive' 或 'squared_epsilon_insensitive'。
    具体的惩罚方法可以通过 penalty 参数来设定。SGD 支持以下 penalties（惩罚）：
    penalty='l2'：在 coef_ 系数上 $L_2$ 范数惩罚。
    penalty='l1'：在 coef_ 系数上 $L_1$ 范数惩罚。
    penalty='elasticnet'：弹性网 $L_2$ 型和 $L_1$ 型的凸组合；默认设置为 penalty='l2'。$L_1$ 惩罚导致稀
疏解，使得大多数系数为 0。Elastic Net（弹性网）解决了在特征高相关时 $L_1$ 惩罚的一些不足。参数 l1_
ratio 控制了 $L_1$ 和 $L_2$ 惩罚的凸组合。
    alpha=0.0001：正则化项的系数，该值越大，正则化强度越强。
    l1_ratio：弹性网混合参数，取值为 0 到 1 之间，只在惩罚项为 elasticnet 时有效。
    fit_intercept：是否评估截距，如果取值为 False，假定数据已经中心化。
    max_iter：训练数据的最大迭代次数，只影响 fit() 方法的行为，默认值为 1000。
    tol：若该值不为 None，则当 loss > best_loss - tol 时，停止迭代。
    shuffle：是否打乱训练集，默认为打乱。
    n_iter_no_change：停止拟合前多少次迭代没有改善。
```

SGDClassifier 的属性说明：

```
coef_：特征的系数（权重）。
intercept_：函数的截距。
n_iter_：迭代截止时的真实次数。
loss_function_：具体的损失函数。
```

下面通过两个案例实战，来掌握 Sklearn 中的随机梯度下降分类类 SGDClassifier 的用法。

案例实战 4.7 在 search_algorithms 包中，创建文件 max_separable_surface_sdg_sklearn.py，在文件中编写程序实现在一个两类线性可分的数据集中，使用随机梯度下降算

法 SGDClassifier 训练的支持向量机来绘制最大间隔可分离超平面。具体代码如图 4-24 所示。

```
1    import numpy as np
2    import matplotlib.pyplot as plt
3    from sklearn.linear_model import SGDClassifier
4    from sklearn.datasets import make_blobs
5    # 创建 50 个可分离的点
6    X, y = make_blobs(n_samples=50, centers=2, random_state=0, cluster_
     std=0.60)
7    # 拟合模型
8    model = SGDClassifier(loss="hinge", alpha=0.1, max_iter=1000)
9    model.fit(X, y)
10   # 绘制线、点及距离超平面最近的向量
11   xx = np.linspace(-1, 5, 10)
12   yy = np.linspace(-1, 5, 10)
13   X1, X2 = np.meshgrid(xx, yy)
14   Z = np.empty(X1.shape)
15   for (i, j), val in np.ndenumerate(X1):
16     x1 = val
17     x2 = X2[i, j]
18     p = model.decision_function([[x1, x2]])
19     Z[i, j] = p[0]
20   levels = [-1.0, 0.0, 1.0]
21   linestyles = ['dashed', 'solid', 'dashed']
22   plt.contour(X1, X2, Z, levels, colors='k', linestyles=linestyles)
23   plt.scatter(X[:, 0], X[:, 1], c=y, cmap=plt.cm.Paired,
24       edgecolor='black', s=20)
25   plt.axis('tight')
26   plt.show()
```

图 4-24　使用随机梯度下降算法绘制最大分离超平面

在图 4-24 中，第 1～4 行导入相关的包，第 6 行生成测试数据，第 8～9 行调用 SGDClassifier 类，设置损失函数为 hinge 软间隔线性支持向量机，正则化系数为 alpha=0.1，以及最大迭代次数为 max_iter=1000。随后训练模型，并将结果绘制成曲线。运行该程序，得到如图 4-25 所示的结果，因为随机梯度下降算法存在不确定性，因此读者得到的图像可能与书中的不完全一样。可以看到，因为采用的是软间隔线性支持向量机，所以存在少量的数据点在最大间隔的线以内。

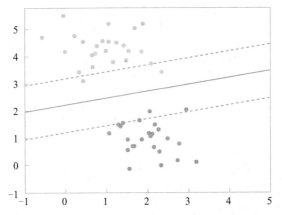

图 4-25　**SGDClassifier** 绘制最大可分离数据集的超平面

案例实战 4.8　在鸢尾花数据集上使用多分类 SGD 分类器绘制分类边界图。

在 search_algorithms 包中，创建 iris_SGD_sklearn.py 文件，在其中编写代码如图 4-26 所示。

```python
1    import numpy as np
2    import matplotlib.pyplot as plt
3    from sklearn import datasets
4    from sklearn.linear_model import SGDClassifier
5    plt.rcParams['font.sans-serif'] = ['SimHei']
6    plt.rcParams['axes.unicode_minus'] = False
7    iris = datasets.load_iris()
8    # 仅取出鸢尾花的前两个特征
9    X = iris.data[:, :2]
10   y = iris.target
11   colors = "bry"
12   # 打乱数据
13   idx = np.arange(X.shape[0])
14   np.random.seed(13)
15   np.random.shuffle(idx)
16   X = X[idx]
17   y = y[idx]
18   # 标准化数据
19   mean = X.mean(axis=0)
20   std = X.std(axis=0)
21   X = (X - mean) / std
22   h = .02   # 设置 meshgrid 中的步长
23   model = SGDClassifier(alpha=0.001, max_iter=100).fit(X, y)
24   # 创建绘制的 mesh
25   x_min, x_max = X[:, 0].min() - 1, X[:, 0].max() + 1
26   y_min, y_max = X[:, 1].min() - 1, X[:, 1].max() + 1
```

图 4-26　鸢尾花数据集绘制分类边界图

```
27   xx, yy = np.meshgrid(np.arange(x_min, x_max, h), np.arange(y_min, y_
     max, h))
28   # 绘制决策边界，并设置mesh中每个点的颜色
29   Z = model.predict(np.c_[xx.ravel(), yy.ravel()])
30   Z = Z.reshape(xx.shape)
31   cs = plt.contourf(xx, yy, Z, cmap=plt.cm.Paired)
32   plt.axis('tight')
33   # 绘制训练集的数据点
34   for i, color in zip(model.classes_, colors):
35       idx = np.where(y == i)
36       plt.scatter(X[idx, 0], X[idx, 1], c=color, label=iris.target_names[i],
37             cmap=plt.cm.Paired, edgecolor='black', s=20)
38   plt.title(" 多分类SGD的决策表面 ")
39   plt.axis('tight')
40   # 绘制3个一对多的分类器
41   xmin, xmax = plt.xlim()
42   ymin, ymax = plt.ylim()
43   coef = model.coef_
44   intercept = model.intercept_
45   def plot_hyperplane(c, color):
46       def line(x0):
47           return (-(x0 * coef[c, 0]) - intercept[c]) / coef[c, 1]
48       plt.plot([xmin, xmax], [line(xmin), line(xmax)],
49             ls="--", color=color)
50   for i, color in zip(model.classes_, colors):
51       plot_hyperplane(i, color)
52   plt.legend()
53   plt.show()
```

图 4-26　鸢尾花数据集绘制分类边界图（续）

在图 4-26 中，第 1～6 行导入相关的包，并设置绘制图像的中文支持；第 7～17 行取出鸢尾花数据集的前两个特征作为分类器绘制图形的数据集，第 19～21 行对数据集进行标准化处理；第 23 行实例化 SGD 分类器，第 29 行对数据的类型进行预测；第 24～32 行通过轮廓函数绘制平面上各个点所属的类别，第 34～37 行绘制训练数据的散点图，不同类型的点通过不同的颜色展示出来。第 41～53 行通过 SGD 分类器绘制多个分离超平面以对数据进行划分。运行该程序，得到图 4-27，图例中的名字直接取自数据集，没有专门处理，因此，显示为英文。

```
class sklearn.linear_model.SGDRegressor(loss='squared_loss', *, penalty='l2',
alpha=0.0001, l1_ratio=0.15, fit_intercept=True, max_iter=1000, tol=0.001,
shuffle=True, verbose=0, epsilon=0.1, random_state=None, learning_rate='invscaling',
eta0=0.01, power_t=0.25, early_stopping=False, validation_fraction=0.1, n_iter_no_
change=5, warm_start=False, average=False)
```

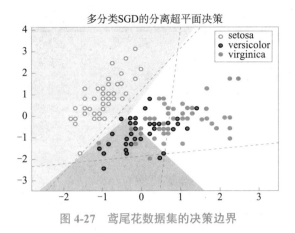

图 4-27　鸢尾花数据集的决策边界

SGDRegressor 类实现了一个简单的随机梯度下降算法，它支持用不同的损失函数和惩罚来拟合线性回归模型。

SGDRegressor 支持以下的损失函数：

> loss="squared_loss": Ordinary least squares（普通最小二乘法）。
>
> loss="huber": Huber loss for robust regression（Huber 回归）。
>
> loss="epsilon_insensitive": linear Support Vector Regression（线性支持向量回归）。
>
> Huber 和 epsilon-insensitive 损失函数可用于 Robust Regression（健壮回归）。不敏感区域的宽度必须通过参数 epsilon 来设定。这个参数取决于目标变量的规模。
>
> SGDRegressor 支持 ASGD（平均随机梯度下降），均值化可以通过设置 average=True 来启用。对利用了平方损失和 L_2 惩罚的回归，在 Ridge 中提供了另一个采取平均策略的 SGD 变体，其使用了随机平均梯度 (SAG) 算法。

SGDRegressor 非常适合有大量训练样本（>10000) 的回归问题，对于其他问题，推荐使用 Ridge、Lasso 或 ElasticNet 类等，因此，在这里只简单介绍该类的使用方法。

```python
import numpy as np
from sklearn.linear_model import SGDRegressor
from sklearn.pipeline import make_pipeline
from sklearn.preprocessing import StandardScaler
n_samples, n_features = 10, 5
rng = np.random.RandomState(0)
y = rng.randn(n_samples)
X = rng.randn(n_samples, n_features)
# Always scale the input. The most convenient way is to use a pipeline
reg = make_pipeline(StandardScaler(), SGDRegressor(max_iter=1000, tol=1e-3))
reg.fit(X, y)
```

到目前为止，search_algorithms 包的结构部分如图 4-28 所示。

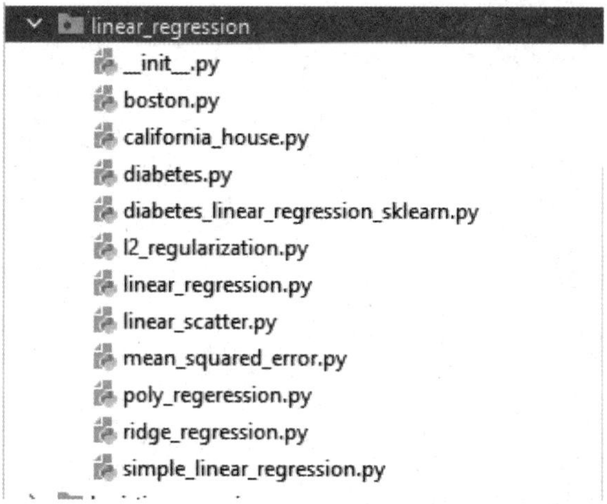

图 4-28　本章程序文件目录结构

4.7　本章小结

取定模型假设和损失函数后，经验损失最小化算法将求解监督式学习问题转化为求解最优化问题，但最优化问题经常没有精确的数学解析解，因此必须借助最优化理论。梯度下降算法的原理直观，算法实现也十分简单，因此得到广泛的应用。针对数据集规模的不同，又有随机梯度下降算法和小批量梯度下降算法，用于提高算法的运行效率。

梯度下降算法要求目标函数必须是可微的，当目标函数不可微时，必须将梯度下降算法推广到次梯度下降算法。

本章还介绍了牛顿迭代算法和坐标下降算法，它们都将在后续章节中发挥重要作用。最后，通过案例介绍了 Sklearn 中的随机梯度下降算法的应用。

思考与练习

1. 重现本章所有案例实战。

2. 用梯度下降算法求 $e^{-x/3}\cos(-3x)$ 的极小值，设置不同的起点和步长。绘制其收敛过程的图像。

3. 用牛顿迭代算法求解 $\sqrt{10}$ 和 $\sqrt[3]{10}$ 的结果。

第 5 章 Logistic 回归算法

Logistic 回归算法是将模型假设为 Sigmoid() 函数，损失函数为对数损失函数的经验损失最小化算法。Logistic 回归虽然名字中有"回归"，但其是一个分类算法，可以处理二元分类以及多元分类。算法的任务是对给定的特征预测对象计算每个类别的概率。由于预测的对象是一个概率，所以线性回归模型就不适用了（因为预测结果可能超出 [0,1] 区间）。为了能够根据特征来预测概率，在线性回归的基础上，寻找一个连续函数，它既能表达特征与概率之间的依存关系，又能保证在特征变动时所对应的函数值不超出 [0,1] 区间，Sigmoid() 函数就是满足这种要求的函数。Logistic 回归算法通过对概率值设定一个阈值，将回归问题转化为一个分类问题，以阈值划分区间，落到不同范围内则分成不同的类别。

 5.1 Logistic 回归的基本概念

扫一扫
看微课

5.1.1 Sigmoid() 函数

（定义）Sigmoid() 函数的表达式为

$$s(t) = \frac{1}{1 + e^{-t}}, t \in \mathbf{R} \tag{5.1}$$

当 $t \to -\infty$ 时，$s(t) \to 0$；当 $t \to +\infty$ 时，$s(t) \to 1$。对于任意 $t \in \mathbf{R}$，Sigmoid() 函数的取值都在区间 [0,1] 中。其函数图像如图 5-1 所示。它有一个很好的导数性质：$s'(t) = (1-s(t))s(t)$。

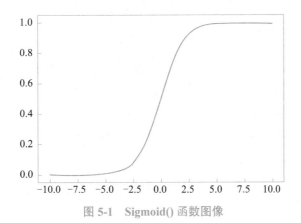

图 5-1　Sigmoid() 函数图像

用 Sigmoid() 函数描述特征 x 与概率 $P(y=1)$ 之间的关系的模型就是 Logistic 模型。将 $t=x^\mathrm{T}w$ 代入 Sigmoid() 函数，就得到了 Logistic 模型。

5.1.2 Logistic 模型

（定义）对于样本特征 $x\in\mathbf{R}^n$，称模型

$$h_w(x)=s(x^\mathrm{T}w)=\frac{1}{1+\mathrm{e}^{-x^\mathrm{T}w}} \tag{5.2}$$

为一个 Logistic 模型，其中 $w\in\mathbf{R}^n$ 为模型的参数。

给定特征 x 和标签 y，采用 Logistic 模型 $h_w(x)$ 描述特征 x 与概率 $P(y=1)$ 之间的关系，其中，$h_w(x)=\frac{1}{1+\mathrm{e}^{-x^\mathrm{T}w}}$ 预测 x 的标签为 1 的概率为 $P(y=1|x,w)$，而 $1-h_w(x)=\frac{1}{1+\mathrm{e}^{x^\mathrm{T}w}}$ 预测标签为 0 的概率为 $P(y=0|x,w)$。

把 $P(y=1|x,w)$ 和 $P(y=0|x,w)$ 的式子结合起来，统一写成

$$P(y|x,w)=h_w(x)^y\left(1-h_w(x)\right)^{1-y} \tag{5.3}$$

为一个样本属于其真实标签的概率分布表达式。

平方损失在 Logistic 回归分类问题中是非凸的，这里不再使用平方损失，而使用极大似然来推导损失函数。

似然函数：在统计学中，概率描述了已知参数时的随机变量的输出结果，似然则用来描述已知随机变量输出结果时，未知参数的可能取值。似然函数就是用来求得未知参数的估计值所使用的函数。

极大似然估计：通过最大化似然函数求得未知参数的估计值。若将参数看成不变的，则极大似然函数是概率密度函数，其取得极大值，就是最有可能出现的情况；反过来说，能使似然函数取得极大值的这组参数，是最有可能的的参数，因此使用极大似然作为估计。

似然函数的目标：令每个样本属于其真实标签的概率越大越好，即极大似然法。

下面来推导 Logistic 回归的损失函数。

由式（5.3）有似然函数

$$L(w)=\prod_{i=1}^{m}P(y^{(i)}|x^{(i)},w)=\prod_{i=1}^{m}h_w(x^{(i)})^{y^{(i)}}\left(1-h_w(x^{(i)})^{1-y^{(i)}}\right) \tag{5.4}$$

令 $L(w)$ 越大越好，即求 $L(w)$ 的极大值，作为优化目标，求解对应的参数，即使用"极大似然估计"。由于似然函数取对数不改变其极值点且取对数之后，表达式更为简洁，所以将之转化为对数似然表达式，然后两边取负号，可得到负对数似然表达式，那么求极大值就可转化为求极小值。于是得到

$$-\log L(w)=-\sum_{i=1}^{m}\left[y^{(i)}\log\left(h_w(x^{(i)})\right)+\left(1-y^{(i)}\right)\log\left(1-h_w(x^{(i)})\right)\right] \tag{5.5}$$

就是 Logistic 回归的损失函数（对数损失函数）。写成更为简洁的矩阵形式为

$$-\log L(w)=-y^\mathrm{T}\log h_w(X)-(1-y)^\mathrm{T}\log(1-h_w(X)) \tag{5.6}$$

其中，1 为全 1 向量，$h_w(X) = \dfrac{1}{1+e^{-X^T w}}$。

给定一条训练数据 (x, y)，$x \in \mathbf{R}^n$，$y \in \{0,1\}$。h_w 为 Logistic 模型，那么模型 h_w 在 (x, y) 上的对数损失函数为

$$l\left(y, h_w(x)\right) = y\log\left(1+e^{-x^T w}\right) + (1-y)\log\left(1+e^{x^T w}\right) \tag{5.7}$$

Logistic 回归算法的目标函数是由式（5.7）的损失函数在训练数据上的经验损失。因此，我们有图 5-2 所示的 Logistic 回归算法。

输入：m 条训练数据 $S = \{(x^{(1)}, y^{(1)}), (x^{(2)}, y^{(2)}), \cdots, (x^{(m)}, y^{(m)})\}$

输出：Logistic 模型 $h_{w^*}(x) = \dfrac{1}{1+e^{-x^T w}}$，使得 $w^* \in R^n$ 为如下优化问题的最优解

$$\min_{w \in R^n} \frac{1}{m}\sum_{i=1}^{m}\left[y^{(i)}\log\left(1+e^{-x^{(i)T} w}\right) + \left(1-y^{(i)}\right)\log\left(1+e^{x^{(i)T} w}\right)\right]$$

图 5-2　Logistic 回归算法

（定义）Logistic 回归问题的目标函数称为交叉熵

$$f(w) = \frac{1}{m}\sum_{i=1}^{m}\left[y^{(i)}\log\left(1+e^{-x^{(i)T} w}\right) + \left(1-y^{(i)}\right)\log\left(1+e^{x^{(i)T} w}\right)\right] \tag{5.8}$$

由前面的推导知道，交叉熵的统计意义是用极大似然估计来阐述的。图 5-2 的算法任务是模型预测样本属于某个类别的概率，称为概率预测任务，在一些实际问题中，要求算法给出样本所属类别的判断，称为类别预测任务。对于类别预测任务，常用的策略是定义一个从概率值映射到标签值的函数，在概率值的基础上进一步做出类别的判断，通常称这类函数为分类函数。

5.2　Logistic 回归算法的应用

案例实战 5.1　手写数字识别问题。

在 Sklearn 中，包含 1797 个 0~9 的数字，每个数字都是一个 8×8 的手写数字缩略图。每个数字由 64 个像素构成，可以将每个数字看成一个 64 维空间中的点，每个维度表示一个像素的亮度。本案例使用 Logistic 回归算法进行二分类，因此，我们可取出其中的某两个数字进行实验，如 0 和 1，然后通过 Logistic 回归算法对其进行分类，测试其预测结果的准确率。在 mlbook 目录下，创建 logistic_regression 包，在该包中创建 digital_recognition.py 文件，并在其中编写代码如图 5-3 所示。

```
1    import matplotlib.pyplot as plt
2    import numpy as np
3    from sklearn.datasets import load_digits
4    from sklearn.linear_model import LogisticRegression
5    from sklearn.model_selection import train_test_split
6    # 加载 digits 数据集
7    digits = load_digits()
8    data = digits.data
9    target = digits.target
10   # 打印数据集大小
11   # print(data.shape)
12   # print(target.shape)
13   # # 先展示数字 0～9 的例子
14   for i in range(0, 9):
15     plt.subplot(5, 2, i + 1)
16     plt.imshow(data[target == i][0].reshape(8, 8))
17   plt.show()
18   # 取出 0 和 1 的数据
19   zeros = data[target == 0]
20   ones = data[target == 1]
21   # print(zeros.shape) # 可以查看 0 和 1 的个数
22   # print(ones.shape)
23   # 将 0 和 1 数据按行拼接起来
24   X = np.vstack([zeros, ones])
25   # 生成 0,1 对应的标签
26   y = np.array([0] * zeros.shape[0] + [1] * ones.shape[0])
27   # 对数据进行训练样本和测试样本的切分，然后调用 Logistic 回归模型，进行训练、预测
28   X_train, X_test, y_train, y_test = train_test_split(X, y, test_
     size=0.5, random_state=1, shuffle=True)
29   model = LogisticRegression()
30   model.fit(X_train, y_train)
31   y_pred = model.predict(X_test)
32   score = model.score(X_test, y_test)
33   print(f"测试的结果准确率：{score}")
34   # 拿出一个其他数据进行识别，例如 0
35   zero = data[target == 0][0]
36   plt.imshow(zero.reshape(8, 8))
37   plt.show()
38   result = model.predict(zero.reshape(1, -1))
39   print(f"0 被预测为 {result[0]}")
40   proba = model.predict_proba(zero.reshape(1,-1))
41   print(f" 预测结果的概率为 0 和 1 的概率分别为：{proba}")
```

图 5-3　手写数字识别案例

```
42    # 拿出一个其他数据进行识别，例如 5
43    five = data[target == 5][0]
44    plt.imshow(five.reshape(8, 8))
45    plt.show()
46    result = model.predict(five.reshape(1, -1))
47    print(f"5 被预测为 {result[0]}")
48    proba = model.predict_proba(five.reshape(1,-1))
49    print(f" 预测结果的概率为 0 和 1 的概率分别为：{proba}")
```

图 5-3　手写数字识别案例（续）

首先在 1～5 行导入了相关的包，如手写数字、Logistic 回归模型等。紧接着加载相关的数据集，并展示 0～9 的手写数字，然后在手写数字中拿出 0 和 1 作为 Logistic 回归算法的案例实验数据，利用模型对数据进行训练，然后测试训练结果，最后通过对比，取出 0 和非 0（这里使用了 5）两个数据进行测试，预测其结果，因为结果只有 0 和 1 这两种情况，所以对于数字 5，预测的结果为 1。程序运行结果如下：

测试的结果准确率：1.0　　0 被预测为 0　　预测结果的概率为 0 和 1 的概率分别为：(9.99990810e-01 9.19028935e-06) 5 被预测为 1 预测结果的概率为 0 和 1 的概率分别为：(0.00750674 0.99249326)

运行以上程序生成的图像，如图 5-4 所示。

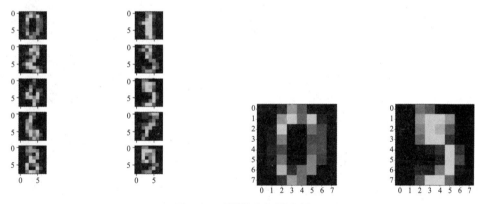

图 5-4　手写数字识别案例

图 5-3 的案例实战是直接使用 Sklearn 提供的 Logistic 回归算法实现的，接下来我们自己来实现 Logistic 回归算法的类，并实现相同的功能。

可以证明，交叉熵（式 5.8）是一个凸函数。在上一节中，给定一条训练数据 (x,y)，$x \in \mathbf{R}^n$，$y \in \{0,1\}$。h_w 为 Logistic 模型，那么模型 h_w 在 (x,y) 上的对数损失函数为 $l(y,h_w(x)) = y\log(1+e^{-x^Tw}) + (1-y)\log(1+e^{x^Tw})$。那么，对数损失函数的梯度为

$$\nabla l(y,h_w(x)) = -yx\frac{e^{-x^Tw}}{1+e^{-x^Tw}} + (1-y)x\frac{e^{x^Tw}}{1+e^{x^Tw}} = x\left(\frac{1}{1+e^{-x^Tw}} - y\right) = x(h_w(x)-y)$$

根据梯度的线性特性，交叉熵 $f(w)$ 的梯度为

$$\nabla f\left(w\right)=\frac{1}{m}\sum_{i=1}^{m}x^{(i)}\left(h_{w}\left(x^{(i)}\right)-y\right)$$

为了计算方便，将其表示为矩阵的形式

$$\nabla f\left(w\right)=\frac{1}{m}X^{\mathrm{T}}\left(h_{w}\left(X\right)-y\right) \tag{5.9}$$

其中，

$$X=\begin{pmatrix} x^{(1)\mathrm{T}} \\ x^{(2)\mathrm{T}} \\ \vdots \\ x^{(m)\mathrm{T}} \end{pmatrix}, \quad y=\begin{pmatrix} y^{(1)} \\ y^{(2)} \\ \vdots \\ y^{(m)} \end{pmatrix}, \quad h_{w}\left(X\right)=\begin{pmatrix} h_{w}\left(x^{(1)}\right) \\ h_{w}\left(x^{(2)}\right) \\ \vdots \\ h_{w}\left(x^{(m)}\right) \end{pmatrix}$$

分别是 $m\times n$ 的矩阵和两个 $m\times 1$ 的向量。

有了交叉熵的梯度表达式之后，下面通过代码来实现 Logistic 回归算法。在 logistic_regression 包中创建 logistic_regression_gd.py 文件，在其中编写具体代码如图 5-5 所示。

```
1    import numpy as np
2    def sigmoid(x):
3      return 0.5 * (1 + np.tanh(0.5 * x))
4    class LogisticRegression:
5      def __init__(self):
6        self.w = None
7      def fit(self, X, y, eta=0.1, N=1000):
8        m, n = X.shape
9        w = np.zeros((n, 1))
10       for t in range(N):
11         h = sigmoid(X.dot(w))
12         g = 1.0 / m * X.T.dot(h - y)
13         w = w - eta * g
14       self.w = w
15     def predict_proba(self, X):
16       return sigmoid(X.dot(self.w))
17     def predict(self, X):
18       proba = self.predict_proba(X)
19       return (proba >= 0.5).astype(np.int)
```

图 5-5　Logistic 回归算法的类

在图 5-5 中，第 2～3 行实现了 Sigmoid() 函数，这里为了避免在计算过程中一些接近 0 的数运算异常，将 Sigmoid() 函数做了恒等变换，使用双曲正切函数实现。第 7～14 行使用了前面推导的式（5.9）梯度下降算法，对模型进行拟合。第 15～16 行的 predict_proba() 函数利用拟合好的参数对数据进行概率预测，第 17～19 行 predict() 函数在概率预测的基础上，用阈值为 0.5 的分类函数完成对类别的预测任务。

对分类问题的 Logistic 回归模型的预测效果有多种度量方法，其中交叉熵是最基本的一种。

🤖 5.3 评价分类结果

上一节最后提到 Logistic 回归模型的最基本方式是交叉熵，但它只是一个相对的度量，适合比较不同算法的预测效果，但不适合判断单个算法的预测效果。本节介绍几个分类问题算法的其他度量标准，再通过案例让读者对这些度量标准有更直观的认识。

5.3.1 准确率（Accuracy）

准确率适合类别预测任务的算法，是最常见的评价指标，通常来说，准确率越高，分类器越好。

（定义）示性函数 $I\{\}$：$\{\text{True, False}\} \rightarrow \{0, 1\}$ 定义为

$$I\{\text{True}\} = 1, I\{\text{False}\} = 0$$

则准确率可以定义为以下内容。

（准确率）在二元分类问题中，给定一组数据：

$$T = \left\{ \left(x^{(1)}, y^{(1)} \right), \left(x^{(2)}, y^{(2)} \right), \cdots, \left(x^{(m)}, y^{(m)} \right) \right\}$$

模型 h 在数据 T 上的准确率定义为

$$\text{Acc}_{T}\left(h \right) = \frac{\sum_{i=1}^{m} I\{ h\left(x^{(i)} \right) = y^{(i)} \}}{m} \tag{5.10}$$

如果模型 h 对第 i 条数据预测准确，即预测值 $h\left(x^{(i)} \right)$ 与真实值 $y^{(i)}$ 相等，则示性函数值为 1，否则为 0。准确率的直观意义非常明确：模型在数据 T 中的预测值与真实值相符的比例即准确率。

准确率确实是一个很好很直观的评价指标，但是有时候准确率高并不能代表一个算法就好。如对某个地区某天地震的预测，假设我们有大量的特征作为地震分类的属性，类别只有两个，0：不发生地震；1：发生地震。一个不加思考的分类器，对每个测试用例都将类别划分为 0，那么它就可能达到 99% 的准确率，但当地震来临时，这个分类器毫无察觉，因此这个分类带来的损失是巨大的。为什么 99% 的准确率的分类器却不是我们想要的，因为这里的数据分布不均衡，类别为 1 的数据太少，完全错分类别 1 依然可以达到很高的准确率。再如，在正负样本不均衡的情况下，准确率这个评价指标有很大的缺陷。如在互联网广告里面，点击的数量是很少的，一般只有千分之几，如果用 Acc，即使全部预测成负类（不点击）Acc 也可能在 99% 以上，没有意义。因此，单纯靠准确率来评价一个算法模型是不科学的。

5.3.2 精确率 (Precision) 和召回率 (Recall)

在一个二元分类问题中，给定样本的特征 x 及其标签 $y \in \{0,1\}$。将标签为 1 的样本称为正采样，标签为 0 的样本称为负采样。设 $h(x) \in \{0,1\}$ 为模型 h 对样本的标签预测。将 $h(x)=1$ 称为正预测，$h(x)=0$ 称为负预测。那么 TP：预测为 1，预测正确，即实际 1；FP：预测为 1，预测错误，即实际 0；FN：预测为 0，预测错误，即实际 1；TN：预测为 0，预测正确，即实际 0。混淆矩阵如表 5-1 所示。其中，T 表示 True，F 表示 False，P 表示 Positive，N 表示 Negative。

表 5-1　混淆矩阵

	$y=1$	$y=0$
$h(x)=1$	真正 TP	假正 FP
$h(x)=0$	假负 FN	真负 TN

（定义）在一个二元分类问题中，给定一组数据：

$$T = \left\{ \left(x^{(1)}, y^{(1)} \right), \left(x^{(2)}, y^{(2)} \right), \cdots, \left(x^{(m)}, y^{(m)} \right) \right\}$$

用 TP、FP、TN、FN 分别表示模型 h 在数据 T 中的真正、假正、真负、假负的预测个数，则模型 h 在数据 T 上的精确率 $\mathrm{Pre}_T(h)$ 和召回率 $\mathrm{Rec}_T(h)$ 分别为

$$\mathrm{Pre}_T(h) = \frac{\mathrm{TP}}{\mathrm{TP} + \mathrm{FP}} \tag{5.11}$$

$$\mathrm{Rec}_T(h) = \frac{\mathrm{TP}}{\mathrm{TP} + \mathrm{FN}} \tag{5.12}$$

即精确率的分子为真正的预测个数，分母是真正的预测个数和假正的预测个数之和。由此可知，精确率是在预测标签为 1 的样本中，实际标签为 1 的比例。召回率的分子是真正的预测个数，分母是真正的预测个数和假负的预测个数之和，即数据 T 中正采样（$y=1$）的总个数。由此可知，召回率是正采样中能被模型甄别出的比例。

案例实战 5.2　假设有 8 条标签属于 $\{0,1\}$ 的数据。他们的标签组成的向量为 (1,1,1,1,0,0,0,0)。假设模型 h 对这 8 条数据的标签预测为 (1,0,1,1,0,1,1,0)。请计算模型 h 的准确率、精确率和召回率。

先根据题意，计算 TP、FP、TN、FN 的个数，列出混淆矩阵如表 5-2 所示，再根据这 3 个指标的定义，求出相关的指标。

表 5-2　案例的混淆矩阵

	$y=1$	$y=0$
$h(x)=1$	真正 TP=3	假正 FP=2
$h(x)=0$	假负 FN=1	真负 TN=2

所以，准确率为 $\text{Acc}_\text{T}(h) = (3+2)/8 = 5/8$；精确率 $\text{Pre}_\text{T}(h) = 3/(2+3) = 3/5$；召回率为 $\text{Rec}_\text{T}(h) = 3/(3+1) = 3/4$。

在 logistic_regression 包中，创建 metrics.py 文件，并在该文件中求解交叉熵、准确率、精确率及召回率，具体代码如图 5-6 所示。

```
1    import numpy as np
2    def cross_entropy(y_true, y_pred):
3        return np.average(-y_true * np.log(y_pred) - (1 - y_true) *
     np.log(1 - y_pred))
4    def accuracy_score(y_true, y_pred):
5      correct = (y_pred == y_true).astype(np.int)
6      return np.average(correct)
7    def precision_score(y, z):
8      tp = (z * y).sum()
9      fp = (z * (1 - y)).sum()
10     if tp + fp == 0:
11     return 1.0
12     else:
13     return tp / (tp + fp)
14   def recall_score(y, z):
15     tp = (z * y).sum()
16     fn = ((1 - z) * y).sum()
17     if tp + fn == 0:
18       return 1
19     else:
20       return tp / (tp + fn)
```

图 5-6　分类问题的度量指标

在图 5-6 中，第 2～3 行根据式（5.8）实现交叉熵，第 4～6 行根据式（5.10）实现准确率的计算，第 7～13 行中，y 表示真实的标签值向量，z 表示预测值向量，tp 的值为真实值向量和预测值向量中对应分量同时为 1 的总数，然后根据式（5.11）求出精确率。类似地，根据式（5.12）求出召回率。

在 5.2 节中，我们通过调用 Sklearn 提供的 Logistic 回归算法实现了数字 0 和 1 的二分类识别，接下来，我们通过图 5-5 的 Logistic 回归算法的类和图 5-6 分类问题的度量指标，再次实现数字 0 和 1 的二分类，并通过度量指标查看效果。

在 logistic_regression 包中，创建 dig_recog10_gd.py 文件，并在该文件中编写代码，具体如图 5-7 所示。

在图 5-7 中，第 1～7 行导入了相关的包或模块，其中第 4 和第 5 行分别导入了图 5-5 和 5-6 这两个模块，第 7 行导入了 Sklearn 提供的交叉熵函数，用于与我们自己实现的交叉熵的运行结果进行对比。

```
1    import matplotlib.pyplot as plt
2    import numpy as np
3    from sklearn.datasets import load_digits
4    from logistic_regression_gd import LogisticRegression
5    import metrics
6    from sklearn.model_selection import train_test_split
7    from sklearn.metrics import log_loss
8    def process_features(X):
9        m, n = X.shape
10       X = np.c_[np.ones((m, 1)), X]
11       return X
12   # 加载digits数据集
13   digits = load_digits()
14   data = digits.data
15   target = digits.target
16   # 取出0和1的数据
17   zeros = data[target == 0]
18   ones = data[target == 1]
19   # 将0和1数据按行拼接起来
20   X = np.vstack([zeros, ones])
21   # 生成0,1对应的标签
22   y = np.array([0] * zeros.shape[0] + [1] * ones.shape[0])
23   y = y.reshape(-1, 1)
24   X_train, X_test, y_train, y_test = train_test_split(X, y, test_
     size=0.2, random_state=1, shuffle=True)
25   X_train = process_features(X_train)
26   X_test = process_features(X_test)
27   model = LogisticRegression()
28   model.fit(X_train, y_train, eta=0.1, N=5000)
29   proba = model.predict_proba(X_test)
30   y_pred = model.predict(X_test)
31   entropy = metrics.cross_entropy(y_test, proba)
32   precision = metrics.precision_score(y_test, y_pred)
33   recall = metrics.recall_score(y_test, y_pred)
34   accuracy = metrics.accuracy_score(y_test, y_pred)
35   print(f"自己实现的cross entropy = {entropy}")
36   print(f"sklearn实现的cross entropy = {log_loss(y_test, proba)}")
37   print(f"precision = {precision}")
38   print(f"recall = {recall}")
39   print(f"accuracy = {accuracy}")
40   # 拿出一个其他数据进行识别，例如0和5
41   zero = data[target == 0][0].reshape(1, -1)
```

图 5-7　Logistic 回归算法对手写数字 0 和 1 进行分类

```
42    plt.imshow(zero.reshape(8, 8))
43    plt.show()
44    zero = process_features(zero)
45    result = model.predict(zero)
46    print(f"0 被预测为 {result[0, 0]}")
47    proba = model.predict_proba(zero)
48    print(f" 预测结果为 0 和 1 的概率分别为：{1-proba[0, 0], proba[0, 0]}")
49    # 拿出一个其他数据进行识别，例如 5
50    five = data[target == 5][0].reshape(1, -1)
51    plt.imshow(five.reshape(8, 8))
52    plt.show()
53    five = process_features(five)
54    result = model.predict(five)
55    print(f"5 被预测为 {result[0, 0]}")
56    proba = model.predict_proba(five)
57    print(f" 预测结果为 0 和 1 的概率分别为：{1-proba[0, 0], proba[0, 0]}")
```

图 5-7　Logistic 回归算法对手写数字 0 和 1 进行分类（续）

第 8～11 行是对样本数据 X 进行特征处理，仍然为了方便起见，在 X 的最左边增加了一个全 1 列。第 13～23 行加载了 Sklearn 中的手写数字数据，并抽取其中 0 和 1 的数字，并重新对数字 0 和 1 分别赋予标签 0 和标签 1，把这些数据作为分类的输入数据，转换数据的 shape，将其调整为适合第 24～26 行进行训练数据和测试数据分离的形状。第 27 行实例化 Logistic 回归类的一个模型，第 28 行使用训练样本通过梯度下降算法，对模型参数进行拟合。第 29、30 行对测试数据进行概率预测和类型预测，第 31～38 行分别进行了交叉熵、精确率、召回率和准确率的计算并将结果打印出来。第 40～48 行对取出的手写数字 1 进行类型和类型概率预测。第 50～57 行则是对手写数字 5 进行类似的预测（但因为之前模型训练的是对 0 和 1 的分类，所以对 5 进行预测，只能判断其属于类型 0 还是类型 1）。

运行图 5-7 中的程序，得到以下结果：

```
自己实现的 cross entropy = 7.747514870494315e-06
sklearn 实现的 cross entropy = 7.747514870494315e-06
precision = 1.0
recall = 1.0
accuracy = 1.0
0 被预测为 0
预测结果为 0 和 1 的概率分别为：(0.9999999999967726, 3.227362821434099e-12)
5 被预测为 1
预测结果为 0 和 1 的概率分别为：(4.8108022215220814e-05, 0.9999518919777848)
```

可以看到，我们自己实现的交叉熵与调用 Sklearn 的交叉熵的结果是完全一样的，另外，因为使用的数据比较简单，所以得到的精确率、召回率和准确率都是 1.0。手写数字

0被预测为类型0,结果为0的概率是0.99999999(保留8位小数);对于5来说,预测结果为1,实际上应该理解为预测结果为非0。

案例实战5.3 山鸢尾识别问题。

Sklearn数据库中的鸢尾花数据集中的每条数据表示一株鸢尾花,包含萼片长度、萼片宽度、花瓣长度及花瓣宽度4个特征,且每条数据都有一个标签,表示不同的种类,通过这4个特征预测鸢尾花是否属于山鸢尾。

在logistic_regression包中,创建iris_recog_gd.py文件,并在其中编写代码如图5-8所示。

```
1    from sklearn import datasets
2    import matplotlib.pyplot as plt
3    import numpy as np
4    from logistic_regression_gd import LogisticRegression
5    import metrics
6    from sklearn.model_selection import train_test_split
7    from sklearn.metrics import log_loss
8    def process_features(X):
9      m, n = X.shape
10     X = np.c_[np.ones((m, 1)), X]
11     return X
12   iris = datasets.load_iris()
13   X = iris["data"]
14   y = (iris["target"] == 0).astype(int).reshape(-1, 1)
15   X_train, X_test, y_train, y_test = train_test_split(X, y, test_
     size=0.2, random_state=1, shuffle=True)
16   X_train = process_features(X_train)
17   X_test = process_features(X_test)
18   model = LogisticRegression()
19   model.fit(X_train, y_train, eta=0.1, N=5000)
20   proba = model.predict_proba(X_test)
21   y_pred = model.predict(X_test)
22   entropy = metrics.cross_entropy(y_test, proba)
23   precision = metrics.precision_score(y_test, y_pred)
24   recall = metrics.recall_score(y_test, y_pred)
25   accuracy = metrics.accuracy_score(y_test, y_pred)
26   print(f"cross entropy = {entropy}")
27   print(f"precision = {precision}")
28   print(f"recall = {recall}")
29   print(f"accuracy = {accuracy}")
30   print("山鸢尾的标签为1,非山鸢尾的标签为0")
```

图5-8 山鸢尾的识别

```
31    sample = X[0].reshape(1, -1)
32    print(f"X[0] 的真实标签为 {y[0, 0]}")
33    sample = process_features(sample)
34    result = model.predict(sample)
35    print(f" 样本被预测为 {result[0, 0]}")
36    proba = model.predict_proba(sample)
37    print(f" 预测结果为 0 和 1 的概率分别为: {1-proba[0, 0], proba[0, 0]}")
38    sample = X[100].reshape(1, -1)
39    print(f"X[100] 的真实标签为 {y[100, 0]}")
40    sample = process_features(sample)
41    result = model.predict(sample)
42    print(f" 样本被预测为 {result[0, 0]}")
43    proba = model.predict_proba(sample)
44    print(f" 预测结果为 0 和 1 的概率分别为: {1-proba[0, 0], proba[0, 0]}")
```

图 5-8　山鸢尾的识别（续）

对比图 5-7 和图 5-8 中的代码，可以看出，两段代码很相似，都是先加载需要识别的数据集，然后将对应的标签转换为 0 或 1 标签，紧接着调用 Logistic 回归算法类对训练样本进行拟合，完成训练之后，再对测试数据进行测试，求出相应的指标。程序运行结果为：

```
cross entropy = 0.0022709776696421768
precision = 1.0
recall = 1.0
accuracy = 1.0
山鸢尾的标签为 1, 非山鸢尾的标签为 0
X[0] 的真实标签为 1
样本被预测为 1
预测结果为 0 和 1 的概率分别为: (0.0007667348734723411, 0.9992332651265277)
X[100] 的真实标签为 0
样本被预测为 0
预测结果为 0 和 1 的概率分别为: (0.9999994014433452, 5.985566547961341e-07)
```

从运行结果看，Logistic 回归算法对类别的判断结果相当理想。

案例实战 5.4　MNIST 数据集数字识别。

MNIST（Mixed National Institute of Standards and Technology）数据集是美国国家标准与技术研究院收集整理的大型手写数字数据库，包含 60000 个示例的训练集及 10000 个示例的测试集，每个样本都是一张 28 像素 ×28 像素的灰度手写数字图片。

在 logistic_regression 包中创建 mnist_recog_gd.py 文件，并在其中编写如图 5-9 所示的代码。

```
1    import matplotlib.pyplot as plt
2    import numpy as np
3    from logistic_regression_gd import LogisticRegression
4    import metrics
5    from sklearn.model_selection import train_test_split
6    from sklearn.metrics import log_loss
7    from sklearn.datasets import fetch_openml
8    np.seterr(divide = 'ignore')
9    np.seterr(invalid = 'ignore')
10   def process_features(X):
11     m, n = X.shape
12     X = np.c_[np.ones((m, 1)), X]
13     return X
14   mnist = fetch_openml('mnist_784', data_home='./mnist_data') # 可以不指
     定 data_home
15   X, y = mnist.data, mnist.target
16   X = np.array(X)
17   y = np.array(y)
18   zeros = X[y == '0']
19   ones = X[y == '1']
20   # 将 0 和 1 数据按行拼接起来
21   X = np.vstack([zeros, ones])
22   # 生成与 0,1 对应的标签
23   y = np.array([0] * zeros.shape[0] + [1] * ones.shape[0])
24   y = y.reshape(-1, 1)
25   X_train, X_test, y_train, y_test = train_test_split(X, y, test_
     size=0.2, random_state=1, shuffle=True)
26   X_train = process_features(X_train)
27   X_test = process_features(X_test)
28
29   model = LogisticRegression()
30   model.fit(X_train, y_train, eta=0.1, N=5000)
31   proba = model.predict_proba(X_test)
32   y_pred = model.predict(X_test)
33   entropy = metrics.cross_entropy(y_test, proba)
34   precision = metrics.precision_score(y_test, y_pred)
35   recall = metrics.recall_score(y_test, y_pred)
36   accuracy = metrics.accuracy_score(y_test, y_pred)
37   print(f"cross entropy = {log_loss(y_test, proba)}")
38   print(f"precision = {precision}")
39   print(f"recall = {recall}")
```

图 5-9　MNIST 数据集用 Logistic 回归算法进行手写数字 0、1 的识别

```
40    print(f"accuracy = {accuracy}")
41
42    # 拿出一个其他数据进行识别, 例如 0 和 1
43    digit = X[0]
44    plt.imshow(digit.reshape(28, 28))
45    plt.show()
46    digit = process_features(digit.reshape(1, -1))
47    result = model.predict(digit)
48    print(f"X[0] 被预测为 {result[0, 0]}")
49    proba = model.predict_proba(digit)
50    print(f" 预测结果的概率为 0 和 1 的概率分别为: {1-proba[0, 0], proba[0, 0]}")
51    # 拿出一个其他数据进行识别, 例如 0 和 1
52    digit = X[8000]
53    plt.imshow(digit.reshape(28, 28))
54    plt.show()
55    digit = process_features(digit.reshape(1, -1))
56    result = model.predict(digit)
57    print(f"X[8000] 被预测为 {result[0, 0]}")
58    proba = model.predict_proba(digit)
59    print(f" 预测结果的概率为 0 和 1 的概率分别为: {1-proba[0, 0], proba[0, 0]}")
```

图 5-9　MNIST 数据集用 Logistic 回归算法进行手写数字 **0**、**1** 的识别（续）

图 5-9 中的第 1~7 行导入相关的包或模块，第 8、9 行是关闭（忽略）告警信息 RuntimeWarning: divide by zero encountered in log 和 RuntimeWarning: invalid value encountered in multiply。第 14 行获取 mnist 数据集，读者要特别注意其写法，在 Sklearn 的 0.2 版本中，fetch_mldata() 函数已经被 fetch_openml() 函数取代，所以要使用第 14 行的语句。第 15~24 行取出数据集中的手写数字 0 和 1 子集，并赋予其 0 或 1 标签，再次提醒，第 18、19 行中的标签 '0' 和 '1' 都是字符串。第 25 行对取出的数据进行训练集合测试集的分离，并对特征做了首列全 1 的额外处理。第 29 行调用 Logistic 回归算法的类，第 30 行对训练样本进行参数拟合，第 31~40 行对模型的预测指标进行计算并打印。第 43~50 行及第 52~59 行分别对随便选出来的 0 或 1 进行预测，并对这两条数据的图像进行可视化，加强直观的认识。程序运行结果如下：

```
cross entropy = 0.04673745100712986
precision = 0.9993646759847522
recall = 0.9980964467005076
accuracy = 0.9986468200270636
X[0] 被预测为 0
预测结果的概率为 0 和 1 的概率分别为: (1.0, 0.0)
X[8000] 被预测为 1
预测结果的概率为 0 和 1 的概率分别为: (0.0, 1.0)
```

程序运行之后，还得到如图 5-10 所示的两个手写数字的图像。

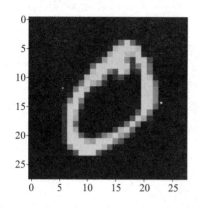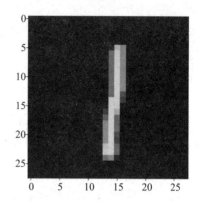

图 5-10　MNIST 数据集中的两条数据的可视化结果

图 5-5 中的 Logistic 回归类中的参数拟合 fit() 函数，采用梯度下降算法，事实上，fit() 函数也可以使用牛顿迭代算法来实现参数的拟合。

由对数损失函数式（5.7）可以求得其二阶梯度为

$$\nabla^2 l\left(y, h_w(x)\right) = x\frac{\mathrm{e}^{-x^{\mathrm{T}}w}}{1+\mathrm{e}^{-x^{\mathrm{T}}w}}x^{\mathrm{T}} = xh_w(x)\left(1 - h_w(x)\right)x^{\mathrm{T}} \tag{5.13}$$

根据海森矩阵的线性特性，可求得交叉熵为

$$\nabla^2 f(w) = \frac{1}{m}\sum_{i=1}^{m} x^{(i)} h_w\left(x^{(i)}\right)\left(1 - h_w\left(x^{(i)}\right)\right) x^{\mathrm{T}} \tag{5.14}$$

使用矩阵记号表示，可将上式的海森矩阵表示为

$$\nabla^2 f(w) = \frac{1}{m} X^{\mathrm{T}} \Lambda X$$

其中，Λ 是一个 $m\times m$ 的对角矩阵，它的第 i 个对角元素为 $h_w\left(x^{(i)}\right)(1 - h_w\left(x^{(i)}\right))$。

求得海森矩阵之后，我们就可以将其应用到牛顿迭代算法中更新参数 w。在 logistic_regression 包中，创建 logistic_regression_nt.py 文件，并在其中编写代码，如图 5-11 所示。

```
1    import numpy as np
2    def sigmoid(x):
3      return 0.5 * (1 + np.tanh(0.5 * x))
4    class LogisticRegression:
5      def __init__(self):
6        self.w = None
7      def fit(self, X, y, N=1000):
8        m, n = X.shape
9        w = np.zeros((n,1))
10       for t in range(N):
11         pred = sigmoid(X.dot(w))  # h_w(x)
```

图 5-11　Logistic 回归算法的牛顿迭代算法实现的类

```
12          g = 1.0 / m * X.T.dot(pred - y)   #  F(W) 的梯度
13          pred = pred.reshape(-1)
14          D = np.diag(pred * (1 - pred))  # h_w(x)(1-h_w(x))再将这些值作为
矩阵的对角元素
15          H = 1.0 / m * (X.T.dot(D)).dot(X) # F(W) 的 Hessian 矩阵
16          w = w - np.linalg.inv(H).dot(g) # w=w-F'(W)/F''(W)  多元牛顿迭代
17      self.w = w
18    def predict_proba(self, X):
19      return sigmoid(X.dot(self.w))
20    def predict(self, X):
21      proba = self.predict_proba(X)
22      return (proba >= 0.5).astype(np.int)
```

图 5-11　Logistic 回归算法的牛顿迭代算法实现的类（续）

通过该类，也可以实现前面的那些二分类。

案例实战 5.5　变色鸢尾花的识别。

在 logistic_regression 包中，创建 iris_recog_nt.py 文件，在其中编写代码如图 5-12 所示。

```
1    import numpy as np
2    from sklearn import datasets
3    from sklearn.model_selection import train_test_split
4    from logistic_regression_nt import LogisticRegression
5    import metrics
6    def process_features(X):
7      m, n = X.shape
8      X = np.c_[np.ones((m, 1)), X]
9      return X
10
11   iris = datasets.load_iris()
12   X = iris["data"]
13   y = (iris["target"] == 1).astype(int).reshape(-1, 1)
14   X_train, X_test, y_train, y_test = train_test_split(X, y, test_
     size=0.5, random_state=1)
15   X_train = process_features(X_train)
16   X_test = process_features(X_test)
17
18   model = LogisticRegression()
19   model.fit(X_train, y_train, N=5000)
20   proba = model.predict_proba(X_test)
21   y_pred = model.predict(X_test)
```

图 5-12　变色鸢尾花的识别

```
22    entropy = metrics.cross_entropy(y_test, proba)
23    precision = metrics.precision_score(y_test, y_pred)
24    recall = metrics.recall_score(y_test, y_pred)
25    accuracy = metrics.accuracy_score(y_test, y_pred)
26    print(f"cross entropy = {entropy}")
27    print(f"precision = {precision}")
28    print(f"recall = {recall}")
29    print(f"accuracy = {accuracy}")
30
31    print("变色鸢尾花的标签为1，非变色鸢尾花的标签为0")
32    sample = X[0].reshape(1, -1)
33    print(f"X[0]的真实标签为{y[0, 0]}")
34    sample = process_features(sample)
35    result = model.predict(sample)
36    print(f"样本被预测为{result[0, 0]}")
37    proba = model.predict_proba(sample)
38    print(f"预测结果为0和1的概率分别为：{1-proba[0, 0], proba[0, 0]}")
39    sample = X[60].reshape(1, -1)
40    print(f"X[60]的真实标签为{y[60, 0]}")
41    sample = process_features(sample)
42    result = model.predict(sample)
43    print(f"样本被预测为{result[0, 0]}")
44    proba = model.predict_proba(sample)
45    print(f"预测结果为0和1的概率分别为：{1-proba[0, 0], proba[0, 0]}")
```

图 5-12 变色鸢尾花的识别（续）

本例进行了变色鸢尾花的二分类，这与前面不一样。运行该程序，得到结果：

```
cross entropy = 0.6298867866890724
precision = 0.5263157894736842
recall = 0.4166666666666667
accuracy = 0.6933333333333334
变色鸢尾花的标签为1，非变色鸢尾花的标签为0
X[0]的真实标签为0
样本被预测为0
预测结果为0和1的概率分别为：(0.9581449199197247, 0.04185508008027522)
X[60]的真实标签为1
样本被预测为1
预测结果为0和1的概率分别为：(0.05387880843465365, 0.9461211915653464)
```

召回率和精确率反映了算法执行结果的两个不同方面。单一指标有时候并不能较全面地评价一个算法的优劣。

回顾一下前面的 3 个不同的指标，准确率 Acc，精确率 Pre，召回率 Rec 的含义。

准确率：准确率是针对总样本而言的，它的含义是预测正确的结果占总样本的比例。当样本不均衡时（前面我们举了地震的例子），准确率就会失效。从而需要引入精确率和召回率。

精确率：精确率是针对预测结果而言的，它的含义是在所有被预测为正的样本中，实际为正样本的比例。即预测为正样本的结果中，有多大的概率，预测结果是正确的。

召回率：召回率是针对原样本而言的，它的含义是在实际为正的样本中被预测为正样本的比例。

虽然在前面的简单例子中，这两个指标同时都获得了不错的结果，但一般情况下，算法的精确率和召回率是不可兼得的。在要求两者都高的情况下，通常选择它们的调和平均值 F_1 作为度量的指标。

$$F_1(h) = \cfrac{2}{\cfrac{1}{\text{Pre}(h)} + \cfrac{1}{\text{Rec}(h)}}$$

F_1 作为指标能较好地平衡精确率和召回率的关系，是一个比较全面的评价指标。但该指标在使用时，也应当注意一些场景。分类问题的假正预测有时会带来严重后果，例如，对飞机零部件合格性的预测，要以精确率作为度量标准，否则，将不合格零件预测为合格零件，将可能带来灾难。分类问题的假负预测有时也会带来严重后果，例如，对不及时治疗有较严重后果的疾病做早期筛查，要以召回率作为度量标准，否则，将患者预测为健康人可能会错过患者的最佳治疗时机，造成严重的后果。

5.3.3　ROC 曲线和 AUC 度量

ROC 和 AUC 是两个更加复杂的评估指标。ROC（Receiver Operating Characteristic）曲线，意为接收器操作特征曲线。该曲线最早应用于雷达信号检测领域，用于区分信号与噪声。后来人们将其用于评价模型的预测能力，ROC 曲线是基于混淆矩阵得出的。ROC 曲线中的主要两个指标就是真正率和假正率。其中横坐标为假正率（FPR），纵坐标为真正率（TPR），下面给出它们的定义。

在一个二元分类问题中，给定一组数据：$T = \left\{ \left(x^{(1)}, y^{(1)} \right), \left(x^{(2)}, y^{(2)} \right), \cdots, \left(x^{(m)}, y^{(m)} \right) \right\}$，并给定概率预测模型 h。用 TP(t)、FP(t)、TN(t)、FN(t) 分别表示以 t 为阈值的阈值分类函数 $T_{\{h,t\}}(x)$ 在数据集 T 上的真正、假正、真负、假负的预测数。将 TPR(t)=TP(t)/(TP(t)+FN(t)) 称为真正率，将 FPR(t)=FP(t)/(FP(t)+TN(t)) 称为假正率。

为了计算 ROC 曲线上的点，我们可以使用不同的分类阈值多次评估 Logistic 回归模型，但这样做效率非常低。幸运的是，有一种基于排序的高效算法可以为我们提供此类信息，这种算法称为曲线下面积（Area Under Curve）。比较有意思的是，如果我们连接对角线，它的面积正好是 0.5。对角线的实际含义：随机判断响应与不响应，正负样本覆盖率应该都是 50%，表示随机效果。 ROC 曲线越陡越好，所以理想值就是 1，一个正方形，而最差的随机判断都有 50%，所以一般 AUC 的值介于 0.5 到 1。

AUC 的一般判断标准：

[0.5,0.7): 效果较低。

[0.7,0.85): 效果一般。

[0.85,0.95): 效果很好。

[0.95,1]: 效果非常好，但一般不太可能。

AUC 的物理意义：曲线下面积对所有可能的分类阈值的效果进行综合衡量。曲线下面积的一种解读方式是模型将某个随机正类别样本排列在某个随机负类别样本之上的概率。

案例实战 5.6 在 MNIST 数据集中手写数字 5 的 ROC 曲线和对应的 AUC 值。

在 logistic_regression 包中创建 mnist_roc.py 文件，并在其中编写代码完成对 ROC 曲线的绘制和 AUC 值的计算，具体代码如图 5-13 所示。

```
1    import numpy as np
2    from matplotlib import pyplot as plt
3    from sklearn.datasets import fetch_openml
4    from sklearn.metrics import auc
5    from sklearn.model_selection import train_test_split
6    from sklearn.preprocessing import MinMaxScaler
7    from logistic_regression.logistic_regression_gd import
     LogisticRegression
8    def threshold(t, proba):
9      return (proba >= t).astype(int)
10   def roc(proba, y):
11     fpr, tpr = [], []
12     for i in range(100):
13       z = threshold(0.01 * i, proba)
14       tp = (y * z).sum()
15       fp = ((1 - y) * z).sum()
16       tn = ((1 - y) * (1 - z)).sum()
17       fn = (y * (1 - z)).sum()
18       fpr.append(1.0 * fp / (fp + tn))
19       tpr.append(1.0 * tp / (tp + fn))
20     return fpr, tpr
21   def process_features(X):
22     scaler = MinMaxScaler(feature_range=(0, 1))
```

图 5-13 不同迭代次数下的模型 ROC 曲线及其对应的 AUC 值

```
23     X = scaler.fit_transform(1.0 * X)
24     m, n = X.shape
25     X = np.c_[np.ones((m, 1)), X]
26     return X
27  X, y = fetch_openml('mnist_784', data_home='~', version=1, return_X_
    y=True)
28  y = (np.array(y).astype(int) == 5.0).astype(int).reshape(-1, 1)
29  X_train, X_test, y_train, y_test = train_test_split(X, y, test_
    size=0.2, random_state=0)
30  X_train = process_features(X_train)
31  X_test = process_features(X_test)
32
33  model = LogisticRegression()
34  i = 1
35  for N in [2, 10, 20, 100]:
36    model.fit(X_train, y_train, eta=.1, N=N)
37    proba = model.predict_proba(X_test)
38    fpr, tpr = roc(proba, y_test)
39    plt.subplot(2, 2, i)
40    plt.plot(fpr, tpr)
41    i = i + 1
42    plt.text(0.2, 0.8, f"AUC={auc(fpr, tpr):.2f}")
43    plt.text(0.75, 0.2, f"N={N}")
44    plt.xlabel("fpr")
45    plt.ylabel("tpr")
46  plt.tight_layout()
47  plt.show()
```

图 5-13　不同迭代次数下的模型 ROC 曲线及其对应的 AUC 值（续）

在图 5-13 中，第 1～7 行导入相关的包。第 8～9 行定义阈值函数 threshold()，第 10～20 行的 roc() 函数调用阈值函数 threshold()，根据不同的阈值计算出相应的真正、假正、真负、假负的预测数，并将结果以列表的元组返回。第 27 行读取 MNIST 数据集，再次提醒读者，不同版本的读取方法存在不同，若与本书所用的版本一致，则不需修改；否则，需要做适当的修改。第 28 行对读取到的标签做向量到矩阵的转换，然后在第 29 行做训练集和测试集的分离。第 30～31 行对特征处理以适合后面的类对特征的训练。第 33 行实例化模型，然后在 35 行开始的循环中，模型对数据样本进行拟合，随着迭代次数的进行，模型被训练得越来越好，精确度也越来越高，因此，其对应的 ROC 曲线下面积 AUC 值也越来越大。图 5-14 对该过程进行了可视化。

读者可以尝试使用不同的数据集，绘制 ROC 曲线和 AUC 值。

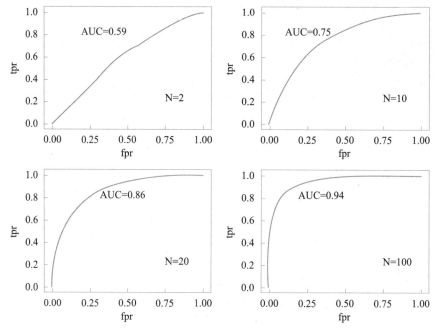

图 5-14　不同的迭代次数所对应的 ROC 曲线及 AUC 值

5.4　多元回归算法 SoftMax

SoftMax 函数（柔性最大值函数），又称归一化指数函数。它是二分类函数 Sigmoid() 在多分类上的推广，目的是将多分类的结果以概率的形式展现出来，适用于求解 k 元分类问题。

我们知道，概率有两个性质：（1）预测的概率为非负数；（2）各种预测结果概率之和等于 1。SoftMax 就是将（$-\infty$，$+\infty$）内的预测结果按照以下两步转换为概率。

1. 将预测结果转化为非负数

指数函数 $\exp(x)$ 的值域取值范围是 0 到正无穷。SoftMax 第一步就是将模型的预测结果转化到指数函数上，这样保证了概率的非负性。

2. 各种预测结果概率之和等于 1

为了确保各个预测结果的概率之和等于 1。只需要将转换后的结果进行归一化处理。方法就是将转化后的结果除以所有转化后结果之和，可以理解为转化后结果占总数的百分比。这样就得到近似的概率。

假如模型对一个三分类问题的预测结果为 -2、0、1。我们要用 SoftMax 将模型结果转为概率。步骤如下：

- 118 -

（1）将预测结果转化为非负数：

$$y_1 = \exp(x_1) = \exp(-2) = 0.14$$
$$y_2 = \exp(x_2) = \exp(0) = 1$$
$$y_3 = \exp(x_3) = \exp(1) = 2.72$$

（2）各种预测结果概率之和等于 1：

$$z_1 = y_1 / (y_1 + y_2 + y_3) = 0.14 / (0.14 + 1 + 2.72) = 0.036$$
$$z_2 = y_2 / (y_1 + y_2 + y_3) = 1 / (0.14 + 1 + 2.72) = 0.259$$
$$z_3 = y_3 / (y_1 + y_2 + y_3) = 2.72 / (0.14 + 1 + 2.72) = 0.705$$

总结一下 SoftMax 如何将多分类输出转换为概率，可以分为两步：

（1）分子：通过指数函数，将实数输出映射为 0 到正无穷。

（2）分母：将所有结果相加，进行归一化。

5.4.1　SoftMax 回归基本概念

许多实际的分类问题都是 k 元分类问题，如手写数字是 10 分类问题，鸢尾花识别是 3 分类问题。在 k 元分类问题中，标签是一个 k 维的 0–1 向量，相应的监督学习模型预测的是给定对象属于每个分类的概率，因此预测模型输出的是 k 个概率值。一般情况下，可以采用 SoftMax 回归建立 k 元分类的预测模型：

（定义）给定一个 $n \times k$ 矩阵：$\boldsymbol{W} = (\boldsymbol{w}_1, \boldsymbol{w}_2, \cdots, \boldsymbol{w}_k)$，其中，每个 $\boldsymbol{w}_j \in \mathbf{R}^n$ 为 $n \times 1$ 列向量 $(1 \le j \le k)$。SoftMax 模型 $\boldsymbol{h}_w : \mathbf{R}^n \to \mathbf{R}^k$ 为

$$\boldsymbol{h}_w(x) = \left(\frac{e^{x^T w_1}}{\sum_{t=1}^{k} e^{x^T w_t}}, \frac{e^{x^T w_2}}{\sum_{t=1}^{k} e^{x^T w_t}}, \cdots, \frac{e^{x^T w_k}}{\sum_{t=1}^{k} e^{x^T w_t}} \right) \tag{5.15}$$

$\boldsymbol{h}_w(x)$ 是一个 k 维向量，用 $\boldsymbol{h}_{w_j}(x)$ 表示 $\boldsymbol{h}_w(x)$ 的第 j 个分量，它是模型预测 x 属于第 j 类的概率，即

$$\Pr(x \text{属于第} j \text{类}) = \boldsymbol{h}_{w_j}(x) = \frac{e^{x^T w_j}}{\sum_{t=1}^{k} e^{x^T w_t}} \tag{5.16}$$

读者可以简单验证一下，该定义符合上面要求的概率两个性质，所以 $\boldsymbol{h}_w(x)$ 是一个合法的概率分布。当 $k = 2$ 时，令 $\boldsymbol{w} = \boldsymbol{w}_2 - \boldsymbol{w}_1$，代入式（5.15），则预测 x 的标签为 1 的概率模型就是 Logistic 回归模型的 Sigmoid() 函数 $s(x^T \boldsymbol{w})$，这正说明了 SoftMax 模型是 Logistic 模型在 $k > 2$ 时的推广。

（定义）给定 $n \times k$ 矩阵 $\boldsymbol{W} = (\boldsymbol{w}_1, \boldsymbol{w}_2, \cdots, \boldsymbol{w}_k)$，定义 SoftMax 回归的目标函数为模型 $\boldsymbol{h}_w(x) = (\boldsymbol{h}_{w_1}(x), \boldsymbol{h}_{w_2}(x), \cdots, \boldsymbol{h}_{w_k}(x))$ 的 k 元交叉熵。其表达式为 $f(\boldsymbol{w}) = -\frac{1}{m} \sum_{i=1}^{m} y^{(i)T} \log \boldsymbol{h}_w(x^{(i)})$。

SoftMax 回归算法是以 SoftMax 函数作为模型假设，以 k 元交叉熵为目标函数的经验损失最小化算法，如图 5-15 所示。

输入：m 条训练数据 S={ $(x^{(1)}, y^{(1)}), (x^{(2)}, y^{(2)}), \cdots, (x^{(m)}, y^{(m)})$ }

输出：SoftMax 模型 $h_w^*(x)$，使得 $W^*=(w_1^*, w_2^*, \cdots, w_k^*)$ 为下面优化问题的最优解

$$\min_{W \in R^{n \times k}} f(W) = -\frac{1}{m} \sum_{i=1}^{m} y^{(i)T} \log h_w(x^{(i)})$$

图 5-15　SoftMax 回归算法描述

5.4.2　SoftMax 回归优化算法

因为 SoftMax 回归优化算法使用 k 维的 0–1 标签，而有时数据集提供的数据是 0、1、2 等整数，所以需要先将标签转化为 k 维 0–1 标签 $\{0,1\}^k$，该过程称为 onehot 编码。

案例实战 5.7　将一维数组进行 onehot 编码。

在 logistic_regression 包中，创建 one_hot_encoding.py 文件，并在其中编写如图 5-16 所示的代码。

```
1    import numpy as np
2    def one_hot_encoding(y):
3      m = len(y)
4      k = np.max(y) + 1
5      result = np.zeros([m, k])
6      for i in range(m):
7        result[i, y[i]] = 1
8      return result
9    # 10 分类测试
10   y = [1, 2, 3, 6, 5, 4, 7, 8, 9, 0]
11   result = one_hot_encoding(y)
12   print(result)
```

图 5-16　将标签 y 进行 onehot 编码

图 5-16 的第 2～8 行对一维数组的整数标签进行 onehot 编码，首先取得数组的长度 m 作为编码后的矩阵行数，通过函数 max() 获得原标签的最大值 $k-1$，以确定 onehot 的编码是 k 元分类。然后初始化一个 $m \times k$ 的全 0 的矩阵，再通过 for 循环将原来第 i 个标签值，转化为矩阵在 $(i, y[i])$ 处的 1。原标签值为 j 将转化为在下标 j 处为 1，其他地方都为 0，这就是 onehot 编码。运行该程序得到如下结果：

```
[[0. 1. 0. 0. 0. 0. 0. 0. 0. 0.]
 [0. 0. 1. 0. 0. 0. 0. 0. 0. 0.]
 [0. 0. 0. 1. 0. 0. 0. 0. 0. 0.]
 [0. 0. 0. 0. 0. 0. 1. 0. 0. 0.]
 [0. 0. 0. 0. 0. 1. 0. 0. 0. 0.]
 [0. 0. 0. 0. 1. 0. 0. 0. 0. 0.]
 [0. 0. 0. 0. 0. 0. 0. 1. 0. 0.]
```

```
[0. 0. 0. 0. 0. 0. 0. 0. 1. 0.]
[0. 0. 0. 0. 0. 0. 0. 0. 0. 1.]
[1. 0. 0. 0. 0. 0. 0. 0. 0. 0.]]
```

在多元分类问题的 SoftMax 回归算法中，通过最小化图 5-15 中的 $f(W)$，k 元交叉熵，可求解预测模型的参数。由于 k 元交叉熵是一个凸函数，因此可以使用梯度下降算法或随机梯度下降算法来优化 SoftMax 回归算法。

设 (x, y) 为任意取定的一条训练数据。用 j 表示 x 所属的类，即 y 是一个经过 onehot 编码的 k 维向量，$y = (0, 0, \cdots, 1, \cdots, 0, 0)$，其中 1 的下标为 j，则模型在 (x, y) 上的经验损失为

$$l\left(y, h_w(x)\right) = -\log h_{w_j}(x) = -\log \frac{e^{x^{\mathrm{T}} w_j}}{\sum_{t=1}^{k} e^{x^{\mathrm{T}} w_t}}。经简单推导，可得 \nabla l\left(y, h_w(x)\right) = x\left(h_w(x) - y\right)^{\mathrm{T}}。$$

由梯度的线性特性可知，$\nabla f(W) = \dfrac{1}{m} \sum_{i=1}^{m} x^{(i)} \left(h_W\left(x^{(i)}\right) - y^{(i)}\right)^{\mathrm{T}}$。令 X 和 Y 分别为 $m \times n$ 矩阵和 $m \times k$ 矩阵：

$$X = \begin{pmatrix} x^{(1)\mathrm{T}} \\ x^{(2)\mathrm{T}} \\ \vdots \\ x^{(m)\mathrm{T}} \end{pmatrix}, \quad Y = \begin{pmatrix} y^{(1)\mathrm{T}} \\ y^{(2)\mathrm{T}} \\ \vdots \\ y^{(m)\mathrm{T}} \end{pmatrix}$$

并用 $h_w(X)$ 表示如下的 $m \times k$ 矩阵：

$$h_w(X) = \begin{pmatrix} h_w\left(x^{(1)}\right)^{\mathrm{T}} \\ h_w\left(x^{(2)}\right)^{\mathrm{T}} \\ \vdots \\ h_w\left(x^{(m)}\right)^{\mathrm{T}} \end{pmatrix}$$

则可以将 $\nabla f(W)$ 重新表达为更为紧凑的矩阵形式：

$$\nabla f(W) = \frac{1}{m} X^{\mathrm{T}} \left(h_w(X) - Y\right)$$

在 logistic_regression 包中，创建 softmax_regression_gd.py 文件，在其中编写实现 SoftMax 回归优化算法的类，具体代码如图 5-17 所示。

```
1   import numpy as np
2   class SoftmaxRegression:
3     def __init__(self):
4       self.w = None
5     def fit(self, X, y, eta=0.1, N=5000):
6       m, n = X.shape
7       m, k = y.shape
```

图 5-17　实现 SoftMax 回归优化算法的类

```
8          w = np.zeros([n, k])
9          for t in range(N):
10           proba = self.softmax(X.dot(w))
11           g = X.T.dot(proba - y) / m
12           w = w - eta * g
13         self.w = w
14         @staticmethod
15       def softmax(x):
16         e = np.exp(x)
17         s = e.sum(axis=1)
18         for i in range(len(s)):
19           e[i] /= s[i]
20         return e
21       def predict_proba(self, X):
22         return self.softmax(X.dot(self.w))
23       def predict(self, X):
24         proba = self.predict_proba(X)
25         return np.argmax(proba, axis=1)
```

图 5-17　实现 SoftMax 回归优化算法的类（续）

在图 5-17 中，第 5～13 行通过梯度下降算法实现对交叉熵的最小化，其中在第 10 行调用了静态函数 softmax()，实现对各个分类的概率的计算。第 21～22 行也是调用 softmax() 函数计算各个类别的概率。第 23～25 行通过 np.argmax() 函数将最大概率的类别转化为整数。

案例实战 5.8　鸢尾花预测问题。

在图 5-12 中，我们对变色鸢尾花进行识别，事实上，鸢尾花问题是一个典型的 3 元分类问题，因为总共有山鸢尾、变色鸢尾和弗吉尼亚鸢尾 3 种类别的鸢尾花。在 logistic_regression 包中，创建 iris_softmax_gd.py 文件，对鸢尾花进行 SoftMax 回归的预测。具体代码如图 5-18 所示。

在图 5-18 中，第 1～6 行导入相关的包，第 7～13 行是前面实现过的 onehot 编码，第 14～19 行对特征进行归一化和增加全 1 列。第 20～23 行读取鸢尾花数据集，第 24 行对数据集进行切分，并且使用了 shuffle=True，对数据集进行打乱。第 27～28 行调用 SoftMax 回归类实例化一个对象，然后对训练数据进行拟合，随后对测试数据进行准确率的计算并输出结果。结果为 accuracy = 0.9333333333333333，要注意的是，多次运行，结果不一定相同，因为我们已经将数据集打乱了。

```
1   import numpy as np
2   from sklearn import datasets
3   from sklearn.preprocessing import MinMaxScaler
4   from sklearn.model_selection import train_test_split
5   from softmax_regression_gd import SoftmaxRegression
6   from metrics import accuracy_score
7   def one_hot_encoding(y):
8       m = len(y)
9       k = np.max(y) + 1
10      labels = np.zeros([m, k])
11      for i in range(m):
12          labels[i, y[i]] = 1
13      return labels
14  def process_features(X):
15      scaler = MinMaxScaler(feature_range=(0, 1))
16      X = scaler.fit_transform(1.0 * X)
17      m, n = X.shape
18      X = np.c_[np.ones((m, 1)), X]
19      return X
20  iris = datasets.load_iris()
21  X = iris["data"]
22  c = iris["target"]
23  y = one_hot_encoding(c)
24  X_train, X_test, y_train, y_test = train_test_split(X, y, test_
    size=0.2, shuffle=True)
25  X_train = process_features(X_train)
26  X_test = process_features(X_test)
27  model = SoftmaxRegression()
28  model.fit(X_train, y_train)
29  y_pred = model.predict(X_test)
30  y_pred = one_hot_encoding(y_pred)
31  accuracy = accuracy_score(y_test, y_pred)
32  print(f"accuracy = {accuracy}")
```

图 5-18　鸢尾花的 3 元分类问题的梯度下降算法

案例实战 5.9　手写数字识别问题。

在 logistic_regression 包中，创建 softmax_regression_sgd.py 文件，并在其中编写代码如图 5-19 所示。

在图 5-19 中，第 11～23 行，使用了随机梯度下降算法对交叉熵进行最小化。读者可将图 5-17 和图 5-19 中的代码进行对比。

```
1    import numpy as np
2    def softmax(scores):
3      e = np.exp(scores)
4      s = e.sum(axis=1)
5      for i in range(len(s)):
6        e[i] /= s[i]
7      return e
8    class SoftmaxRegression:
9      def __init__(self):
10       self.W = None
11     def fit(self, X, y, eta_0=50, eta_1=100, N=1000):
12       m, n = X.shape
13       m, k = y.shape
14       W = np.zeros([n, k])
15       self.W = W
16       for t in range(N):
17         i = np.random.randint(m)
18         x = X[i].reshape(1, -1)
19         proba = softmax(x.dot(W))
20         g = x.T.dot(proba - y[i])
21         W = W - eta_0 / (t + eta_1) * g
22         self.W += W
23       self.W /= N
24     def predict_proba(self, X):
25       return softmax(X.dot(self.W))
26     def predict(self, X):
27       proba = self.predict_proba(X)
28       return np.argmax(proba, axis=1)
```

图 5-19   实现 SoftMax 回归的类（随机梯度下降算法）

在 logistic_regression 包中，创建 mnist_softmax_sgd.py 文件，在其中编写代码如图 5-20 所示。

```
1    import numpy as np
2    from sklearn.datasets import fetch_openml
3    from sklearn.model_selection import train_test_split
4    from sklearn.preprocessing import MinMaxScaler
5    from metrics import accuracy_score
6    from softmax_regression_sgd import SoftmaxRegression
7
8    def one_hot_encoding(y):
9      m = len(y)
```

图 5-20   手写数字识别问题

```
10      k = np.max(y) + 1
11      labels = np.zeros([m, k])
12      for i in range(m):
13        labels[i, y[i]] = 1
14      return labels
15
16  def process_features(X):
17      scaler = MinMaxScaler(feature_range=(0, 1))
18      X = scaler.fit_transform(1.0 * X)
19      m, n = X.shape
20      X = np.c_[np.ones((m, 1)), X]
21      return X
22
23  X, c = fetch_openml('mnist_784', data_home='~', version=1, return_X_
    y=True)
24  c = np.array(c).astype(int)
25  y = one_hot_encoding(c)
26  X_train, X_test, y_train, y_test = train_test_split(X, y, test_
    size=0.2, shuffle=True)
27  X_train = process_features(X_train)
28  X_test = process_features(X_test)
29  model = SoftmaxRegression()
30  model.fit(X_train, y_train, eta_0=50, eta_1=100, N=5000)
31  y_pred = model.predict(X_test)
32  y_pred = one_hot_encoding(y_pred)
33  accuracy = accuracy_score(y_test, y_pred)
34  print(f"随机梯度下降算法准确率 = {accuracy}")
```

图 5-20　手写数字识别问题（续）

在图 5-20 中，第 1～6 行导入相关的包，第 8～14 行实现 onehot 编码，第 16～21 行完成数据的特征处理。第 23～28 行实现手写数据集数据的读取和预处理。第 29、30 行完成随机梯度下降算法拟合数据，最后，第 31～34 行再用测试数据对模型的效果进行测试，得到结果为：随机梯度下降算法准确率 = 0.9712428571428572。

事实上，Sklearn 中也提供了 onehot 编码的函数，可以直接使用。在 logistic_regression 包中，创建 iris_softmax_onehot.py 文件，并在其中编写如图 5-21 所示的代码。

在图 5-21 中，第 4 行导入 onehot 编码的类，并在第 21 行中调用，实例化该类得到一个编码器。在第 22 行中，编码器对训练数据的标签进行拟合转换，并使用 toarray() 方法将标签转化为非稀疏形式（如果不加 toarray()，输出的就是稀疏的存储格式，即索引加值的形式，也可以通过参数指定 sparse = False 来达到同样的效果）。运行该程序得到结果：accuracy = 0.9666666666666667。

```
1    import numpy as np
2    from sklearn import datasets
3    from sklearn.preprocessing import MinMaxScaler
4    from sklearn.preprocessing import OneHotEncoder
5    from sklearn.model_selection import train_test_split
6    from softmax_regression_gd import SoftmaxRegression
7    from metrics import accuracy_score
8    def process_features(X):
9      scaler = MinMaxScaler(feature_range=(0, 1))
10     X = scaler.fit_transform(1.0 * X)
11     m, n = X.shape
12     X = np.c_[np.ones((m, 1)), X]
13     return X
14   iris = datasets.load_iris()
15   X = iris["data"]
16   y = iris["target"]
17   X_train, X_test, y_train, y_test = train_test_split(X, y, test_
     size=0.2, shuffle=True)
18   X_train = process_features(X_train)
19   X_test = process_features(X_test)
20   model = SoftmaxRegression()
21   encoder = OneHotEncoder()
22   y_train = encoder.fit_transform(y_train.reshape(-1, 1)).toarray()
23   model.fit(X_train, y_train)
24   y_pred = model.predict(X_test)
25   accuracy = accuracy_score(y_test, y_pred)
26   print(f"accuracy = {accuracy}")
```

图 5-21　使用 Sklearn 自带的 onehot 编码函数实现 SoftMax 回归分类

🤖 5.5　Sklearn 的 Logistic 回归算法

事实上，在案例实战 5.1 手写数字识别问题中，已经使用了 Sklearn 的 Logistic 回归算法。下面介绍一下 LogisticRegression 类的更多用法。

```
class sklearn.linear_model.LogisticRegression(penalty='l2', *, dual=False,
tol=0.0001, C=1.0, fit_intercept=True, intercept_scaling=1, class_weight=None,
random_state=None, solver='lbfgs', max_iter=100, multi_class='auto', verbose=0,
warm_start=False, n_jobs=None, l1_ratio=None)
```

　　Sklearn 的 Logistic 回归算法在 LogisticRegression 类中实现了二分类（binary）、一对多分类（one-vs-rest）及多项式 Logistic 回归，并带有可选的 L_1 和 L_2 正则化。

　　该类的主要参数说明：

　　　　正则化选择参数 penalty，可选择的值为 "l1" 和 "l2"。分别对应 L_1 的正则化和 L_2 的正则化，默认是 L_2 的正则化。penalty 参数的选择会影响我们损失函数优化算法的选择。即参数 solver 的选择，如果是 L_2 正则化，那么 4 种可选的算法 {'newton-cg', 'lbfgs', 'liblinear', 'sag'} 都可以。但是如果 penalty 是 L_1 正则化，就只能选择 'liblinear'。这是因为 L_1 正则化的损失函数不是连续可导的，而 {'newton-cg', 'lbfgs','sag'} 这 3 种优化算法都需要损失函数的一阶或者二阶连续导数。而 'liblinear' 并没有这个限制。

　　　　优化算法选择参数 solver，该参数决定了 Logistic 回归损失函数的优化方法，有 4 种算法可以选择，分别是：① liblinear：使用了坐标轴下降法来迭代优化损失函数。② lbfgs：模拟牛顿法的一种，利用损失函数二阶导数矩阵即海森矩阵来迭代优化损失函数。③ newton-cg：也是牛顿法家族的一种，利用损失函数二阶导数矩阵即海森矩阵来迭代优化损失函数。④ sag：随机平均梯度下降算法，是梯度下降算法的变种，和普通梯度下降算法的区别是每次迭代仅仅用一部分的样本来计算梯度，适合样本数据较多的情况，sag 是一种线性收敛算法，这个速度远比 sgd 算法快。

　　　　分类方式选择参数 multi_class，决定了分类方式，有 ovr 和 multinomial 两个值可以选择，默认是 ovr，即 one-vs-rest(ovr)，如果是二元回归，ovr 和 multinomial 并没有任何区别，区别主要在多元逻辑回归上。

　　　　类型权重参数 class_weight，用于标示分类模型中各种类型的权重，可以不输入，即不考虑权重，或者说所有类型的权重一样。如果选择输入，可以选择 balanced 让类库自己计算类型权重，或者手动输入各个类型的权重。

　　该类的主要属性说明：

　　　　class_：分类器的分类列表。
　　　　coef_：决策函数中特征的系数。
　　　　intercept_：决策函数中特征的截距。
　　　　n_iter_：各类的实际迭代次数。

　　LogisticRegression 回归模型在 Sklearn.linear_model 子类下，调用 Sklearn 的 Logistic 回归算法的步骤比较简单，即

　　　　（1）导入模型。调用 LogisticRegression() 函数。
　　　　（2）fit() 训练。调用 fit(X,y) 方法来训练模型，其中 X 为数据的特征，y 为所属类型。
　　　　（3）predict() 预测。利用训练得到的模型对数据集进行预测，返回预测结果。

　　案例实战 5.10　利用鸢尾花的花瓣长度、宽度，对比使用不同的分类方式进行分类。

　　在 logistic_regression 包中，创建 iris_logistic_regression_sklearn.py 文件，并在其中编写代码如图 5-22 所示。

```
1    import matplotlib.pyplot as plt
2    import numpy as np
3    from sklearn.datasets import load_iris
4    from sklearn.linear_model import LogisticRegression
5    plt.rcParams['font.sans-serif'] = ['SimHei']
6    plt.rcParams['axes.unicode_minus'] = False
7    iris = load_iris()
8    X, y = iris.data[:, :2], iris.target
9    nums = [1, 2]
10   multi_classes = ['multinomial', 'ovr']
11   for num, multi_class in zip(nums, multi_classes):
12     plt.subplot(1, 2, num)
13      model = LogisticRegression(solver='sag', max_iter=5000, random_state=0,
     multi_class=multi_class, C=1e2)
14     model.fit(X, y)
15     # 打印训练集分数
16     print(f"训练分数: {model.score(X, y):.3f}, {multi_class}")
17     # 构建网格，产生一些介于最值之间的等差数据
18     h = .02  # step size in the mesh
19     x_min, x_max = X[:, 0].min() - 1, X[:, 0].max() + 1
20     y_min, y_max = X[:, 1].min() - 1, X[:, 1].max() + 1
21      xx, yy = np.meshgrid(np.arange(x_min, x_max, h), np.arange(y_min,
     y_max, h))
22     # 预测网格内的数据所属类型，并可视化，绘制决策边界，并给每种类型的点分配一种颜色
23     Z = model.predict(np.c_[xx.ravel(), yy.ravel()])
24     Z = Z.reshape(xx.shape)
25     plt.contourf(xx, yy, Z, cmap=plt.cm.Paired)
26     plt.title(f"{(multi_class)}")
27     plt.xlabel(' 花瓣长度 ')
28     plt.ylabel(' 花瓣宽度 ')
29     plt.xlim(xx.min(), xx.max())
30     plt.ylim(yy.min(), yy.max())
31     plt.xticks(())
32     plt.yticks(())
33     # 绘制训练数据的散点图
34     colors = "bry"
35     for i, color in zip(model.classes_, colors):
36       idx = np.where(y == i)
37       plt.scatter(X[idx, 0], X[idx, 1], c=color, cmap=plt.cm.Paired,
     edgecolor='black', s=20)
38     # 绘制 3 个一对多的分类器超平面
39     xmin, xmax = plt.xlim()
```

图 5-22　使用 Logistic 回归对鸢尾花分类

```
40    ymin, ymax = plt.ylim()
41    coef = model.coef_
42    intercept = model.intercept_
43
44    def plot_hyperplane(c, color):
45      def line(x0):
46        return (-(x0 * coef[c, 0]) - intercept[c]) / coef[c, 1]
47
48      plt.plot([xmin, xmax], [line(xmin), line(xmax)],
49              ls="--", color=color)
50
51    for i, color in zip(model.classes_, colors):
52      plot_hyperplane(i, color)
53
54  plt.show()
```

图 5-22　使用 Logistic 回归对鸢尾花分类（续）

在图 5-22 中，第 1～6 行导入相关的包并设置对绘图的中文支持；第 7～8 行加载鸢尾花数据集，取出其花瓣长宽作为训练的数据，第 9～10 行设置对比的分类方式；第 11 行 for 循环执行两种不同的分类方式的模型对比；第 13 行实例化 Logistic 回归类，并设置相关的参数，第 14 行训练模型，第 16 行打印模型的训练效果，第 18 行之后为绘制图像相关参数的设置，预测设置的网格范围内的数据点的类型，并绘制填充相关的轮廓图，最后再把 3 个不同分类器的超平面用虚线绘制出来。运行该程序，得到：训练分数：0.833, multinomial 训练分数：0.800, ovr，同时生成图 5-23，可以看到多元分类方式的训练效果稍好一点。

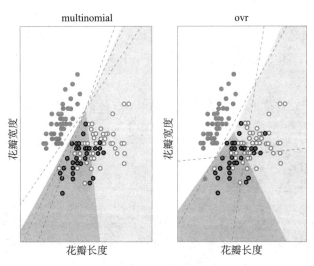

图 5-23　鸢尾花的多元分类可视化

建议读者修改优化算法选择 solver 等参数的取值，对比不同优化算法的运行效果。

到目前为止，logistic_regression 包的结构大致如图 5-24 所示。

```
∨ ▣ logistic_regression
  > ▣ mnist_data
    🐷 __init__.py
    🐷 breast_cancer_roc.py
    🐷 dig_recog10.py
    🐷 dig_recog10_gd.py
    🐷 digital_recognition.py
    🐷 iris_logistic_regression_sklearn.py
    🐷 iris_recog_gd.py
    🐷 iris_recog_nt.py
    🐷 iris_softmax_gd.py
    🐷 iris_softmax_onehot.py
    🐷 logistic_regression_gd.py
    🐷 logistic_regression_nt.py
    🐷 metrics.py
    🐷 mnist_recog_gd.py
    🐷 mnist_roc.py
    🐷 mnist_softmax_sgd.py
    🐷 one_hot_encoding.py
    🐷 softmax_regression_gd.py
    🐷 softmax_regression_sgd.py
```

图 5-24 本章程序文件目录结构

🤖 5.6 本章小结

本章主要介绍了 Logistic 回归和 SoftMax 回归，以及对各种分类结果的评价指标。Logistic 回归算法是解决二元分类问题的最基本的监督学习算法之一，它的基本思想是用 Sigmoid() 函数将线性预测限于 [0,1]，并将其作为对标签概率的预测。由于 Logistic 回归算法的最优解没有解析解，所以，我们通过最优化理论中的梯度下降算法和随机梯度下降算法来求其最优解。

选择合适的算法对分类问题预测效果的度量非常重要，本章介绍了准确率 Accuracy，精确率 Precision，召回率 Recall，调和平均值 F_1，ROC 和 AUC 等度量指标，并结合实例，介绍了它们的适合场景。

本章还介绍了多元分类问题的求解算法 SoftMax 回归算法。它是 Logistic 回归算法在 k 元分类问题中的推广。最后，介绍了 Sklearn 中 Logistic 回归算法的使用。

思考与练习

1. 重现本章所有案例实战。

2. 二元分类问题的标签形式是灵活多变的，本章介绍的交叉熵采用了 0–1 标签形式，$\{-1\ +1\}$ 是另一种常用的标签形式。请推导出 $\{-1\ +1\}$ 形式的交叉熵表达式。

3. 红酒产地预测问题。

红酒产地预测问题的任务：根据红酒的各项指标，鉴定红酒的产地。数据来自

Sklearn 工具库中的红酒数据集，该数据集中包含来自 3 个不同产地的 178 瓶红酒。每条数据表示一瓶红酒，其中记录了 13 种指标作为特征，如酒的颜色、蒸馏度、酸碱度、花青素浓度等。同时还记录了红酒的产地作为标签。导入数据集的方法为：

    from sklearn.datasets import load_wine

    X, y = load_wine(return_X_y=True)

    4. 对于 Sklearn 中 Logistic 回归算法，修改优化算法选择 solver 等参数的取值，对鸢尾花数据集进行分类，对比不同优化算法的运行效果。

第6章 支持向量机算法

支持向量机（Support Vector Machines，SVM）是一种二元分类模型，它的思想源于解析几何，其基本模型是定义在特征空间上的间隔最大的线性分类器，间隔最大使它有别于感知机；SVM 对于线性不可分的样本，可以通过灵活多变的核方法，将数据投影到高维空间，利用高维空间的超平面来分离数据，再将已分离的数据重新投影回原空间，得到原空间中正负样本的一个非线性边界，这使它成为实质上的非线性分类器。SVM 的学习策略就是间隔最大化，可形式化为一个求解凸二次规划的问题，也等价于正则化的合页损失函数的最小化问题。SVM 的学习算法就是求解凸二次规划的最优化算法。

6.1 支持向量机的基本概念

扫一扫 看微课

支持向量机是应用于二元分类问题中的一种监督学习方法。在处理二元分类问题时，要寻找一个将两类事物相分离的超平面，在二维空间时，就是一条直线将两类事物区分开。通常这样的超平面会有很多个。支持向量机算法的目标是构造能正确划分训练数据集且与要分离的两类采样有最大几何间隔的分离超平面。具有这种特征的分离超平面不仅能完美地区分训练数据，还对测试数据有较好的分类预测能力。

扫一扫 看微课

6.1.1 感知机

感知机（Perceptron）是一种二元分类的线性分类模型，其输入为实例的特征向量，输出为实例的类别。感知机学习旨在求出将训练数据进行线性划分的分离超平面，为此，导入基于误分类的损失函数，利用梯度下降算法对损失函数进行极小化，求得感知机模型，感知机具有算法简单、易于实现的特点。感知机预测是用学习到的感知机模型对新的输入实例进行分类。它是神经网络与支持向量机的基础。

（定义）感知机：取定特征 $x \in \mathbf{R}^n$，标签 $y \in \{-1, +1\}$，称 $f(x) = \text{sign}(x^\mathrm{T}w + b)$ 为感知机。其中 w 和 b 为感知机模型参数，$w \in \mathbf{R}^n$ 称为权值（weight）或权值向量（Weight Vector），b 称为偏置（bias），$x^\mathrm{T}w$ 表示 w 和 x 的内积。sign 是符号函数

$$\text{sign}(x) = \begin{cases} +1, & x \geq 0 \\ -1, & x < 0 \end{cases}$$

从感知机的表达式可以很容易就看出来，$x^\mathrm{T}w + b = 0$ 实际上就是一个超平面 S，其中，

w 是超平面的法向量，b 是超平面的截距。如果是二维的情况下，它就是一条直线，w 是斜率，b 是截距。这个超平面将特征空间划分为两个部分。位于两个部分中的点（特征向量）分别被分为正、负两类。因此，超平面 S 称为分离超平面。如图 6-1 所示，在直线 $y=-2x+1$ 右上面的是正类（用 + 表示），左下面的是负类（用 • 表示）。

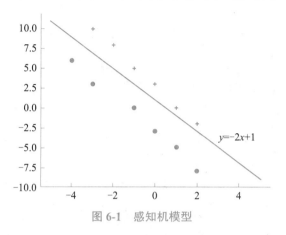

图 6-1　感知机模型

（数据集的线性可分性）给定一个数据集 $S=\left\{\left(x^{(1)},y^{(1)}\right),\left(x^{(2)},y^{(2)}\right),\cdots,\left(x^{(m)},y^{(m)}\right)\right\}$，其中 $x^{(i)}\in\mathbf{R}^n$，$y^{(i)}\in\{-1,+1\}$，$i=1,2,\cdots,m$。如果存在某个超平面 S：$x^{\mathrm{T}}w+b=0$ 能够将数据集的正样本点和负样本点完全正确地划分到超平面的两侧，即对所有的 $y^{(i)}=+1$ 的实例 i，有 $x^{\mathrm{T}}w+b\geqslant0$，对所有 $y^{(i)}=-1$ 的实例 i，有 $x^{\mathrm{T}}w+b<0$，则称数据集 S 为线性可分数据集；否则，称数据集 S 线性不可分。图 6-1 中的数据集就是线性可分的一个例子。

假设训练数据集是线性可分的，感知机学习的目的是求得一个能够将训练集正样本点和负样本点完全正确地分开的分离超平面。为了找出这样的超平面，即确定感知机模型参数 w 和 b，需要确定一个学习策略，即定义（经验）损失函数并将损失函数极小化。

损失函数的一个自然选择是误分类点的总数，但是这样损失函数不是参数 w 和 b 的连续可导函数，不易优化。损失函数的另一个选择是误分类点到超平面或直线 L 的距离，这是感知机所采用的。由空间解析几何知道，空间中任一点 $x\in\mathbf{R}^n$ 到超平面 L 的距离 d：

$$d(x,L)=\frac{\left|x^{\mathrm{T}}w+b\right|}{\|w\|} \tag{6.1}$$

其中，$\|w\|$ 是 w 的 L_2 范数。对于误分类点 $\left(x^{(i)},y^{(i)}\right)$ 来说，有 $-y^{(i)}\left(x^{(i)\mathrm{T}}w+b\right)>0$。因为当 $x^{(i)\mathrm{T}}w+b>0$，$y=-1$；当 $x^{(i)\mathrm{T}}w+b<0$，$y=1$。因此，误分类点 $x^{(i)}$ 到超平面 L 的距离是 $-y^{(i)}\dfrac{x^{(i)\mathrm{T}}w+b}{\|w\|}$。正确的分类点无损失函数，所有的误分类点 M 到超平面的总距离为：

$$-\frac{1}{\|w\|}\sum_{x^{(i)}\in M}y^{(i)}\left|x^{(i)\mathrm{T}}w+b\right| \tag{6.2}$$

因要求是损失函数的最小值，可以忽略总距离的常系数 $\dfrac{1}{\|w\|}$，可得其损失函数为 $-\sum\limits_{x^{(i)}\in M}y^{(i)}\left|x^{(i)\mathrm{T}}w+b\right|$，

这就是感知机的经验损失函数。

对感知机的经验损失函数，我们可以使用梯度下降算法求解其极小值。损失函数对 w 和 b 的梯度分别为：

$$\nabla_w l(w,b) = -\sum_{x^{(i)} \in M} y^{(i)} x^{(i)}$$

$$\nabla_b l(w,b) = -\sum_{x^{(i)} \in M} y^{(i)}$$

将感知机学习算法归纳为图 6-2。

```
感知机学习算法
输入：S={(x⁽¹⁾,y⁽¹⁾),(x⁽²⁾,y⁽²⁾),…,(x⁽ᵐ⁾,y⁽ᵐ⁾)}
输出：w, b
初始化 w=w₀, b=b₀ 和 done=False, 0≤η≤1
while not done:
  done = True
   for i=1,…,m:
   if y⁽ⁱ⁾sign(x⁽ⁱ⁾ᵀw+b)≤0:
       w ← w+ηy⁽ⁱ⁾x⁽ⁱ⁾
       b ← b+ηy⁽ⁱ⁾
       done = False
```

图 6-2　感知机学习算法

在 mlbook 目录下创建 support_vector_machine 包，并在该包中创建 perceptron.py 文件，并在文件中创建感知机类，具体代码如图 6-3 所示。

```
1    import numpy as np
2    class Perceptron:
3      def __init__(self):
4        self.w = None
5        self.b = None
6      def fit(self, X, y, eta=0.1):
7        m, n = X.shape
8        w = np.zeros((n, 1))
9        b = 0
10       done = False
11       while not done:
12         done = True
13         for i in range(m):
14           x = X[i].reshape(1, -1)
15           if y[i] * (x.dot(w) + b) <= 0:
16               w = w + eta*y[i] * x.T
17               b = b + eta*y[i]
```

图 6-3　感知机类

```
18                done = False
19          self.w = w
20          self.b = b
21      def predict(self, X):
22          return np.sign(X.dot(self.w) + self.b)
```

图 6-3　感知机类（续）

在图 6-3 中，定义了感知机类 Perceptron，并在第 6~20 行实现了由随机梯度下降算法实现的损失函数最小化拟合算法 fit() 方法，默认的学习率 η 设置为 0.1，第 21~22 行对样本进行预测。

案例实战 6.1　使用感知机学习算法对山鸢尾和非山鸢尾进行分类。

在 support_vector_machine 包中，创建 iris_perceptron.py 文件，并在其中编写代码，如图 6-4 所示。

```
1   import matplotlib.pyplot as plt
2   import numpy as np
3   from sklearn import datasets
4   from sklearn.model_selection import train_test_split
5   from perceptron import Perceptron
6   plt.rcParams['font.sans-serif'] = ['SimHei']
7   plt.rcParams['axes.unicode_minus'] = False
8
9   iris = datasets.load_iris()
10  X = iris["data"][:, (0, 1)]
11  y = 2 * (iris["target"] == 0).astype(int) - 1
12  X_train, X_test, y_train, y_test = train_test_split(X, y, test_
    size=0.4, random_state=1)
13  plt.subplot(1, 2, 1)
14  plt.axis([4, 8, 1.5, 5])
15  plt.scatter(X_train[:, 0][y_train == 1], X_train[:, 1][y_train == 1])
16  plt.scatter(X_train[:, 0][y_train == -1], X_train[:, 1][y_train == -1])
17  model = Perceptron()
18  model.fit(X_train, y_train)
19
20  x0 = np.linspace(4, 8, 200)
21  line = -model.w[0] / model.w[1] * x0 - model.b / model.w[1]
22  plt.plot(x0, line)
23  plt.title(" 感知机划分训练数据集 ")
24  plt.xlabel(" 萼片长度 ")
25  plt.ylabel(" 萼片宽度 ")
26
27  plt.subplot(1,2, 2)
```

图 6-4　感知机学习算法对鸢尾花进行分类

```
28    plt.axis([4, 8, 1.5, 5])
29    plt.scatter(X_test[:, 0][y_test == 1], X_test[:, 1][y_test == 1])
30    plt.scatter(X_test[:, 0][y_test == -1], X_test[:, 1][y_test == -1])
31    x0 = np.linspace(4, 8, 200)
32    line = -model.w[0] / model.w[1] * x0 - model.b / model.w[1]
33    plt.plot(x0, line)
34    plt.title("感知机划分测试数据集")
35    plt.xlabel("萼片长度")
36    plt.ylabel("萼片宽度")
37
38    plt.tight_layout()
39    plt.show()
```

图 6-4　感知机学习算法对鸢尾花进行分类（续）

在图 6-4 中，第 1～5 行导入相关的包，其中第 5 行导入图 6-3 创建的感知机类。第 6～7 行设置绘制图像的中文支持。第 9 行加载鸢尾花数据集，第 10 行获取训练样本，每条数据 X 具有 4 个特征，这里为了方便绘制图像，只取出其中的 2 个特征，萼片长度和萼片宽度。第 11 行转换标签取值，默认标签取值为 0、1、2，而感知机需要的标签形式为 -1、1，所以本行代码先将山鸢尾（target==0）的标签转换为 True，其他类别的转换为 False，然后将它们转为整数的（1,0），再乘以 2，最后再减 1，得到 $2 \times (1,0) - 1 = (1, -1)$，这样就符合标签的取值要求了。第 12 行对数据集进行训练样本和测试样本的分离。第 13～16 行将训练样本以散点图的方式绘制出来，显示在图 6-5 左子图中。第 17～18 行实例化感知机并训练样本，对训练之后得到的参数 w 和 b，画出相应的分离超平面。类似地，第 27～36 行绘制测试样本的散点图，同时也将分离超平面绘制出来。第 38 行设置 2 个子图之间有合适的间距，增强图像的美观度。运行该程序，得到图 6-5。

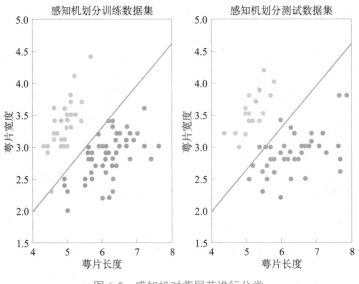

图 6-5　感知机对鸢尾花进行分类

从图 6-5 中可以看到，感知机在训练样本上的划分是完全正确的，但与正负样本的距离并不完全相等，并且，因为感知机训练结果偏向负样本，导致在测试样本上的分类出现了差错，有 2 个负样本被分到了正样本（山鸢尾）。

由图 6-2 的感知机学习算法描述可知，该算法不断迭代搜索，直至发现一条分离直线，就停止下来，然后输出这条直线。因此，尽管可能存在多条分离直线，感知机算法也只能选出它最先感知到的那一条直线。这样，输出的分离直线可能不是最佳的分离直线。

6.1.2　支持向量机

感知机的目标是将训练集分开，只要是能将样本分开的超平面都满足要求，而这样的超平面有很多。支持向量机本质上与感知机类似，要求却更加苛刻，支持向量机算法是有选择地计算出一条拓展性最强的分离直线，因此对测试数据也有较好的分类预测能力。支持向量机算法的核心思想是计算出一条最为中立的分离直线，该直线既不偏向训练数据中的正样本，也不偏向负样本，其中立性通过间隔概念来体现。因为在分类过程中，那些远离超平面的点是安全的，而那些容易被误分类的点是离超平面很近的点，支持向量机就是要重点关注这些离超平面很近的点，在正确分类的同时，让离超平面最近的点到超平面的间隔最大。

（定义）间隔与支持向量：给定训练数据集 S，设直线（或超平面）L：$x^{\mathrm{T}}w+b=0$ 是训练数据集 $S=\left\{\left(x^{(1)},y^{(1)}\right),\left(x^{(2)},y^{(2)}\right),\cdots,\left(x^{(m)},y^{(m)}\right)\right\}$ 的一条分离直线。则 L 与训练数据集 S 的间隔定义为

$$\delta_{\mathrm{S}}\left(w,b\right)=\min_{1\le i\le m}d\left(x^{(i)},L\right) \tag{6.3}$$

将 S 中到直线（或超平面）的距离恰好等于 $\delta_{\mathrm{S}}\left(w,b\right)$ 的点称为 L 在 S 中的支持向量。

图 6-6 直观地展示了支持向量与间隔的概念。图 6-6 中所有的样本点到直线的距离有远有近，其中样本点到直线的距离最短的是 $p1$、$p2$、$p3$，它们到直线的距离相等，则称 $p1$、$p2$、$p3$ 为 L 在 S 中的支持向量，它们到直线的距离称为间隔，由图中的虚线刻画出来。

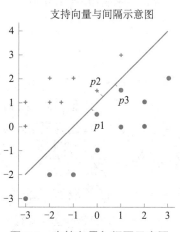

图 6-6　支持向量与间隔示意图

由式（6.3）定义的间隔是对分离直线中立性的具体量化。若 L 是所有分离直线中与训练数据间隔最大的那一条分离直线，则 L 的支持向量中一定既有正样本，也有负样本（支持向量分布在分离直线的上下两侧）。L 到最近的正样本的距离等于其到最近的负样本的距离，这正好体现了其中立性。因此，寻找最中立的分离直线就等价于寻找间隔最大的分离直线。

由以上分析，可知支持向量机算法的目标就是求解数据样本到分离直线的最小距离的最大值，也就是间隔的最大化

$$\max_{w \in \mathbf{R}^n, b \in \mathbf{R}} \delta_\mathrm{s}\left(w,b\right) = \max_{w \in \mathbf{R}^n, b \in \mathbf{R}} \left\{ \min_{1 \le i \le m} d\left(x^{(i)}, L\right) \right\} \tag{6.4}$$

在训练数据可分离的前提下，式（6.4）的最优解就是间隔最大的分离直线。

支持向量机算法的求解目标是优化式（6.4），这是一个无约束的非凸优化问题。求解该问题需要用到最优化理论中的知识，超出了本书的范围，在此不做理论推导，只给出结论，对推导过程感兴趣的读者可以参考相关文献进行学习。

经过一系列变换，支持向量机算法的优化目标由式（6.4）的间隔最大化问题转化为与之等价的式

$$\min_{w,b} \frac{1}{2} \|w\|^2 \tag{6.5}$$

约束：$y^{(i)}\left(x^{(i)\mathrm{T}}w + b\right) \ge 1, i = 1, 2, \cdots, m$

这是一个标准的带约束的凸优化问题。由此，我们得到了其优化算法（如图 6-7 所示）。

输入：m 条训练数据 $S = \{ (x^{(1)}, y^{(1)}), (x^{(2)}, y^{(2)}), \cdots, (x^{(m)}, y^{(m)}) \}$

前提：训练数据集线性可分，即存在可分离正负样本的超平面

模型假设：$H = \{ h_{w,b} \mid h_{w,b} = \mathrm{Sign}(x^\mathrm{T}w + b) \}$

求 $\min_{w,b} \frac{1}{2}\|w\|^2$

约束：$y^{(i)}(x^{(i)\mathrm{T}}w + b) \ge 1, i = 1, 2, \cdots, m$ 的最优解 w^*, b^*

输出模型 h_{w^*, b^*}

图 6-7　支持向量机算法描述

6.1.3　支持向量机的对偶

图 6-7 的支持向量机算法从其原始定义的无约束的非凸优化问题（6.4）转化为带约束的凸优化问题（6.5），而凸优化问题中的对偶理论则是用拉格朗日乘子将原始问题的带约束条件转至目标函数。因此，可将式（6.5）转化为不带约束条件的

$$L\left(w,b,\lambda\right) = \frac{1}{2} \|w\|^2 + \sum_{i=1}^{m} \lambda_i \left(1 - y^{(i)}\left(x^{(i)\mathrm{T}}w + b\right)\right) \tag{6.6}$$

其中，λ_i 是约束条件 $y^{(i)}\left(x^{(i)\mathrm{T}}w + b\right) \ge 1$ 对应的拉格朗日乘子。

对偶理论涉及的一些数学知识也超出本书范围，因此，此部分也仅给出求解问题的结

论。设 $G(\lambda)$ 是式（6.5）的对偶函数，即 $G(\lambda)=\min\limits_{w,b} L(w,b,\lambda)$，经过推导后，可得对偶问题为

$$\max G(\lambda)=\sum_{i=1}^{m}\lambda_i-\frac{1}{2}\sum_{i,j=1}^{m}\lambda_i\lambda_j y^{(i)}y^{(j)}x^{(i)\mathrm{T}}x^{(j)}$$

$$\text{约束：}\sum_{i=1}^{m}\lambda_i y^{(i)}=0\quad \lambda_i\geq 0, i=1,2,\cdots,m \tag{6.7}$$

设 $w*$、$b*$ 为式（6.5）的一组解，$\lambda*$ 为式（6.7）的一组解，则它们均为最优解的充分必要条件是

$$w*=\sum_{i=1}^{m}\lambda*_i y^{(i)}x^{(i)} \tag{6.8}$$

$$\lambda*_i\left(1-y^{(i)}\left(x^{(i)\mathrm{T}}w*+b*\right)\right)=0, \forall 1\leq i\leq m \tag{6.9}$$

进而可以求出

$$b*=y^{(i)}-\sum_{t=1}^{m}\lambda*_t y^{(t)}x^{(t)\mathrm{T}}x^{(i)} \tag{6.10}$$

因此，可以得到结论：设已经求得对偶最优解 $\lambda*$，则由式（6.8）和式（6.10）就可以得到原始问题的最优解 $w*$ 和 $b*$。也就是说，为了求解式（6.5）表示的支持向量机的原始优化问题，只需要求出式（6.7）中的对偶问题的最优解 $\lambda*$ 即可。这样，求解带约束条件的凸优化问题就转化为求解它的对偶问题。

6.2　支持向量机优化算法

应用对偶理论，支持向量机算法的求解目标最终转化为求解式（6.7）的对偶问题。SMO（Sequential Minimal Optimization）序列最小优化算法是求解式（6.7）的一个高效优化算法。SMO 算法是 4.5 节中介绍的坐标下降算法在支持向量机对偶问题中的具体体现。坐标下降算法在搜索过程中的每步都选取一个坐标分量，调整该变量的值，使目标函数在其余变量固定的前提下达到最优化，持续直至无法继续改进目标函数为止，但式（6.7）中的 m 个变量 $\lambda_i, i=1,2,\cdots,m$ 并不是独立存在的，所以需要对坐标下降算法做一定的修改。

SMO 算法的核心思想是每次选取两个变量进行调整。在每轮搜索中选取两个变量 λ_i 和 λ_j，并固定其他变量的取值。由于固定了 $m-2$ 个变量，λ_j 的取值就有了多种可能，一旦计算出 λ_j 的最优取值，λ_i 也就可以通过式（6.7）的约束条件求得。经过一些烦琐的推导、计算，最终可以得到 SMO 算法所需的一些中间结果（不感兴趣的读者可忽略这部分，但该部分内容是编写代码所需的）：

$$K_{i,j}=x^{(i)\mathrm{T}}x^{(j)}$$

$$E_i=\sum_{t=1}^{m}\lambda*_t y^{(t)}K_{t,i}-y^{(i)}$$

$$L_{i,j} = \begin{cases} 0, & y^{(i)} = y^{(j)} \\ \max\{0, \lambda^*_j - \lambda^*_i\}, & y^{(i)} \neq y^{(j)} \end{cases}$$

$$H_{i,j} = \begin{cases} \lambda^*_i + \lambda^*_j, & y^{(i)} = y^{(j)} \\ +\infty, & y^{(i)} \neq y^{(j)} \end{cases}$$

以及算法在当前搜索中λ_j的取值为$\lambda_j = \max\{L_{i,j}, \min\{\lambda^*_j + \dfrac{E_j - E_i}{2K_{i,j} - K_{i,i} - K_{j,j}}, H_{i,j}\}\}$，记为 $\delta_j = \lambda_j - \lambda^*_j$，由于每次调整两个变量$\lambda_i$和$\lambda_j$，所以要求$\lambda_i y^{(i)} + \lambda_j y^{(j)} = \lambda^*_i y^{(i)} + \lambda^*_j y^{(j)}$，因此有 $\lambda_i = \lambda^*_i - y^{(i)} y^{(j)} \delta_j$。有了这些信息之后，我们就可以写出完整的 SMO 算法（如图 6-8 所示）。

```
λ=0,b=0
for each i,j: K_{i,j}=x^{(i)ᵀ}x^{(j)}
for r=1,2,…,N:
    for i=1,2,…,m:
        for j=1,2,…,m:
            δ_j = max{L_{i,j},min{λ_j + (E_j - E_i)/(2K_{i,j} - K_{i,i} - K_{j,j}),H_{i,j}}}- λ_j
            λ_j ← λ_j + δ_j
            λ_i ← λ_i - y^{(i)}y^{(j)}δ_j
            if λ_i>0:
                b = y^{(i)} - Σ_{t=1}^m λ_t y^{(t)}K_{t,i}
            else if λ_j>0:
                b = y^{(j)} - Σ_{t=1}^m λ_t y^{(t)}K_{t,j}
w = Σ_{i=1}^m λ_i y^{(i)}x^{(i)}
return h(x) = Sign(xᵀw + b)
```

图 6-8　SMO 算法描述

案例实战 6.2　使用支持向量机 SMO 算法对山鸢尾和非山鸢尾进行分类预测。

本案例的任务与案例实战 6.1 相同，只是将感知机换为支持向量机进行预测。在 support_vector_machine 包中，创建 svm_smo.py 文件，并在其中编写代码如图 6-9 所示。

```python
1    import numpy as np
2    class SVM:
3        def __init__(self):
4            self.Lambda = None
5            self.w = None
6            self.b = None
7        def get_H(self, Lambda, i, j, y):
8            if y[i] == y[j]:
9                return Lambda[i] + Lambda[j]
```

图 6-9　支持向量机的 SMO 算法类

```
10        else:
11          return float("inf")
12    def get_L(self, Lambda, i, j, y):
13      if y[i] == y[j]:
14        return 0.0
15      else:
16        return max(0, Lambda[j] - Lambda[i])
17    def smo(self, X, y, K, N):
18      m, n = X.shape
19      Lambda = np.zeros((m, 1))
20      epsilon = 1e-6
21      for t in range(N):
22        for i in range(m):
23          for j in range(m):
24            D_ij = 2 * K[i][j] - K[i][i] - K[j][j]
25            if abs(D_ij) < epsilon:
26              continue
27            E_i = K[:, i].dot(Lambda * y) - y[i] #
28            E_j = K[:, j].dot(Lambda * y) - y[j]
29            delta_j = 1.0 * y[j] * (E_j - E_i) / D_ij
30            H_ij = self.get_H(Lambda, i, j, y)
31            L_ij = self.get_L(Lambda, i, j, y)
32            if Lambda[j] + delta_j > H_ij:
33              delta_j = H_ij - Lambda[j]
34              Lambda[j] = H_ij
35            elif Lambda[j] + delta_j < L_ij:
36              delta_j = L_ij - Lambda[j]
37              Lambda[j] = L_ij
38            else:
39              Lambda[j] += delta_j
40            delta_i = - y[i] * y[j] * delta_j
41            Lambda[i] += delta_i
42            if Lambda[i] > epsilon:
43              b = y[i] - K[:, i].dot(Lambda * y)
44            elif Lambda[j] > epsilon:
45              b = y[j] - K[:, j].dot(Lambda * y)
46      self.Lambda = Lambda
47      self.b = b
48    def fit(self, X, y, N=10):
49      K = X.dot(X.T)
50      self.smo(X, y, K, N)
51      self.w = X.T.dot(self.Lambda * y)
52      return self.w, self.b
53    def predict(self, X):
54      return np.sign(X.dot(self.w) + self.b)
```

图 6-9　支持向量机的 SMO 算法类（续）

在图 6-9 中，创建了 SVM 类，通过类中的成员方法的名称，很容易知道各个方法的功能，第 3~6 行是初始化方法，创建了 3 个成员变量。第 7~11 行的 get_H() 函数是计算$H_{i,j}$，第 12~16 行的 get_L() 函数，计算$L_{i,j}$。第 17~47 行实现图 6-8 中 SMO 算法。第 48~52 行通过数据对模型进行训练，第 53~54 行使用训练好的模型进行预测。

在 support_vector_machine 包中，创建 iris_svm.py 文件，并在其中编写代码如图 6-10 所示。

```
1    import matplotlib.pyplot as plt
2    import numpy as np
3    from sklearn import datasets
4    from sklearn.model_selection import train_test_split
5    from svm_smo import SVM
6    plt.rcParams['font.sans-serif'] = ['SimHei']
7    plt.rcParams['axes.unicode_minus'] = False
8
9    iris = datasets.load_iris()
10   X = iris["data"][:, (0, 1)]
11   y = 2 * (iris["target"] == 0).astype(int).reshape(-1, 1) - 1 # 将标签
     转为-1, +1
12   X_train, X_test, y_train, y_test = train_test_split(X, y, test_
     size=0.4, random_state=1)
13
14   model = SVM()
15   model.fit(X_train, y_train, N=10)
16   plt.subplot(1, 2, 1)
17   plt.axis([4, 8, 1.5, 5])
18   plt.scatter(X_train[:, 0][y_train[:, 0] == 1], X_train[:, 1][y_
     train[:, 0] == 1])
19   plt.scatter(X_train[:, 0][y_train[:, 0] == -1], X_train[:, 1][y_
     train[:, 0] == -1])
20
21   x0 = np.linspace(4, 8, 200)
22   line = -model.w[0] / model.w[1] * x0 - model.b / model.w[1]
23   plt.plot(x0, line)
24   plt.title("支持向量机划分训练数据集")
25   plt.xlabel("萼片长度")
26   plt.ylabel("萼片宽度")
27
28   plt.subplot(1,2, 2)
29   plt.axis([4, 8, 1.5, 5])
30   plt.scatter(X_test[:, 0][y_test[:, 0] == 1], X_test[:, 1][y_test[:,
     0] == 1])
31   plt.scatter(X_test[:, 0][y_test[:, 0] == -1], X_test[:, 1][y_test[:,
     0] == -1])
```

图 6-10 支持向量机算法对鸢尾花进行分类

```
32    x0 = np.linspace(4, 8, 200)
33    line = -model.w[0] / model.w[1] * x0 - model.b / model.w[1]
34    plt.plot(x0, line)
35    plt.title(" 支持向量机划分测试数据集 ")
36    plt.xlabel(" 萼片长度 ")
37    plt.ylabel(" 萼片宽度 ")
38    plt.tight_layout()
39    plt.show()
```

图 6-10　支持向量机算法对鸢尾花进行分类（续）

在图 6-10 中，第 1～7 行导入相关的包，并设置绘图的中文支持。第 9～12 行读入鸢尾花数据集，取出鸢尾花的萼片长度和萼片宽度的数据，并将标签转化为支持向量机所需要的 $\{-1,+1\}$ 的形式，再将所取出的数据进行训练数据集和测试数据集分离（为了对比，这部分的取法与案例实战 6.1 完全一样）。第 14～15 行实例化支持向量机，并用训练样本训练模型，后面的部分基本与案例实战 6.1 相似，只是需要注意本案例实战的标签 y 是一个二维数据，而案例实战 6.1 是一维数组，所以在绘制图像时，要有所区别。运行该程序得到图 6-11，可以看到对于完全相同的训练数据集和测试数据集，支持向量机算法都可以把两类不同的数据划分开来，也就是说，支持向量机的效果更好，因为支持向量机是通过选择一条最中立的直线（或超平面）来划分数据的，而感知机是找到第一条能划分训练样本的直线就停止了，而不是寻求最佳的直线。仔细对比图 6.5 和图 6.11，可以看出分离直线的斜率是不一样的。

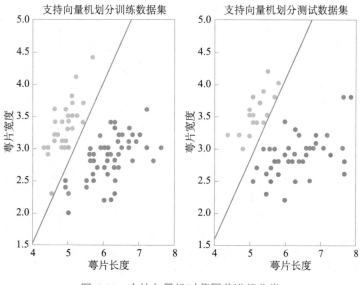

图 6-11　支持向量机对鸢尾花进行分类

需要特别注意的是，在 SMO 算法中，与特征 x 相关的计算，只涉及其内积 $K_{i,j} = x^{(i)\mathrm{T}} x^{(j)}$，这个特性是下一节核方法的基础。

6.3 核方法

回顾 6.1 节和 6.2 节的内容，我们假定了训练数据中的正样本和负样本是存在分离超平面的，但实际情况是，训练数据的正负样本之间可能不存在分离超平面。这时，前面的算法就没有可行解，因此前两节的算法就无效了，从而限制了支持向量机算法的应用。幸运的是，可通过核方法和软间隔支持向量机算法对原有算法进行改进，从而拓展了支持向量机的应用场景。

核方法的思想是，相同的数据在低维空间中线性不可分，但其在高维空间中可能是线性可分的。因此，如果正负样本之间在原来的空间中不存在分离超平面，可以将它们以某种形式投影到高维空间中，此时，可以使用支持向量机算法计算数据在高维空间中的分离超平面，然后将计算所得的高维空间的分离超平面重新投影回原来的（低维）空间，从而得到原空间中正负样本之间的一个非线性边界。

案例实战 6.3 在一维空间（x 轴）中，有正样本 $(-4,-3,-2,4,5)$ 和负样本 $(-1,0,1,2,3)$，请判断它们在一维空间中是否线性可分？如果将数据投影到二维空间中，能否让其线性可分？请绘制图像进行说明。

在 support_vector_machine 包中，创建 linear_unseparable.py 文件，并在其中编写代码如图 6-12 所示。

```
1    import matplotlib.pyplot as plt
2    import numpy as np
3    plt.rcParams['font.sans-serif'] = ['SimHei']
4    plt.rcParams['axes.unicode_minus'] = False
5    plt.subplot(1, 2, 1)
6    x1 = np.arange(-4, -1)
7    x2 = np.arange(-1, 4)
8    x3 = np.arange(4, 6)
9    y1 = np.zeros(len(x1))
10   y2 = np.zeros(len(x2))
11   y3 = np.zeros(len(x3))
12   plt.scatter(x1, y1, marker='x', c='b')
13   plt.scatter(x2, y2, marker='+', c='g')
14   plt.scatter(x3, y3, marker='x', c='b')
15   ax = plt.gca()
16   ax.spines['right'].set_color('none')
17   ax.spines['top'].set_color('none')
18   plt.title(' 数据在一维空间中，线性不可分 ')
```

图 6-12 一维空间线性不可分，二维空间可分

```
19    plt.subplot(1, 2, 2)
20    yy1 = x1 ** 2
21    yy2 = x2 ** 2
22    yy3 = x3 ** 2
23    plt.scatter(x1, yy1, marker='x', c='b')
24    plt.scatter(x2, yy2, marker='+', c='g')
25    plt.scatter(x3, yy3, marker='x', c='b')
26    u = np.linspace(-3, 7, 10)
27    v = 2*u + 5.5
28    plt.plot(u, v)
29    plt.xlabel('x')
30    plt.ylabel('$x^{2}$')
31    ax = plt.gca()
32    ax.spines['right'].set_color('none')
33    ax.spines['top'].set_color('none')
34    plt.title(' 将数据投影到二维空间中，线性可分 ')
35    plt.tight_layout()
36    plt.show()
```

图 6-12　一维空间线性不可分，二维空间可分（续）

图 6-12 中的代码比较简单，只是一个示例，数据也是随意取的，再将数据绘制出来，得到如图 6-13 所示的图像。在该段代码中，原始数据在一维空间坐标轴 x 上，无法线性地将正 $(x1,x3)$ 负 $(x2)$ 样本划分开，但通过将数据投影到二维空间 (x,x^2) 后，可以用一条直线 $v = 2u + 5.5$ 将数据分离。分离直线（超平面）不唯一。

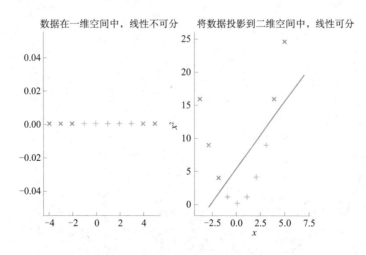

图 6-13　数据从低维空间投影到高维空间

案例实战 6.4　在二维空间中，也有很多数据是线性不可分的。例如，随机产生一组数据，分别表示零件的长度和宽度（赋予一定的意义），当长宽的差绝对值小于 1 时，表示产品合格，为正品。当长宽的差绝对值大于 1 时，表示产品不合格，为次品。在 support_vector_machine 包中，创建 low_dim_project_to_high_dim.py 文件，并在其中编写代码如图 6-14 所示。

```
1    import numpy as np
2    import matplotlib.pyplot as plt
3    #  在创建任意一个普通坐标轴的过程中，加入 projection='3d' 关键字，就可创建 3 维坐
标轴
4    plt.rcParams['font.sans-serif'] = ['SimHei']
5    plt.rcParams['axes.unicode_minus'] = False
6
7    def generate_data(n=50):
8      x = np.random.randn(n)
9      y = np.random.randn(n)
10     x1, y1 = x[np.abs(x - y) > 1], y[np.abs(x - y) > 1]
11     x2, y2 = x[np.abs(x - y) < 1], y[np.abs(x - y) < 1]
12     return x1, y1, x2, y2
13   np.random.seed(10)
14   x1, y1, x2, y2 = generate_data()
15   plt.scatter(x1, y1, marker='*', label=' 次品 ')
16   plt.scatter(x2, y2, marker='x', label=' 正品 ')
17   u1 = np.linspace(-3, 3, 50)
18   v1 = u1 + 1
19   plt.plot(u1, v1)
20   u2 = np.linspace(-3, 3, 50)
21   v2 = u1 - 1
22   plt.plot(u2, v2)
23   plt.xticks([-3, 3])
24   plt.yticks([-3, 3])
25   ax = plt.gca()
26   ax.spines['right'].set_color('none')
27   ax.spines['top'].set_color('none')
28   plt.show()
29   ax = plt.axes(projection='3d')
30   z1 = np.abs(x1 - y1)
31   z2 = np.abs(x2 - y2)
32   _ = ax.scatter3D(x1,y1,z1, c=z1, marker='x', cmap='Blues')
33   _ = ax.scatter3D(x2,y2,z2, c=z2, marker='o', cmap='Greens')
34
35   w1 = np.linspace(-3, 3, 100)
36   w2 = np.linspace(-3, 3, 100)
37   W1, W2 = np.meshgrid(w1, w2)
```

图 6-14　低维空间的数据投影到高维空间中

```
38    Z2 = np.ones(W1.shape)
39    _ = ax.plot_surface(W1, W2, Z2, alpha=0.1)
40    ax.view_init(elev=2, azim=25)  #改变绘制图像的视角
41    ax.set_xlim(-3, 3)
42    ax.set_ylim(-3, 3)
43    ax.set_zlim(0, 3)  #限制坐标的尺寸
44    plt.show()
```

图 6-14　低维空间的数据投影到高维空间中（续）

在图 6-14 中，第 7～12 行定义了一个生成随机数据的函数 generate_data()，第 14 行生成了长宽差绝对值大于 1 的 x_1 和 y_1，以及长宽差绝对值小于 1 的 x_2 和 y_2，分别表示负样本（次品）和正样本（正品），紧接着第 15～16 行将这些数据点用散点图绘制出来，结果如图 6-15（左）所示。从图中可以看出，正负样本无法通过一条直线进行分离，正样本被两条直线夹住。

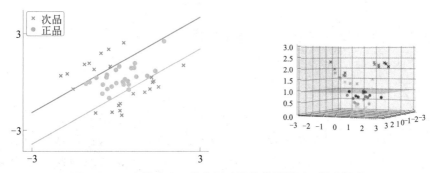

图 6-15　正负样本在二维空间以及将其投影到三维空间中

第 29 行为绘制三维图像做准备，第 30 和 31 行分别获得正负样本差值的绝对值，保存在 z_1 和 z_2 中，即将零件的长宽差作为三维图像的第三个维度，然后使用三维散点图将数据描绘出来，因此，正样本（正品）应该分布在竖轴 Z 中的 $0<z<1$ 之间，次品在竖轴大于 1 的区域中，如图 6-15（右）所示。第 35～37 行为绘制分离平面做准备，因为正负样本的区分临界点正好是 1，所以使用 z_2 为全 1 作为分离平面。第 40 行调整三维图像的视角，使我们可以更清晰地观察样本点的分布。从图 6-15 中可以看出，数据在原来二维空间中无法线性分离，但将其投影至三维空间之后，确实存在超平面可将其线性分离。最后再将三维空间中的分离平面重新投影回二维空间，得到一个平行四边形或椭圆等的区域边界（具体看投影的方法）。

从以上两个例子可以看出，将在低维空间中不可线性分离的数据投影到高维空间中，有可能变成可以线性分离。一般情况下，将低维空间的数据投影到高维空间中，需要占用大量的存储空间，并且其计算的时间复杂度也会大幅度增加。

核方法是一类把低维空间的非线性可分问题，转化为高维空间的线性可分问题的方法。核方法不仅用于 SVM，还用于其他数据为非线性可分的算法。针对非线性可分的训

练集，可以大概率通过将其非线性映射到一个高维空间来转化为线性可分的训练集。核方法关注的对象是一类特殊的高维投影，它能使支持向量机算法在高维空间中依然有较低的时间和空间复杂度。这要求投影 ϕ 必须满足：对于任意的两个 n 维向量 $\boldsymbol{x}$ 和 $\boldsymbol{z}$，它们投影的内积 $\phi(\boldsymbol{x})^{\mathrm{T}}\phi(\boldsymbol{z})$ 具有高效的计算方法，例如，多项式投影 $\phi(x_1,x_2)=\left(x_1^2,x_2^2,\sqrt{2}x_1x_2\right)$，对于任意 $\boldsymbol{x}=(x_1,x_2)$ 和 $\boldsymbol{z}=(z_1,z_2)$，有 $\phi(\boldsymbol{x})^{\mathrm{T}}\phi(\boldsymbol{z})=\left(x_1^2,x_2^2,\sqrt{2}x_1x_2\right)^{\mathrm{T}}\left(z_1^2,z_2^2,\sqrt{2}z_1z_2\right)=x_1^2z_1^2+x_2^2z_2^2+2x_1x_2z_1z_2=\left(x_1z_1+x_2z_2\right)^2=\left(x^{\mathrm{T}}z\right)^2$。由此可见，为了计算 $\phi(\boldsymbol{x})^{\mathrm{T}}\phi(\boldsymbol{z})$ 只需计算 $\boldsymbol{x}^{\mathrm{T}}\boldsymbol{z}$ 就可以了，不必关注 $\phi(\boldsymbol{x})$ 和 $\phi(\boldsymbol{z})$ 的取值，从而大大降低了计算的复杂度。

（定义）核函数设 $\phi:\mathbf{R}^n\to\mathbf{R}^N$ 表示 n 维空间到 N 维空间的投影，对任意的 $\boldsymbol{x},\boldsymbol{z}\in\mathbf{R}^n$，定义投影 ϕ 的核函数为

$$K_{\phi}(\boldsymbol{x},\boldsymbol{z})=\phi(\boldsymbol{x})^{\mathrm{T}}\phi(\boldsymbol{z})$$

即核函数输入两个向量，它返回的值与两个向量分别做 ϕ 投影，然后内积计算的结果相同。

核技巧是一种利用核函数直接计算 $\phi(\boldsymbol{x})^{\mathrm{T}}\phi(\boldsymbol{z})$，以避开分别计算 $\phi(\boldsymbol{x})$ 和 $\phi(\boldsymbol{z})$，从而加快核方法计算的技巧。

在图 6-8 中，SMO 算法只涉及计算特征的内积 $K_{i,j}=x^{(i)\mathrm{T}}x^{(j)}$，并不涉及特征本身，而且算法返回的模型 $h(x)$，由式（6.8）可以表示为 $h(x)=\mathrm{Sign}\left(\sum_{i=1}^{m}\lambda^*{}_i y^{(i)}x^{(i)\mathrm{T}}x+b^*\right)$，也只与内积 $x^{(i)\mathrm{T}}x$ 有关，而不涉及特征本身。

因此，即使投影变换 ϕ 将特征转化为高维特征，支持向量机也不需要具体使用 $\phi(x)$ 的信息，而只需要通过内积计算就可以完成模型的训练和预测。只要对任意向量 $\boldsymbol{x}$ 和 $\boldsymbol{z}$，能够高效计算其投影内积 $\phi(\boldsymbol{x})^{\mathrm{T}}\phi(\boldsymbol{z})$，算法就能有较低的时间和空间复杂度，而这可通过核技巧来实现，这就是核方法的中心思想。

基于核函数思想，可以改进图 6-8 的 SMO 算法来实现高维投影的核方法，得到带核函数的 SMO 算法（如图 6-16 所示）。

```
λ=0,b=0
for each i,j: K_{i,j}=K_φ(x^{(i)},x^{(j)})
for r=1,2,···,N:
    for i=1,2,···,m:
        for j=1,2,···,m:
            δ_j = max{L_{i,j},min{λ_j + (E_j - E_i)/(2K_{i,j} - K_{i,i} - K_{j,j}),H_{i,j}}} - λ_j
            λ_j ← λ_j + δ_j
            λ_i ← λ_i - y^{(i)}y^{(j)}δ_j
            if λ_i>0:
                b = y^{(i)} - Σ_{t=1}^{m} λ_t y^{(t)} K_{t,i}
```

图 6-16　带核函数的 SMO 算法

$$\text{else if } \lambda_j > 0:$$
$$b = y^{(j)} - \sum_{t=1}^{m} \lambda_t y^{(t)} K_{t,j}$$
$$\text{return } h(x) = \text{Sign}\left(\sum_{t=1}^{m} \lambda_t y^{(t)} K_{\phi}\left(x^{(t)}, x\right) + b\right)$$

图 6-16　带核函数的 SMO 算法（续）

因为带核函数的算法中，只计算与 x 的内积相关的值，无法利用核函数来计算原始变量 w。所以该算法以模型 $h(x)$ 作为输出。

核函数的选择对支持向量机算法的实现和效果至关重要，如果核函数选择不合适，那么 ϕ 将不能将特征从低维空间投影到线性可分的高维空间中。常用核函数如表 6-1 所示。

表 6-1　常用核函数

名称	表达式	参数
线性核	$K(\boldsymbol{x}, \boldsymbol{z}) = \boldsymbol{x}^{\mathrm{T}}\boldsymbol{z}$	
多项式核	$K(\boldsymbol{x}, \boldsymbol{z}) = \left(\boldsymbol{x}^{\mathrm{T}}\boldsymbol{z} + 1\right)^{d}$	$d \geq 1$ 为多项式的次数
高斯核	$K(\boldsymbol{x}, \boldsymbol{z}) = \mathrm{e}^{\frac{-\|x-z\|^2}{2\sigma^2}}$	$\sigma > 0$ 为高斯核带宽
拉普拉斯核	$K(\boldsymbol{x}, \boldsymbol{z}) = \mathrm{e}^{-\frac{\|x-z\|}{\sigma}}$	$\sigma > 0$
Sigmoid 核	$K(\boldsymbol{x}, \boldsymbol{z}) = \tanh\left(\beta \boldsymbol{x}^{\mathrm{T}}\boldsymbol{z} + \theta\right)$	$\beta > 0, \theta < 0$

其中，$\boldsymbol{x}, \boldsymbol{z} \in \mathbf{R}^n$ 是 n 维向量。

线性核简单，为方案首选，可以较快求解一个凸二次规划问题，可解释性强，但只能解决线性可分问题；多项式核依靠提升维数使得原本线性不可分的数据线性可分，可解决非线性问题，可通过设置多项式次数来实现准确的预判，对于大数量级的次数，不太适用，而且需要选择比较多的参数，通常只用在比较少的次数的情况；高斯核可以映射到无限维空间中，决策边界更为多样，并且只有一个参数，相比多项式核容易选择，但可解释性差，计算速度比较慢，参数选择不当时，容易过度拟合，高斯核函数也被称为 RBF（Radial Base Function，径向基函数）。拉普拉斯核等价于高斯核，唯一的区别在于前者对参数的敏感性降低，也是一种径向基函数；Sigmoid 核，采用 Sigmoid() 函数作为核函数时，支持向量机实现的就是一种多层感知机神经网络，应用 SVM 方法，隐含层节点数目（它确定神经网络的结构）、隐含层节点对输入节点的权值都是在设计（训练）的过程中自动确定的。

案例实战 6.5　利用萼片宽度和花瓣宽度对变色鸢尾花分类。

因为鸢尾花具有 4 个特征，为了方便在二维图像上展示，选择萼片宽度和花瓣宽度作为横纵轴绘制出其图像，利用带核函数支持向量机算法对其进行分类。在 support_vector_machine 包中，创建 kernel_svm.py 文件并在其中编写带核函数的支持向量机类，该类继承自图 6-9 的支持向量机类，具体代码如图 6-17 所示。

```
1    import numpy as np
2    from svm_smo import SVM
3    class KernelSVM(SVM):
4
5      def __init__(self, kernel=None):
6        super().__init__()
7        self.kernel = kernel
8
9      def get_K(self, X1, X2):
10       if self.kernel is None:
11         return X1.dot(X2.T)
12       m1, m2 = len(X1), len(X2)
13       K = np.zeros((m1, m2))
14       for i in range(m1):
15         for j in range(m2):
16           K[i][j] = self.kernel(X1[i], X2[j])
17       return K
18
19     def fit(self, X, y, N=10):
20       K = self.get_K(X, X)
21       self.smo(X, y, K, N)
22       self.X_train = X
23       self.y_train = y
24
25     def predict(self, X):
26       K = self.get_K(X, self.X_train)
27       return np.sign(K.dot(self.Lambda * self.y_train) + self.b)
```

图 6-17   带核函数的支持向量机类

在图 6-17 中，第 5 行的参数 kernel 指定所使用的核函数，在图 6-18 中，将传递进来高斯核函数。第 9～17 行定义了 get_K() 函数计算图 6-16 算法中的矩阵 **K**；第 20 行调用第 9 行的 get_K() 函数，然后将得到的矩阵 **K** 传递进父类的 smo() 函数，对模型进行训练，因为预测时需要用到训练数据，所以将其保存在 self.X_train 和 self.y_train 中，默认训练时对支持向量机迭代 $N=10$ 次，读者可以自行修改其他数值进行测试。第 25～27 行根据图 6-16 算法的最后一行，对数据进行预测。

在 support_vector_machine 包中，创建 iris_kernel_svm.py 文件，并利用图 6-17 中的类，编写代码完成对变色鸢尾花的分类，具体代码如图 6-18 所示。

```
1    import matplotlib.pyplot as plt
2    import numpy as np
3    from sklearn import datasets
4    from sklearn.model_selection import train_test_split
5    plt.rcParams['font.sans-serif'] = ['SimHei']
6    plt.rcParams['axes.unicode_minus'] = False
7    from kernel_svm import KernelSVM
8    def rbf_kernel(x1, x2):
9      sigma = 1.0
10     return np.exp(-np.linalg.norm(x1 - x2, 2) ** 2 / sigma)
11   iris = datasets.load_iris()
12   X = iris["data"][:, (1, 3)]  # 获得所有样本的第 1、3 列特征
13   y = 2 * (iris["target"] == 1).astype(int).reshape(-1, 1) - 1
14   plt.subplot(1, 3, 1)
15   plt.xlim(([0.5, 5.5]))
16   plt.ylim(([0, 3]))
17   plt.title(' 鸢尾花训练样本 ')
18   plt.scatter(X[:, 0][y[:, 0] ==1], X[:, 1][y[:, 0]==1], label=' 变色鸢
     尾花 ')
19   plt.scatter(X[:, 0][y[:, 0] ==-1], X[:, 1][y[:, 0]==-1], label=' 非变
     色鸢尾花 ')
20   plt.legend()
21   X_train, X_test, y_train, y_test = train_test_split(X, y, test_
     size=0.3, random_state=60)
22   plt.subplot(1, 3, 2)
23   plt.title(' 训练样本分类结果 ')
24   plt.scatter(X_train[:, 0][y_train[:, 0] == 1], X_train[:, 1][y_
     train[:, 0] == 1], label=' 变色鸢尾花 ')
25   plt.scatter(X_train[:, 0][y_train[:, 0] == -1], X_train[:, 1][y_
     train[:, 0] == -1], label=' 非变色鸢尾花 ')
26   model = KernelSVM(kernel=rbf_kernel)
27   model.fit(X_train, y_train)
28   x0s = np.linspace(0.5, 5.5, 100)
29   x1s = np.linspace(0, 3, 100)
30   x0, x1 = np.meshgrid(x0s, x1s)
31   W = np.c_[x0.ravel(), x1.ravel()]  # ravel 方法将矩阵降维为向量
32   u = model.predict(W).reshape(x0.shape)  # W 为测试数据
33   plt.contourf(x0, x1, u, alpha=0.2)
34   plt.legend()
35   plt.subplot(1, 3, 3)
36   plt.title(' 测试样本的分类结果 ')
37   plt.contourf(x0, x1, u, alpha=0.2)
```

图 6-18　带核函数支持向量机算法对变色鸢尾花进行分类

```
38    plt.scatter(X_test[:, 0][y_test[:, 0] == 1], X_test[:, 1][y_test[:,
      0] == 1], marker='*', label=' 变色鸢尾花 ')
39    plt.scatter(X_test[:, 0][y_test[:, 0] == -1], X_test[:, 1][y_test[:,
      0] == -1], marker='x', label=' 非变色鸢尾花 ')
40    plt.legend()
41    plt.tight_layout()
42    plt.show()
```

图 6-18   带核函数支持向量机算法对变色鸢尾花进行分类（续）

在图 6-18 中，第 8～10 行定义了高斯核函数；第 11～13 行加载了鸢尾花数据集，并抽取第 1 列和第 3 列的数据（鸢尾花的萼片宽度和花瓣宽度），然后将其标签转化为支持向量机所需的 -1 和 +1（原始数据形式为 0,1,2）。第 14～20 行，利用萼片宽度和花瓣宽度绘制变色鸢尾花和非变色鸢尾花的散点图，如图 6-19（左）所示。第 21 行对数据集进行训练样本和测试样本分离，然后第 24～25 行将其中的训练样本的散点图绘制出来，如图 6-19（中）所示，第 26 行调用带核函数的支持向量机类并传递高斯核函数。第 27 行开始训练训练模型，第 28～34 行绘制训练模型之后得到边界，将其也绘制在图 6-19（中）中，相似地，第 35～42 行绘制测试样本与边界的关系图，将其保存在图 6-19（右）中。从图 6-19（左）可以看出，变色鸢尾花无法与非变色鸢尾花进行线性分离，这也是我们为什么进行非线性（核方法）分类的原因。算法先将样本从二维空间投影到高维空间中，得到在高维空间可分离的超平面，然后将该超平面重新投影回二维空间中，从而得到了图 6-19（中）中的非线性边界；可以看出，变色鸢尾花和非变色鸢尾花很好地被边界区分开来；在图 6-19（右）中，将测试样本绘制到边界所在的图形中，可直观地观察其分类效果，从图中可以看出分类效果相当好，正样本（变色鸢尾花）基本都落在了边界内，只有少数的负样本落在了边界内。

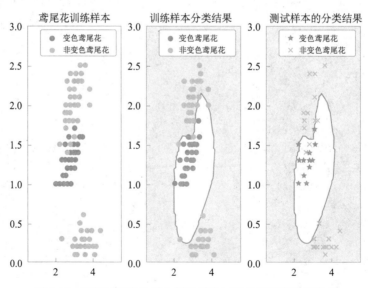

图 6-19   高斯核函数支持向量机算法对变色鸢尾花进行分类

🤖 6.4　软间隔支持向量机

硬间隔支持向量机是一个严格的线性模型，即用一个超平面将数据分隔为两部分。但数据一般情况下很少是严格线性可分的，难以找到一个超平面可以完美地隔开这些数据，如果坚持将所有的数据都做到正确分类，即使在训练模型的时候分隔开了，但模型把一些噪声当成了支持向量，那么也会得到错误的结果。而采用核方法有时候会导致模型过于复杂，造成过度拟合现象。因此，解决这个问题的另一个方法是允许模型在一些样本上出错，由此，引出软间隔支持向量机的概念。

6.4.1　软间隔支持向量机的概念

软间隔是相对硬间隔定义的。硬间隔要求所有样本必须有正确的划分约束条件，即所有样本必须严格满足：$y^{(i)}\left(x^{(i)\mathrm{T}}w+b\right)\geq 1$。软间隔则是允许某些样本不满足约束条件，因为在样本集中总是存在一些噪声或者离群点，如果强制要求所有的样本点都满足硬间隔，可能会导致出现过度拟合的问题，甚至会使决策边界发生变化，为了避免这个问题的发生，所以在训练过程的模型中，允许部分样本（离群点或者噪声）不必满足该约束条件。当然在最大化间隔的同时，不满足约束条件的样本应尽可能少。放宽约束条件，并将其以惩罚项的形式反映在目标函数中。

针对软间隔问题，引入以下的优化目标函数：

$$\min_{w,b,\xi}\frac{1}{2}\|w\|^2+C\sum_{i=1}^{m}\xi_i \tag{6.11}$$

$$约束：y^{(i)}\left(x^{(i)\mathrm{T}}w+b\right)\geq 1-\xi_i,\xi_i\geq 0,i=1,2,\cdots,m$$

式（6.11）的约束条件从原来的 ≥ 1 放宽至 $\geq 1-\xi_i$。同时目标函数比原来多了一个惩罚项 $C\sum_{i=1}^{m}\xi_i$。ξ_i 是分离的误差量，ξ_i 越大，惩罚值就越大，$C>0$ 是算法参数，用于控制惩罚的强度。当 $C\to\infty$ 时，为了保证取得优化值，必须使 $\xi_i=0$，这时软间隔就变成了硬间隔。若训练数据存在分离超平面，则软间隔与硬间隔将得到相同的分离边界；若训练数据不存在分离超平面，则硬间隔支持向量机算法无法求解，而软间隔支持向量机算法能计算出一个近似地分离训练数据中正负样本的线性边界。这与核方法得到的非线性边界不同。

求解软间隔支持向量机的优化问题与前面硬间隔支持向量机算法的思路基本一致。这里直接给出其实现算法，而不再具体推导其求解过程。在 support_vector_machine 包中，创建 soft_svm_smo.py 文件，并在其中编写实现软间隔支持向量机算法的类，具体如图 6-20 所示。

```
1    from svm_smo import SVM
2
3    class SoftSVM(SVM):
4      def __init__(self, C = 1000):
5        self.C = C
6
7      def get_H(self, Lambda, i,j, y):
8        C = self.C
9        if y[i]==y[j]:
10         return min(C, Lambda[i] + Lambda[j])
11       else:
12         return min(C, C + Lambda[j] - Lambda[i])
13
14     def get_L(self, Lambda, i, j, y):
15       if y[i]==y[j]:
16         return max(0, Lambda[i] + Lambda[j] - self.C)
17       else:
18         return max(0, Lambda[j] - Lambda[i])
```

图 6-20　实现软间隔支持向量机算法的类

案例实战 6.6　弗吉尼亚鸢尾花识别。

本例考虑弗吉尼亚鸢尾花的识别问题，并使用鸢尾花的花瓣长度和花瓣宽度数据进行判断。首先仍然需要将标签转化为 $\{-1,+1\}$，以满足算法计算的要求。在 support_vector_machine 包中，创建 iris_soft_svm.py 文件，并在其中编写代码如图 6-21 所示。

```
1    import matplotlib.pyplot as plt
2    import numpy as np
3    from sklearn import datasets
4    from sklearn.metrics import accuracy_score
5    from sklearn.model_selection import train_test_split
6    from soft_svm_smo import SoftSVM
7    plt.rcParams['font.sans-serif'] = ['SimHei']
8    plt.rcParams['axes.unicode_minus'] = False
9
10   iris = datasets.load-iris()
11   X = iris["data"][:, (2, 3)]
12   y = 2 * (iris["target"] == 2).astype(int).reshape(-1, 1) - 1
13   X_train, X_test, y_train, y_test = train_test_split(X, y, test_
     size=0.4, random_state=1)
14
15   model = SoftSVM(C=5.0)
```

图 6-21　弗吉尼亚鸢尾花识别

```
16    w, b = model.fit(X_train, y_train)
17    y_pred = model.predict(X_test)
18    accuracy = accuracy_score(y_test, y_pred)
19    print(f"accuracy= {accuracy}")
20
21    plt.axis([1, 7, 0, 3])
22    plt.scatter(X_train[:, 0][y_train[:, 0] == 1], X_train[:, 1][y_
      train[:, 0] == 1], marker='s', label=' 弗吉尼亚鸢尾花 ')
23    plt.scatter(X_train[:, 0][y_train[:, 0] == -1], X_train[:, 1][y_
      train[:, 0] == -1], marker='o', label=' 其他鸢尾花 ')
24    x0 = np.linspace(1, 7, 200)
25    # 分离直线、平面或超平面 L: <w,x> + b = 0
26    # 即 w_0 * x_0 + w_1 * x_1 + b = 0 => x1 = -w_0 / w_1 * x_0 - b / w_1
27    line = -w[0] / w[1] * x0 - b / w[1]
28    plt.plot(x0, line, color='black')
29    plt.legend()
30    plt.show()
```

图 6-21　弗吉尼亚鸢尾花识别（续）

在图 6-21 中，第 1～8 行导入相关的包并设置绘图的中文支持。第 10～13 行加载鸢尾花数据集，将弗吉尼亚鸢尾花的标签设置为 +1，其他鸢尾花的标签设置为 -1，然后对数据集进行训练样本和测试样本分离。第 15～16 行实例化软间隔支持向量机模型，用训练样本进行模型训练。第 17～19 行用测试样本对模型效果进行测试，并打印结果，得到的结果为：accuracy= 0.9666666666666667。第 21 行设置绘制图像的刻度范围，第 22～25 行绘制弗吉尼亚鸢尾花和其他类型鸢尾花的散点图，并在该图的基础上绘制训练模型得到的线性超平面的图像。代码运行结果如图 6-22 所示。

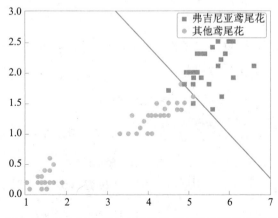

图 6-22　软间隔支持向量机算法识别弗吉尼亚鸢尾花

6.4.2 Hinge 损失函数与软间隔支持向量机

在机器学习中，Hinge 损失函数通常用于"最大边界"的分类任务中，如支持向量机。

（定义）Hinge 损失映射 $l:\{-1,1\}\times\mathbf{R}\to\mathbf{R}$

$$l(y,z)=\max\{0,1-yz\}$$

称为 Hinge 损失函数。其中第一个参数 y 表示正确的类别，标签取值为 $\{-1,+1\}$，第二个参数 z 表示预测输出，是一个实数。

Hinge 损失函数在 $y=1$ 和 $y=-1$ 时的图像分别如图 6-23 左、右两个子图所示。

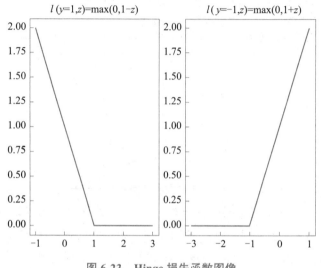

图 6-23　Hinge 损失函数图像

当标签值 $y=1$ 时，$l(y,z)=\max\{0,1-z\}$，即当预测值 $z\geqslant1$ 时，没有损失，否则 Hinge 损失函数随预测值 z 的减小而线性增大，如图 6-23 左子图所示。当标签值 $y=-1$ 时，$l(y,z)=\max\{0,1+z\}$，即当预测值 $z\leqslant-1$ 时没有损失，否则 Hinge 损失函数随着预测值 z 的增大而线性增大，如图 6-23 右子图所示。

次梯度下降算法是除 SMO 算法之外的一种常见的软间隔支持向量机优化算法。观察式（6.11）优化问题的约束条件，$y^{(i)}\left(x^{(i)\mathrm{T}}w+b\right)\geqslant1-\xi_i$，以及 $\xi_i\geqslant0$，可以得到

$$\xi_i\geqslant\max\{0,1-y^{(i)}\left(x^{(i)\mathrm{T}}w+b\right)\}\tag{6.12}$$

由式（6.11）的目标函数 $\frac{1}{2}\|w\|^2+C\sum_{i=1}^m\xi_i$，可以看到，$\xi_i$ 的值越小，则目标函数值就越小。因此，对于任意取定的 w 和 b，式（6.12）中的 ξ_i 的值应该取 $\xi_i=\max\{0,1-y^{(i)}\left(x^{(i)\mathrm{T}}w+b\right)\}$。这正是上面定义的 Hinge 损失函数。因此，可将优化问题（6.12）转化为无约束优化问题：

$$\min_{w,b}\frac{1}{2}\|w\|^2+C\sum_{i=1}^m\max\{0,1-y^{(i)}\left(x^{(i)\mathrm{T}}w+b\right)\}$$

该式与 L_2 正则化的目标函数非常相似，将其除以 mC 并不会改变其最优解，得到与其等价的优化问题：

$$\min_{w,b} \frac{1}{2mC} \|w\|^2 + \frac{1}{m} \sum_{i=1}^{m} \max\{0, 1 - y^{(i)}(x^{(i)\mathrm{T}}w + b)\} \tag{6.13}$$

这是一个将模型假设为线性模型 $h_{w,b}(x) = x^{\mathrm{T}}w + b$ 且损失函数为 Hinge 损失函数的经验损失最小化算法的 L_2 正则化，其正则化系数为 $\frac{1}{2mC}$。

因为 Hinge 损失函数并不是处处可微，因此要使用次梯度下降算法来求解目标函数（6.13）。对任意一条训练数据 (x, y)，$x \in \mathbf{R}^n$，$y \in \mathbf{R}$，损失函数 $l(y, h(x)) = \max\{0, 1 - y(x^{\mathrm{T}}w + b)\}$，则 $v_w = -I\{y(x^{\mathrm{T}}w + b) < 1\}yx$ 和 $v_b = -I\{y(x^{\mathrm{T}}w + b) < 1\}y$ 分别是损失函数 l 关于 w 和 b 的次梯度，其中 I 是 5.3.1 节中定义的函数。

在 support_vector_machine 包中，创建 soft_svm_hinge.py 文件，软间隔支持向量机的次梯度下降算法的具体实现代码如图 6-24 所示。

```
1    import numpy as np
2
3
4    class SoftSVMHinge:
5      def __init__(self, C=1000):
6        self.C = C
7        self.w = None
8        self.b = None
9
10     def fit(self, X, y, eta=0.01, N=5000):
11       m, n = X.shape
12       w, b = np.zeros((n, 1)), 0
13       for r in range(N):
14         s = (X.dot(w) + b) * y
15         e = (s < 1).astype(int).reshape(-1, 1)
16         g_w = 1 / (self.C * m) * w - 1 / m * X.T.dot(y * e)
17         g_b = - 1 / m * (y * e).sum()
18         w = w - eta * g_w
19         b = b - eta * g_b
20       self.w = w
21       self.b = b
22       return self.w, self.b
23
24     def predict(self, X):
25       return np.sign(X.dot(self.w) + self.b)
```

图 6-24 软间隔支持向量机的次梯度下降算法

在图 6-24 中，第 10～22 行的 fit() 函数完成对训练样本的训练，其中第 16 行计算目标函数关于 w 的次梯度，它是由每条训练数据上的 Hinge 损失的次梯度加上正则化项的次梯度（该项可微，所以也是梯度）$\dfrac{w}{mC}$组成的。第 17 行计算目标函数关于 b 的次梯度。

在 support_vector_machine 包中，创建 iris_soft_svm_hinge.py 文件，并在其中编写代码，该段测试代码除实现软间隔支持向量机的算法为次梯度下降算法之外，其他的与图 6-24 基本相同，具体如图 6-25 所示。

```
1    import matplotlib.pyplot as plt
2    import numpy as np
3    from sklearn import datasets
4    from sklearn.metrics import accuracy_score
5    from sklearn.model_selection import train_test_split
6    from soft_svm_hinge import SoftSVMHinge
7    plt.rcParams['font.sans-serif'] = ['SimHei']
8    plt.rcParams['axes.unicode_minus'] = False
9
10   iris = datasets.load_iris()
11   X = iris["data"][:, (2, 3)]
12   y = 2 * (iris["target"] == 2).astype(int).reshape(-1, 1) - 1
13   X_train, X_test, y_train, y_test = train_test_split(X, y, test_
     size=0.4, random_state=1)
14
15   model = SoftSVMHinge(C=5.0)
16   w, b = model.fit(X_train, y_train)
17   y_pred = model.predict(X_test)
18   accuracy = accuracy_score(y_test, y_pred)
19   print(f"accuracy= {accuracy}")
20
21   plt.axis([1, 7, 0, 3])
22   plt.scatter(X_train[:, 0][y_train[:, 0] == 1], X_train[:, 1][y_
     train[:, 0] == 1], marker='s', label=' 弗吉尼亚鸢尾花 ')
23   plt.scatter(X_train[:, 0][y_train[:, 0] == -1], X_train[:, 1][y_
     train[:, 0] == -1], marker='o', label=' 其他鸢尾花 ')
24   x0 = np.linspace(1, 7, 200)
25   # 分离直线、平面或超平面 L: <w,x> + b = 0
26   # 即 w_0 * x_0 + w_1 * x_1 + b = 0 => x1 = -w_0 / w_1 * x_0 - b / w_1
27   line = -w[0] / w[1] * x0 - b / w[1]
28   plt.plot(x0, line, color='black')
29   plt.legend()
30   plt.show()
```

图 6-25　使用合页（Hinge）损失函数对弗吉尼亚鸢尾花识别

运行该程序，得到结果为：accuracy= 0.9666666666666667，同时生成如图 6-26 所示的图像。

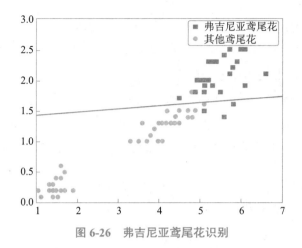

图 6-26　弗吉尼亚鸢尾花识别

🤖 6.5　Sklearn 的 SVM 库

6.5.1　Sklearn SVM 算法库使用概述

Sklearn 的 SVM 算法库分为两类，一类是分类的算法库，包括 SVC、NuSVC 和 LinearSVC 三个类。另一类是回归算法库，包括 SVR、NuSVR 和 LinearSVR 三个类。相关的类都包含在 sklearn.svm 模块之中。本节只介绍其分类算法。

对于 SVC、NuSVC 和 LinearSVC 三个类，SVC 和 NuSVC 差不多，区别仅仅在于对损失的衡量方式不同，而 LinearSVC 从名字就可以看出，它是线性分类，也就是不支持各种低维到高维的核函数，仅仅支持线性核函数，对线性不可分的数据不适用。

使用这些类的时候，如果有经验知道数据是线性可以拟合的，那么使用 LinearSVC 分类或者 LinearSVR 回归，它们不需要通过调参去选择各种核函数及对应参数，速度较快。如果对数据分布没有什么经验，一般使用 SVC 分类或者 SVR 回归，就需要选择核函数及对核函数调参。如果对训练集训练的错误率或者说支持向量的百分比有要求的时候，那么可以选择 NuSVC 和 NuSVR，它们中有一个参数能控制这个百分比。

6.5.2　SVM 核函数概述

在 Sklearn 中，内置的核函数一共有 4 种。

（1）线性核函数（Linear Kernel）表达式为：$K\left(x,z\right)=x^{\mathrm{T}}z$，就是普通的内积，LinearSVC 和 LinearSVR 只能使用它。

（2）多项式核函数（Polynomial Kernel）是线性不可分 SVM 常用的核函数之一，表达式为：$K\left(x,z\right)=\left(\gamma x^{\mathrm{T}}z+r\right)^{d}$，其中，$\gamma$，$r$，$d$ 都需要调参，比较麻烦。

（3）高斯核函数（Gaussian Kernel），在 SVM 中也称为径向基核函数（Radial Basis Function, RBF），它是 libsvm 默认的核函数，当然也是 Sklearn 默认的核函数。表达式为：$K(\boldsymbol{x}, \boldsymbol{z}) = \exp\left(-\gamma \|\boldsymbol{x} - \boldsymbol{z}\|^2\right)$，其中，$\gamma > 0$，需要调参。

（4）Sigmoid 核函数（Sigmoid Kernel）也是线性不可分 SVM 常用的核函数之一，表达式为：$K(\boldsymbol{x}, \boldsymbol{z}) = \tanh\left(\gamma \boldsymbol{x}^T \boldsymbol{z} + r\right)$，其中，$\gamma$，$r$ 都需要调参。一般情况下，对非线性数据使用默认的高斯核函数会有比较好的效果，如果对 SVM 调参不熟悉，建议使用高斯核函数来做数据分析。

6.5.3　SVM 分类算法的使用

（1）LinearSVC 函数原型如下：

```
class sklearn.svm.LinearSVC(self, penalty='l2', loss='squared_hinge', dual=True,
tol=1e-4, C=1.0, multi_class='ovr', fit_intercept=True, intercept_scaling=1, class_
weight=None, verbose=0, random_state=None, max_iter=1000)
```

参数说明：

penalty：正则化参数，有 L_1 和 L_2 两种参数可选，仅 LinearSVC 有。默认是 L_2 正则化，如果我们需要产生稀疏，可以选择 L_1 正则化，这和线性回归里面的 Lasso 回归类似。

loss：损失函数，有 "hinge" 和 "squared_hinge" 两种可选，前者又称为 L_1 损失，后者称为 L_2 损失，默认是 "squared_hinge"，其中 hinge 是 SVM 的标准损失，squared_hinge 是 hinge 的平方。

dual：是否转化为对偶问题求解，默认是 True。这是一个布尔变量，控制是否使用对偶形式来优化算法。

tol：残差收敛条件，默认是 0.0001，与 LR 中的一致。

C：惩罚系数，用来控制损失函数的惩罚系数，类似 LR 中的正则化系数。默认为 1，一般需要通过交叉验证来选择一个合适的 C，一般来说，噪声比较多的时候，C 需要小一些。

multi_class：负责多分类问题中分类策略制定，有 'ovr' 和 'crammer_singer' 两种参数值可选，默认值是 'ovr'，'ovr' 的分类原则是将待分类中的某一类当作正类，其他全部归为负类，通过这样取得每个类别作为正类时的正确率，取正确率最高的那个类别为正类；'crammer_singer' 是直接针对目标函数设置多个参数值，最后进行优化，得到不同类别的参数值大小。

fit_intercept：是否计算截距，与 LR 模型中的意思一致。

class_weight：与其他模型中参数含义一样，也是用来处理不平衡样本数据的，可以直接以字典的形式指定不同类别的权重，也可以使用 balanced 参数值。若使用 "balanced"，则算法会自己计算权重，样本量少的类别所对应的样本权重会高，当然，若你的样本类别分布没有明显的偏倚，则可以不管这个系数，选择默认的 None。

verbose：是否冗余，默认为 False。

random_state：随机种子的大小。

max_iter：最大迭代次数，默认为 1000。

惩罚系数：错误项的惩罚系数。C 越大，即对分错样本的惩罚程度越大，因此在训练样本中准确率越高，但是泛化能力降低，也就是对测试数据的分类准确率降低。相反，C 越小，容许训练样本中有一些误分类错误样本，泛化能力强。对于训练样本带有噪声的情况，一般采用后者，将训练样本集中错误分类的样本作为噪声。

（2）NuSVC 函数原型如下：

```
class sklearn.svm.NuSVC(*, nu=0.5, kernel='rbf', degree=3, gamma='scale',
coef0=0.0, shrinking=True, probability=False, tol=0.001, cache_size=200, class_
weight=None, verbose=False, max_iter=- 1, decision_function_shape='ovr', break_
ties=False, random_state=None)
```

参数说明：

nu：训练误差部分的上限和支持向量部分的下限，取值在（0,1）之间，默认是 0.5，它和惩罚系数 C 类似，都可以控制惩罚的力度。

kernel：核函数，核函数是用来将非线性问题转化为线性问题的一种方法，默认是 "rbf" 核函数，常用的核函数有 6.5.2 节介绍的几种。

degree：当核函数是多项式核函数（"poly"）时，用来控制函数的最高次数（多项式核函数是将低维的输入空间映射到高维的特征空间中），这个参数只对多项式核函数有用，是指多项式核函数的阶数 n。若给的核函数参数是其他核函数，则会自动忽略该参数。

gamma：核函数系数，默认值是 "auto"，即特征维度的倒数。

coef0：核函数常数值（y=kx+b 中的 b 值），只有 "poly" 和 "sigmoid" 函数有，默认值是 0。

max_iter：最大迭代次数，默认值是-1，即没有限制。

probability：是否使用概率估计，默认是 False。

decision_function_shape：与 "multi_class" 参数含义类似，可以选择 "ovo" 或者 "ovr"（0.18 版本默认是 "ovo"，0.19 版本为 "ovr"）。ovr（one vs rest）的思想很简单，无论是多少元分类，都可以看成二元分类，具体的做法是，对于第 K 类的分类决策，把所有第 K 类的样本作为正例，除第 K 类样本外的所有样本作为负类，然后在上面做二元分类，得到第 K 类的分类模型。ovo（one vs one）则是每次在所有的 T 类样本里选择两类样本，不妨记为 T1 类和 T2 类，把所有的输出为 T1 和 T2 的样本放在一起，把 T1 作为正例，T2 作为负例，进行二元分类，得到模型参数，我们一共需要 T(T-1)/2 次分类。从上面描述可以看出，ovr 相对简单，但是分类效果略差（这里是指大多数样本分布情况，某些样本分布下 ovr 可能更好），而 ovo 分类相对精确，但是分类速度没有 ovr 快，一般建议使用 ovo 以达到较好的分类效果。

chache_size：缓冲大小，用来限制计算量大小，默认是 200MB，如果机器内存大，推荐使用 500MB 甚至 1000MB。

（3）SVC 函数原型如下：

```
class sklearn.svm.SVC(self, C=1.0, kernel='rbf', degree=3, gamma='auto_
deprecated', coef0=0.0, shrinking=True, probability=False, tol=1e-3, cache_
size=200, class_weight=None, verbose=False, max_iter=-1, decision_function_
shape='ovr', random_state=None)
```

参数说明：

C：惩罚系数。

SVC 和 NuSVC 方法基本一致，唯一区别就是损失函数的衡量方式不同（NuSVC 中的 nu 参数和 SVC 中的 C 参数），即 SVC 使用惩罚系数 C 来控制惩罚力度，而 NuSVC 使用 nu 来控制惩罚力度。

Sklearn 中 SVM 类相关的方法和对象如下。

```
1. 方法
三种分类的方法基本一致。
decision_function(x)：获取数据集 X 到分离超平面的距离。
fit(x , y)：在数据集（X, y）上使用 SVM 模型。
get_params([deep])：获取模型的参数。
predict(X)：预测数值型 X 的标签。
score(X, y)：返回给定测试集合对应标签的平均准确率。
2. 对象
support_：以数组的形式返回支持向量的索引。
support_vectors_：返回支持向量。
n_support_：每个类别支持向量的个数。
dual_coef：支持向量系数。
coef_：每个特征的系数（权重），只有核函数是 LinearSVC 时可用，称为权重参数，即 w=(w₁,w₂,…,wₙ)。
intercept_：截距值（常数值），称为偏置参数，即 b。
```

6.5.4　SVM 算法的调参要点

上面已经对 Sklearn 中类库的参数做了总结，这里对调参做一个小结。

（1）一般推荐在训练之前对数据进行归一化，当然测试集中的数据也需要归一化。

（2）在特征数量非常多的情况下，或者样本数远小于特征数的时候，使用线性核效果已经很好，并且只需要选择惩罚系数 C 即可。

（3）在选择核函数时，如果线性拟合不好，一般推荐使用默认的高斯核"rbf"。这时主要对惩罚系数 C 和核函数参数 γ 进行调参，通过多轮的交叉验证选择合适的惩罚系数 C 和核函数参数 γ。

（4）理论上高斯核不会比线性核差，但要花费更多的时间在调参上，所以实际上能用线性核解决的问题尽量使用线性核。

在 SVM 中，其中最重要的就是核函数的选取和参数选择，这需要大量的经验来支撑。

案例实战 6.7　线性可分支持向量机分类。

在 support_vector_machine 包中，创建 linear_kernel_sklearn.py 文件，并在其中编写代码如图 6-27 所示。

```
1    import numpy as np
2    from matplotlib import pyplot as plt
3    from sklearn.datasets import make_blobs
4    from sklearn.svm import SVC
5    def plot_SVC_decision_function(model, ax=None, plot_support=True):
6        """ 绘制二维支持向量机分类器的决策函数 """
```

图 6-27　使用 Sklearn 的线性支持向量机进行分类

```
7          if ax is None:
8          ax = plt.gca()
9          xlim = ax.get_xlim()
10         ylim = ax.get_ylim()
11
12         # 创建评估模型的网格数据
13         x = np.linspace(xlim[0], xlim[1], 30)
14         y = np.linspace(ylim[0], ylim[1], 30)
15         # 生成网格点和坐标矩阵
16         Y, X = np.meshgrid(y, x)
17         # 拼接数组
18         xy = np.c_[X.ravel(), Y.ravel()]
19         P = model.decision_function(xy).reshape(X.shape)
20         # 绘制决策边界等高线
21          ax.contour(X, Y, P, colors='k', levels=[-1, 0, 1], alpha=0.5,
linestyles=['--', '-', '--'])    # 生成等高线
22         # 绘制支持向量
23         if plot_support:
24          ax.scatter(model.support_vectors_[:, 0], model.support_vectors_
[:, 1], s=30, linewidth=10, marker='*')
25         ax.set_xlim(xlim)
26         ax.set_ylim(ylim)
27         plt.show()
28
29
30  def train_SVM():
31    # n_samples=50 表示取 50 个点，centers=2 表示将数据分为两类
32    X, y = make_blobs(n_samples=50, centers=2, random_state=0, cluster_
std=0.5)
33    plt.scatter(X[:, 0], X[:, 1], c=y, s=50, cmap='autumn')
34    # 线性核函数
35    model = SVC(kernel='linear')
36    model.fit(X, y)
37    # print(model.coef_, model.intercept_)
38    return model
39
40  model = train_SVM()
41  plot_SVC_decision_function(model)
```

图 6-27　使用 Sklearn 的线性支持向量机进行分类（续）

在图 6-27 中，第 1～4 行导入相应的包，其中第 3 行导入 make_blobs 包，下面再详细
介绍其用法，第 4 行导入 Sklearn 的支持向量机类。

make_blobs 函数原型：

sklearn.datasets.make_blobs(n_samples=100, n_features=2, centers=3, cluster_std=1.0, center_box=(-10.0,10.0), shuffle=True, random_state=None)

make_blobs 函数因聚类产生数据集，产生一个数据集和相应的标签。

n_samples：表示数据样本点个数，默认值为 100。

n_features：是每个样本的特征（或属性）数，也表示数据的维度，默认值是 2。

centers：表示类别数（标签的种类数），默认值为 3。

cluster_std：表示每个类别的方差，例如，我们希望生成两类数据，其中一类比另一类具有更大的方差，可以将 cluster_std 设置为 [1.0,3.0]，浮点数或者浮点数序列，默认值为 1.0。

center_box：中心确定之后的数据边界，默认值为 (-10.0, 10.0)。

shuffle：将数据打乱，默认值是 True。

random_state：官网解释是随机生成器的种子，可以固定生成的数据，给定数之后，每次生成的数据集就是固定的。若不给定值，则由于随机性将导致每次运行程序所获得的结果可能有所不同。在使用数据生成器练习机器学习算法练习或 python 练习时建议给定数值。

图 6-27 中第 5～27 行定义了函数 plot_SVC_decision_function()，该函数实现了绘制支持向量边界超平面及支持向量的功能。第 30～38 行定义了 train_SVM() 函数，在该函数中，调用第 3 行导入的通过聚类产生的数据集，并将随机产生的数据集以散点图的形式绘制出来，第 32 行指定支持向量机的核函数为线性核函数（不使用核函数），第 35 行训练模型，最后返回该模型。第 40 行调用训练模型函数，第 41 行绘制图像。

运行该程序，得到图 6-28。

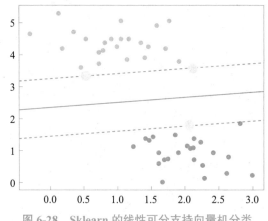

图 6-28　Sklearn 的线性可分支持向量机分类

图 6-28 中的两条虚线是最大化两组点之间的间距的分界线，中间这条线就是最终的决策边界。请注意：一些训练数据样本点碰到了边缘，如图所示，在两个边界上包含三个大圆点，这三个点称为支持向量，是 alpha 值不为 0 的，这些点是这种拟合的关键要素，被称为支持向量。在 Sklearn 中，这些点存储在分类器的 support_vectors_ 属性中。

在支持向量机算法中，只有位于支持向量上面的点才会对决策边界有影响，也就是说不管有多少个非支持向量的点，对最终的决策边界都不会产生任何影响。下面的例子很好地说明了这一点。

在 support_vector_machine 包中，创建 linear_kernel_sklearn_2.py 文件，绘制案例实战 6.7 数据集的前 60 个点和前 120 个点获得的模型，具体代码如图 6-29 所示。

```
1   import numpy as np
2   from matplotlib import pyplot as plt
3   from sklearn.datasets import make_blobs
4   from sklearn.svm import SVC
5
6   def plot_SVC_decision_function(model, ax=None, plot_support=True):
7       """ 绘制二维支持向量机分类器的决策函数 """
8       if ax is None:
9           ax = plt.gca()
10      xlim = ax.get_xlim()
11      ylim = ax.get_ylim()
12      # 创建评估模型的网格数据
13      x = np.linspace(xlim[0], xlim[1], 30)
14      y = np.linspace(ylim[0], ylim[1], 30)
15      # 生成网格点和坐标矩阵
16      Y, X = np.meshgrid(y, x)
17      # 拼接数组
18      xy = np.c_[X.ravel(), Y.ravel()]
19      P = model.decision_function(xy).reshape(X.shape)
20      # 绘制决策边界等高线
21       ax.contour(X, Y, P, colors='k', levels=[-1, 0, 1], alpha=0.5,
    linestyles=['--', '-', '--'])   # 生成等高线
22      # 绘制支持向量
23      if plot_support:
24          ax.scatter(model.support_vectors_[:, 0], model.support_vectors_
    [:, 1], s=30, linewidth=10, marker='*')
25      ax.set_xlim(xlim)
26      ax.set_ylim(ylim)
27
28  def plot_svm(N=10, ax=None):
29    X, y = make_blobs(n_samples=200, centers=2, random_state=0,
    cluster_std=0.5)
30    X, y = X[:N], y[:N]
31    model = SVC(kernel='linear')
32    model.fit(X, y)
33
34    ax = ax or plt.gca()
35    ax.scatter(X[:, 0], X[:, 1], c=y, cmap='autumn')
```

图 6-29　数据集变化对支持向量的影响

```
36    ax.set_xlim(-1, 4)
37    ax.set_ylim(-1, 6)
38    plot_SVC_decision_function(model, ax)
39  if __name__ == '__main__':
40    fig, ax = plt.subplots(1, 2)
41    for axi, N in zip(ax, [60, 120]):
42      plot_svm(N, axi)
43      axi.set_title(f'N = {N}')
44    plt.tight_layout()
45  plt.show()
```

图 6-29　数据集变化对支持向量的影响（续）

图 6-29 中的代码，因为需要绘制两张子图，在 plot_SVC_decision_function() 函数中执行 plt.show() 函数会导致第二个子图无法正常显示，因此将其移至函数外面。将原来的 train_SVM() 函数注释掉（在本代码中不体现，实际操作过程中会涉及），重新定义 plot_svm() 函数，在该函数中实现数据采集生成，模型训练以及绘制图像的功能，这部分功能其实与之前是非常相似的，只是这次生成了 200 个样本，然后根据后面调用时传递的参数不同，分别截取其中的前 60 个和前 120 个样本进行测试，绘制图像。在第 40~45 行分别将两个图像绘制出来。运行该程序，得到的结果如图 6-30 所示。

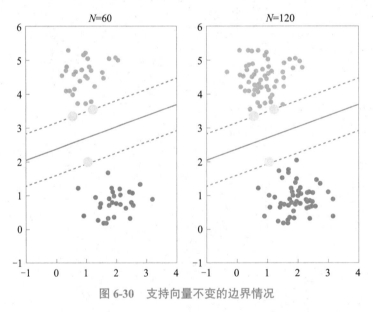

图 6-30　支持向量不变的边界情况

图 6-30 就是绘制该数据集的前 60 个点和前 120 个点获得的模型，可以发现无论使用 60 个点，还是使用 120 个点，决策边界都没有发生变化，所有只要支持向量没变，其他的数据不影响边界。只有支持向量的位置是最重要的，任何远离边界的点都不会影响拟合的结果。

案例实战 6.8　线性不可分支持向量机分类。

本案例实战使用 Sklearn 中的另一个玩具数据集 make_circles，其作用为在二维空间中创建一个包含较小圆的大圆的样本集，用于可视化聚类和分类算法。

```
make_circles 函数的原型:
 sklearn.datasets.make_circles(n_samples=100, shuffle=True, noise= None,
random_state=None, factor=0.8)
```

参数说明:

```
 n_samples : int, 可选项（默认值 = 100），生成的总点数。若是奇数，则内圆将比外圆多一个点。
 shuffle : bool, 可选项（默认值 = True），是否打乱样本。
 noise: 双倍或无（默认 =无）高斯噪声的标准偏差加到数据上。
 random_state : int, RandomState 实例或 None（默认）确定数据集重排和噪声的随机数生成。传递
一个 int, 用于跨多个函数调用的可重现输出。
 factor : 0 <double <1（默认值 = .8）。内圈和外圈之间的比例因子，factor 设置的越大，两个环就
越近。
```

返回值:

```
 X : 形状数组 [n_samples, 2] 生成的样本。
 y : 形状数组 [n_samples] 每个样本的类成员资格的整数标签（0 或 1）。
```

在 support_vector_machine 包中，创建 linear_unseperable_sklearn.py 文件，并在其中编写代码，如图 6-31 所示。

```
1    import numpy as np
2    from matplotlib import pyplot as plt
3    from sklearn.datasets import make_circles
4    from sklearn.svm import SVC
5
6    def plot_SVC_decision_function(model, ax=None, plot_support=True):
7        """ 绘制二维支持向量机分类器的决策函数 """
8        if ax is None:
9        ax = plt.gca()
10       xlim = ax.get_xlim()
11       ylim = ax.get_ylim()
12
13       # 创建评估模型的网格数据
14       x = np.linspace(xlim[0], xlim[1], 30)
15       y = np.linspace(ylim[0], ylim[1], 30)
16       # 生成网格点和坐标矩阵
```

图 6-31　Sklearn 线性不可分的数据集

```
17      Y, X = np.meshgrid(y, x)
18      # 拼接数组
19      xy = np.c_[X.ravel(), Y.ravel()]
20      P = model.decision_function(xy).reshape(X.shape)
21      # 绘制决策边界等高线
22       ax.contour(X, Y, P, colors='k', levels=[-1, 0, 1], alpha=0.5,
   linestyles=['--', '-', '--'])   # 生成等高线
23        # 绘制支持向量
24        if plot_support:
25        ax.scatter(model.support_vectors_[:, 0], model.support_vectors_[:,
   1], s=30, linewidth=10, marker='*')
26      ax.set_xlim(xlim)
27      ax.set_ylim(ylim)
28
29  def train_svm_circles():
30      # 二维圆环数据 factor 内外圆比例（0, 1）
31      X, y = make_circles(100, factor=0.1, noise=0.1)
32      model = SVC(kernel='linear')
33      model.fit(X, y)
34
35      plt.scatter(X[:, 0], X[:, 1], c=y, s=50, cmap='autumn')
36      plot_SVC_decision_function(model, plot_support=False)
37      return X, y
38
39  train_svm_circles()
40  plt.show()
```

图 6-31   Sklearn 线性不可分的数据集（续）

这段程序很简单，基本上只是将前面的数据集 make_blobs 换成 make_circles，运行该程序，得到如图 6-32 所示的结果。

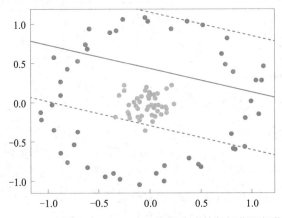

图 6-32   Sklearn 的 make_circles() 函数生成的数据集可视化结果

可以看出，该数据集的正负样本无法由一条直线进行划分。与 6.3 节一样，我们先将上述的数据投影到高维空间中，再投影回原来的低维空间中，得到一个非线性的边界，从而将低维空间中线性不可分的数据分离开。

在 support_vector_machine 包中，创建 gaussian_kernel_sklearn.py 文件，并在其中编写代码如图 6-33 所示。

```python
import numpy as np
from matplotlib import pyplot as plt
from sklearn.datasets import make_circles
from sklearn.svm import SVC
def plot_SVC_decision_function(model, ax=None, plot_support=True):
    """ 绘制二维支持向量机分类器的决策函数 """
    if ax is None:
        ax = plt.gca()
    xlim = ax.get_xlim()
    ylim = ax.get_ylim()
    # 创建评估模型的网格数据
    x = np.linspace(xlim[0], xlim[1], 30)
    y = np.linspace(ylim[0], ylim[1], 30)
    # 生成网格点和坐标矩阵
    Y, X = np.meshgrid(y, x)
    # 拼接数组
    xy = np.c_[X.ravel(), Y.ravel()]
    P = model.decision_function(xy).reshape(X.shape)
    # 绘制决策边界等高线
    ax.contour(X, Y, P, colors='k', levels=[-1, 0, 1], alpha=0.5,
linestyles=['--', '-', '--'])   # 生成等高线
    # 绘制支持向量
    if plot_support:
        ax.scatter(model.support_vectors_[:, 0], model.support_vectors_
[:, 1], s=30, linewidth=10, marker='*')
    ax.set_xlim(xlim)
    ax.set_ylim(ylim)

def train_svm_circles():
    # 二维圆环数据 factor 内外圆比例（0, 1）
    X, y = make_circles(100, factor=0.1, noise=0.1)
    model = SVC(kernel='linear')
    # model=SVC(kernel='rbf')
    model.fit(X, y)
    plt.scatter(X[:, 0], X[:, 1], c=y, s=50, cmap='autumn')
```

图 6-33 将二维圆环数据投影到三维空间中

```
34      plot_SVC_decision_function(model, plot_support=False)
35      # plt.scatter(model.support_vectors_[:, 0], model.support_vectors_
        [:, 1], s=10, linewidth=10, marker='*')
36      return X, y
37   def plot_3D(X, y, elev=30, azim=30):
38      # 加入了新的维度 z
39      z = np.exp(-(X ** 2).sum(axis=1))
40      ax = plt.subplot(projection='3d')
41      ax.scatter3D(X[:, 0], X[:, 1], z, c=y, s=50, cmap='autumn')
42      ax.view_init(elev=elev, azim=azim)  # 调整视角
43      ax.set_xlabel('x')
44      ax.set_ylabel('y')
45      ax.set_zlabel('z')
46
47   X, y = train_svm_circles()
48   plot_3D(elev=30, azim=30, X=X, y=y)
49   plt.show()
```

图 6-33　将二维圆环数据投影到三维空间中（续）

在图 6-33 中，第 37~45 行定义了函数 plot_3D()，第 39 行利用样本数据 X 计算出投影的第三个维度 z，第 41 行以 X[:,0]、X[:,1] 和 z 为三维图像的 3 个坐标轴，绘制生成三维图像，如图 6-34 所示。第 42 行调整绘制图像的视角，读者可通过改变参数值来观察不同的效果，这个方法前面也使用过。第 43~45 行写出 3 个坐标轴的名字。第 47 行调用函数生成数据，第 48 行绘制图像。

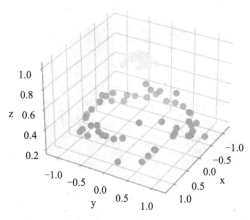

图 6-34　将二维圆环数据投影至三维空间的可视化结果

只需对图 6-33 中的代码稍做修改，将第 30 行注释掉，将第 31 行去掉注释，即等价于将核函数参数 kernel='linear' 改为 kernel='rbf'，然后将第 35 行的注释去掉，相当于增加 plt.scatter(model.support_vectors_[:, 0], model.support_vectors_[:, 1], s=10, linewidth=10, marker='*')，并且把第 48 行的 plot_3D(elev=30, azim=30, X=X, y=y) 注释掉，然后运行该

程序，可以得到如图 6-35 所示的分类结果。

从图 6-35 可以看出，通过核函数将低维数据投影到高维空间中，得到在高维空间中的线性可分超平面，再投影回原来的低维空间，确实可以得到一个非线性的边界，将低维空间中线性不可分的数据分开。图中大一些的浅蓝色的圆点就是支持向量。

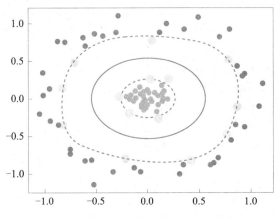

图 6-35　高斯核函数分类二维圆环数据

案例实战 6.9　线性近似可分支持向量机——软间隔问题。

SVM 模型中有两个非常重要的参数 C 与 gamma，其中 C 是惩罚系数，即对误差的宽容度。C 越高，说明越不能容忍出现误差，容易过度拟合。C 越小，容易欠拟合。C 过大或过小，泛化能力都会变差。gamma 是选择 RBF 函数作为 kernel 后，该函数自带的一个参数。它隐含地决定了数据映射到新的特征空间后的分布情况，gamma 值越大，支持向量越小；gamma 值越小，支持向量越多。

首先调节 C，观察 SVM 模型的变化。在 support_vector_machine 包中，创建 soft_svm_sklearn.py 文件，并在其中编写代码，具体如图 6-36 所示。

```
1    import numpy as np
2    from matplotlib import pyplot as plt
3    from sklearn.datasets import make_blobs
4    from sklearn.svm import SVC
5    def plot_SVC_decision_function(model, ax=None, plot_support=True):
6      """ 绘制二维支持向量机分类器的决策函数 """
7      if ax is None:
8        ax = plt.gca()
9        xlim = ax.get_xlim()
10     ylim = ax.get_ylim()
11     # 创建评估模型的网格数据
12     x = np.linspace(xlim[0], xlim[1], 30)
13     y = np.linspace(ylim[0], ylim[1], 30)
14     # 生成网格点和坐标矩阵
```

图 6-36　不同惩罚系数下的 SVM 模型

```
15      Y, X = np.meshgrid(y, x)
16      # 拼接数组
17      xy = np.c_[X.ravel(), Y.ravel()]
18      P = model.decision_function(xy).reshape(X.shape)
19      # 绘制决策边界等高线
20       ax.contour(X, Y, P, colors='k', levels=[-1, 0, 1], alpha=0.5,
linestyles=['--', '-', '--'])  # 生成等高线
21      # 绘制支持向量
22      if plot_support:
23          ax.scatter(model.support_vectors_[:, 0], model.support_vectors_
[:, 1], s=5, linewidth=10, marker='*')
24       ax.set_xlim(xlim)
25       ax.set_ylim(ylim)
26
27  X, y = make_blobs(n_samples=100, centers=2, random_state=0, cluster_
    std=0.6)
28  fig, ax = plt.subplots(1, 2)
29  for axi, C in zip(ax, [10.0, 0.1]):
30    model = SVC(kernel='linear', C=C)
31    model.fit(X, y)
32    axi.scatter(X[:, 0], X[:, 1], c=y, s=20, cmap='autumn')
33    plot_SVC_decision_function(model, axi)
34    axi.set_title(f'C={C}', size=14)
35  plt.tight_layout()
36  plt.show()
```

图 6-36 不同惩罚系数下的 SVM 模型（续）

通过 make_blobs() 函数随机生成 100 个样本对 SVM 模型进行训练，并绘制出模型的分离超平面。运行该程序，得到如图 6-37 所示的模型。

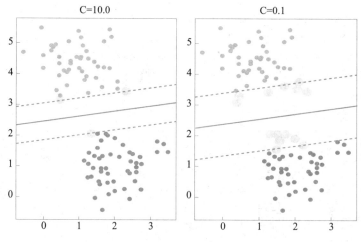

图 6-37 不同惩罚系数下的 SVM 模型的可视化结果

可以看到，图 6-37 左子图的 C 值比较大，要求比较严格，不能分错，隔离带中几乎没有进入点，但是隔离带的距离比较小，泛化能力比较差。图 6-37 右子图的 C 值比较小，要求相对来说不太严格，隔离带的距离较大，但是隔离带中进入了很多的点。那么 C 值大一点好还是小一点好呢？这需要考虑实际问题，可以进行 K 折交叉验证来得到最合适的 C 值。

再调整另一个参数 gamma 的值，这个参数只在高斯核函数里才有，这个参数控制着模型的复杂程度，这个值越大，模型越复杂；值越小，模型越简单。将图 6-36 中的第 27～34 行的代码替换为如图 6-38 所示的代码。

```
X, y = make_blobs(n_samples=100, centers=2, random_state=0, cluster_std=0.6)
fig, ax = plt.subplots(1, 3)
for axi, gamma in zip(ax, [10.0, 1.0, 0.1]):
    model = SVC(kernel='rbf', gamma=gamma)
    model.fit(X, y)
    axi.scatter(X[:, 0], X[:, 1], c=y, s=50, cmap='autumn')
    plot_SVC_decision_function(model, axi)
    axi.set_title(f'gamma={gamma}', size=14)
```

图 6-38 不同 gamma 值下的 SVM 模型

再次运行该程序，可得到如图 6-39 所示的图像。

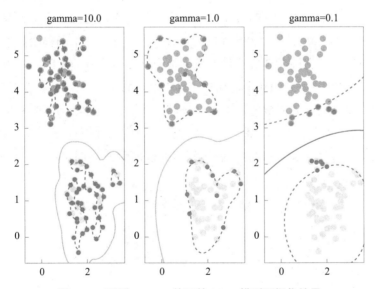

图 6-39 不同 gamma 值下的 SVM 模型可视化结果

可以看出，当 gamma 值较大时，可以看出模型分类效果很好，但是泛化能力不好。当这个参数值较小时，可以看出模型里有些分类是错误的，但是这个泛化能力更好，一般也应用得更多。到目前为止，support_vector_machine 包的结构大致如图 6-40 所示。

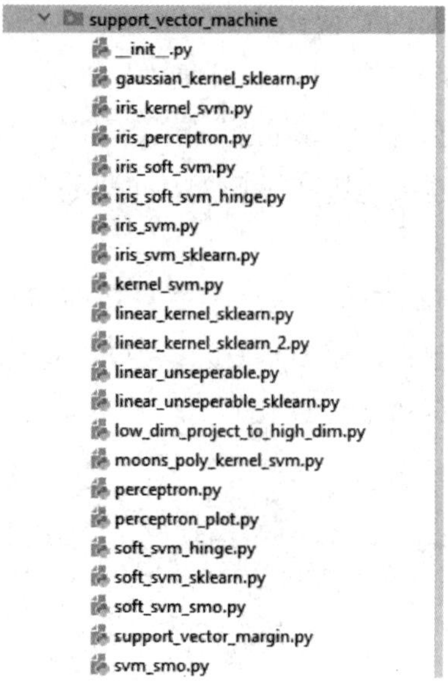

图 6-40　本章程序文件目录结构

🤖 6.6　本章小结

　　支持向量机算法是一种常用的二元分类问题的监督学习算法。本章首先介绍了支持向量机的基本概念，引入感知机，分析感知机的缺陷，再寻找一个间隔距离最大的分离超平面，得到支持向量机。支持向量机的基本模型是定义在特征空间上的间隔距离最大的线性分类器；SVM 对线性不可分的样本，通过灵活多变的核方法，将数据投影到高维空间中，利用高维空间的超平面来分离数据，再将已分离的数据重新投影回原空间中，得到原空间中正负样本的一个非线性边界，基于这种思想，介绍了支持向量机的对线性可分和线性不可分的优化算法，包括 SMO 算法、核方法以及软间隔支持向量机；最后介绍了 Sklearn 的 SVM 算法库的使用方法。

思考与练习

1. 重现本章所有案例实战。

2. 观察平面上的 3 个采样点：

$$x^{(1)} = (-1, 0), y^{(1)} = -1$$
$$x^{(2)} = (0, 1), y^{(2)} = 1$$
$$x^{(3)} = (1, 0), y^{(3)} = 1$$

请计算这 3 个采样点的最大间隔距离分离超平面，并指出相应的支持向量。

第 7 章　朴素贝叶斯算法

贝叶斯分类是一类分类算法的总称，这类算法均以贝叶斯定理为基础，故统称为贝叶斯分类。朴素贝叶斯分类是贝叶斯分类中最简单，也是最常见的一种分类方法，是基于贝叶斯定理与特征条件独立假设的分类方法。朴素贝叶斯分类器（Naive Bayes Classifier，NBC）起源于古典数学理论，有着坚实的数学基础，以及稳定的分类效率。同时，NBC模型所需估计的参数很少，对缺失数据不太敏感，算法也比较简单。贝叶斯分类算法的特点是结合先验概率和后验概率，即避免了只使用先验概率的主观偏见，也避免了单独使用样本信息的过度拟合现象。贝叶斯分类算法在数据集较大的情况下表现出较高的准确率，同时算法本身也比较简单。理论上，NBC模型与其他分类方法相比具有最小的误差率。但是实际上并非总是如此，因为NBC模型假设属性之间相互独立，这个假设在实际应用中往往是不成立的，这给NBC模型的正确分类带来了一定影响。

7.1　朴素贝叶斯

扫一扫
看微课

在所有的机器学习分类算法中，朴素贝叶斯和其他绝大多数的分类算法都不同。对于大多数的分类算法，如决策树、KNN、Logistic回归、支持向量机等都是判别方法，即直接学习出特征输出 Y 和特征 X 之间的关系，要么是决策函数 $Y = f(X)$，要么是决策条件分布 $P(Y|X)$，但是朴素贝叶斯却是生成方法，也就是直接找出特征输出 Y 和特征 X 的联合分布 $P(X,Y)$，然后得出分类的结果 $P(Y|X) = P(XY)/P(X)$。

贝叶斯决策理论（Bayesian Decision Theory）是概率框架下实施决策的基本方法，对于分类问题来说，基于贝叶斯的分类器都是在概率已知的理想情况下，贝叶斯决策理论考虑如何基于概率和误判损失来标记数据的类别，朴素贝叶斯（Naive Bayes）是基于贝叶斯定理与特征条件独立假设的分类方法。对于给定的训练数据集，首先基于特征条件独立假设学习输入/输出的联合概率分布，然后基于此模型，对给定的输入 X，利用贝叶斯定理求出后验概率最大的输出 Y。

7.1.1　数学基础

独立性：若干事件 $A_1, A_2, \cdots, A_n$ 之积的概率，等于各事件概率的乘积，$P(A_1, A_2, \cdots, A_n) = \prod_{i=1}^{n} P(A_i)$。

条件概率：假设有 A、B 两个事件，且 $P(B) \neq 0$，则在 B 事件发生的条件下，A 事件发生的条件概率，记为 $P(A|B)$，定义为 $P(A|B) = P(AB)/P(B)$，当 A、B 相互独立时，有 $P(A|B) = P(A)$。

全概率公式：设 $B_1, B_2, \cdots$ 为有限或无限个事件，它们两两互斥且在每次试验中至少发生一个，即 $B_i B_j = \phi$（不可能事件），$B_1 + B_2 + \cdots = \Omega$（必然事件），把这组事件称为完备事件群。则对于任一事件 A，有 $P(A) = P(AB_1) + P(AB_2) + \cdots$，再由条件概率的定义，有 $P(AB_i) = P(B_i)P(A|B_i)$，所以有 $P(A) = P(B_1)P(A|B_1) + P(B_2)P(A|B_2) + \cdots$ 称为全概率公式。

贝叶斯公式：在全概率公式的假定条件下，有 $P(B_i|A) = P(AB_i)/P(A) = \dfrac{P(B_i)P(A|B_i)}{\sum_j P(B_j)P(A|B_j)}$，这个公式就是著名的贝叶斯公式。

贝叶斯公式的解释：先看 $P(B_1), P(B_2), \cdots$，它是在没有进一步的信息（不知事件 A 是否发生）的情况下，人们对各事件 $B_1, B_2, \cdots$ 发生可能性大小的认识，现在有了新的信息（知道 A 会发生），人们对 $B_1, B_2, \cdots$ 发生的可能性大小有了新的估计。这种情况在日常生活中屡见不鲜：原以为不太可能的一种情况，可以因某种事件的发生而变得很有可能，或者相反，贝叶斯公式从数量上刻画了这种变化。

如果把事件 A 看成"结果"，把各事件 $B_1, B_2, \cdots$ 看成出现这个结果的可能的"原因"，那么可以形象地把全概率公式看成"由原因推结果"；而贝叶斯公式恰好相反，其作用在于"由结果推原因"：现在有一个"结果" A 已发生，在众多可能的"原因"中，到底是哪一个导致了这个结果？贝叶斯公式证明，各原因可能性的大小与 $P(B_i|A)$ 成比例。例如，某地区发生了一起刑事案件，嫌疑人有张三、李四等人，在不知道案情细节（事件 A）之前，人们对上述各人作案的可能性有个估计（相当于 $P(B_1), P(B_2), \cdots$），那是基于他们在公安局的作案记录。但在知道了案情细节以后，这个估计就有了变化，例如，原来以为不太可能作案的张三，成了重点嫌疑人。

7.1.2　朴素贝叶斯的种类

1. 高斯朴素贝叶斯（Gaussian NB）

在处理连续数据的分类时，通常选用高斯朴素贝叶斯算法。高斯朴素贝叶斯，通过假设 $P(X_j|Y)$ 服从高斯分布，来估计每个特征下每个类别的条件概率。对于每个特征下的取值，高斯朴素贝叶斯有如下公式：

$$P(X_j = x_j | Y = y_i) = \frac{1}{\sqrt{2\pi\sigma^2}} \exp\left(-\frac{(x_j - \mu)^2}{2\sigma^2}\right)$$

其中，y_i 是 Y 的第 i 个类别，μ 和 σ 为训练集第 j 个特征的均值和标准差。对于任意一个 Y 的取值，贝叶斯都以求解 $P(X_j|Y)$ 最大化为目标，来比较在不同标签下，样本更靠近哪一个取值，高斯朴素贝叶斯公式会求解出公式中的参数 μ 和 σ。求解出参数后，代入

一个 x 的值，就能够得到一个 $P\left(X_j|Y\right)$ 的概率取值。

2. 多项式朴素贝叶斯（Multinomial NB）

多项式朴素贝叶斯就是先验概率为多项式分布的朴素贝叶斯。假设特征是由一个简单多项式分布生成的。多项式分布可以描述各种类型样本出现次数的概率，因此，多项式朴素贝叶斯非常适合用于描述出现次数或者出现次数比例的特征。该模型常用于文本分类，特征值表示的是次数。公式如下：

$$P\left(X_j=x_j|Y=y_i\right)=\frac{m_{ij}+\lambda}{m_i+s_j\lambda}$$

其中，$P\left(X_j=x_j|Y=y_i\right)$ 是输出 Y 为第 i 个类别的条件下，X 的第 j 个特征取值为 x_j 的条件概率。m_{ij} 为训练集中类别为 i，且 x 的第 j 个特征取值为 x_j 的样本个数。m_i 是训练集中输出为第 i 类的样本个数，s_j 为第 j 个特征的取值个数，λ 是一个大于 0 的常数，当 $\lambda=1$ 时，称为拉普拉斯平滑。

3. 伯努利朴素贝叶斯（Bernoulli NB）

伯努利朴素贝叶斯就是先验概率为伯努利分布的朴素贝叶斯。假设特征的先验概率为二元独立分布。其公式如下：

$$P\left(X=x_j|Y=y_i\right)=P\left(x_j=1|Y=y_i\right)\left(x_j=1\right)+P\left(x_j=0|Y=y_i\right)\left(x_j=0\right)$$

其中，x_j 只能取值 0 和 1。因为公式右边第二项中 $x_j=0$，所以整个第二项为 0，

$$P\left(X_j=x_j|Y=y_i\right)=P\left(x_j=1|Y=y_i\right)\cdot1==\frac{m_{i,x_j=1}+\lambda}{m_i+2\lambda}$$

其中，$P\left(X_j=x_j|Y=y_i\right)$ 是输出 Y 为第 i 个类别的条件下，X 的第 j 个特征取值为 x_j 的条件概率。$m_{i,x_j=1}$ 表示训练集中类别为 i，且 x 的第 j 个特征取值为 $x_j=1$ 的样本个数，m_i 是训练集中输出为第 i 类的样本个数，因为在伯努利模型中每个特征只有两种可能的取值，所以 $s_j=2$，每个特征的取值只有 1 和 0，在文本分类中，表示一个特征有没有出现在一个文档中。

一般来说，如果样本特征的分布大部分是连续值，那么使用高斯朴素贝叶斯模型会比较好；如果样本特征的分布大部分是多元离散值，那么使用多项式朴素贝叶斯模型比较合适；如果样本特征是二元离散值，或者很稀疏的多元离散值，那么使用伯努利朴素贝叶斯模型比较合适。

🤖 7.2　朴素贝叶斯算法分类

设输入空间 $\chi\subseteq\mathbf{R}^n$ 为 n 维向量的集合，输出空间为标签集合 $y=\{y_1,y_2,\cdots,y_k\}$，输入数据 $x=\left(x_1,x_2,\cdots,x_n\right)\in X$，输出标签 $y\in Y$。X 是定义在输入空间 χ 上的随机向

量，Y 是定义在输出空间 y 上的随机变量。$P(X,Y)$ 是 X 和 Y 的联合概率分布。数据集 $S=\left\{\left(x^{(1)},y^{(1)}\right),\left(x^{(2)},y^{(2)}\right),\cdots,\left(x^{(m)},y^{(m)}\right)\right\}$ 由 $P(X,Y)$ 独立同分布产生。

朴素贝叶斯通过训练数据集学习联合概率分布 $P(X,Y)$，其实就是学习先验概率分布和条件概率分布。

先验概率分布：$P(Y=y_i),i=1,2,\cdots,k$

条件概率分布：$P(X=x|Y=y_i)=P(X_1=x_1,X_2=x_2,\cdots,X_n=x_n|Y=y_i),i=1,2,\cdots,k$，$X_j$ 是 X 的第 j 个特征，$j=1,2,\cdots,n$

由条件概率公式 $P(X|Y)=P(X,Y)/P(Y)$ 可以求出联合概率分布 $P(X,Y)$。朴素贝叶斯算法对条件概率分布做了条件独立性假设，即

$$P(X=x|Y=y_i)=P(X_1=x_1,X_2=x_2,\cdots,X_n=x_n|Y=y_i)=\prod_{j=1}^{n}P(X_j=x_j|Y=y_i)$$

条件独立性假设就是各个特征之间互不影响，每个特征的条件都是独立的。这是一个较强的假设。由于这一假设，模型包含的条件概率的数量大大减少，朴素贝叶斯算法的学习与预测大大简化。因而朴素贝叶斯算法高效，且易于实现。其缺点是分类的性能不一定很高。

后验概率分布：$P(Y=y_i|X=x),i=1,2,\cdots,k$

用朴素贝叶斯分类时，对给定的输入 x，通过上述学习到的模型计算后验概率分布 $P(Y=y_i|X=x),i=1,2,\cdots,k$，将后验概率最大的类别作为 x 的类别输出。后验概率根据贝叶斯定理进行计算：

$$P(Y=y_i|X=x)=\frac{P(Y=y_i)P(X=x|Y=y_i)}{P(X=x)}=\frac{P(Y=y_i)P(X=x|Y=y_i)}{\sum_{r=1}^{k}P(Y=y_r)P(X=x|Y=y_r)}$$

分母利用到了 $P(X=x)$ 的全概率公式。由条件独立性假设，上式进一步简化为

$$P(Y=y_i|X=x)=\frac{P(Y=y_i)\prod_{j=1}^{n}P(X_j=x_j|Y=y_i)}{\sum_{r=1}^{k}P(Y=y_r)\prod_{j=1}^{n}P(X_j=x_j|Y=y_r)}$$

这就是朴素贝叶斯分类的基本公式。

朴素贝叶斯分类器就是取后验概率最大时的分类

$$y=f(x)=\arg\max_{y_i}\frac{P(Y=y_i)\prod_{j=1}^{n}P(X_j=x_j|Y=y_i)}{\sum_{r=1}^{k}P(Y=y_r)\prod_{j=1}^{n}P(X_j=x_j|Y=y_r)}$$

显然，上式中的分母对于所有类别来说都是一样的，对计算结果不会产生影响，所以，朴素贝叶斯分类器公式可以简化为：

$$y=f(x)=\arg\max_{y_i}P(Y=y_i)\prod_{j=1}^{n}P(X_j=x_j|Y=y_i)$$

朴素贝叶斯分类器的后验概率最大化等价于 0－1 损失函数时的期望损失最小化。

7.2.1 基于极大似然估计的朴素贝叶斯算法

图 7-1 描述了基于极大似然估计的朴素贝叶斯算法的计算步骤。利用该算法对下面的

数据集中的一个实例 x 进行类别的判断。

输入：训练数据 S={ (x$^{(1)}$,y$^{(1)}$), (x$^{(2)}$,y$^{(2)}$), $\cdots$, (x$^{(m)}$,y$^{(m)}$) }，其中 x=(x$_1$,x$_2$,$\cdots$,x$_n$)^T，x$_j^{(i)}$ 是第 i 个样本的第 j 个特征，x$_j^{(i)}$∈{a$_{j1}$,a$_{j2}$,$\cdots$,a$_{js_j}$}，a$_{jr}$ 是第 j 个特征可能取的第 r 个值，s$_j$ 代表第 j 个特征的取值个数，j=1,2,$\cdots$,n，r=1,2,$\cdots$,s$_j$，y$^{(i)}$∈{y$_1$,y$_2$,$\cdots$,y$_k$}；实例 x；

输出：实例 x 的分类。

（1）计算先验概率及条件概率：

$$P\left(Y=y_i\right)=\frac{\sum_{j=1}^m I\left(y^{(j)}=y_i\right)}{m}, i=1,2,\cdots,k$$

$$P\left(X_j=a_{jr}|Y=y_i\right)=\frac{\sum_{t=1}^m I\left(x_j^{(t)}=a_{jr}, y^{(t)}=y_i\right)}{\sum_{t=1}^m I\left(y^{(t)}=y_i\right)},$$

$$i=1,2,\cdots,k; j=1,2,\cdots,n; r=1,2,\cdots,s_j; t=1,2,\cdots,m$$

（2）对于给定的实例 x=(x$_1$,x$_2$,$\cdots$,x$_n$)^T，计算

$$P\left(Y=y_i\right)\prod_{j=1}^n P\left(X_j=x_j|Y=y_i\right), i=1,2,\cdots,k$$

（3）确定实例 x 的类别

$$y=\arg\max_{y_i}P\left(Y=y_i\right)\prod_{j=1}^n P\left(X_j=x_j|Y=y_i\right)$$

图 7-1 基于极大似然估计的朴素贝叶斯算法

案例实战 7.1 由表 7-1 中的训练数据，每列为一个样本，包含两个特征 X_1、X_2 以及标签 Y。表中特征 X_1 和 X_2 的取值分别为 $A_1=\{1,2,3\}$ 和 $A_2=\{S,M,L\}$，Y 为类型标签 $y\in\{1,-1\}$。学习一个朴素贝叶斯分类器，并确定 $x=(2,S)^T$ 的类别 y。

表 7-1 训练数据

	1	2	3	4	5	6	7	8	9	10	11	12	13	14	15
X_1	1	1	1	1	1	2	2	2	2	2	3	3	3	3	3
X_2	S	M	M	S	S	S	M	M	L	L	L	M	M	L	L
Y	-1	-1	1	1	-1	-1	-1	1	1	1	1	1	1	1	-1

首先求先验概率：

$$P(Y=1)=\frac{9}{15}, P(Y=-1)=\frac{6}{15}$$

再求条件概率：

$$P\left(X_1=1|Y=1\right)=\frac{2}{9}, P\left(X_1=2|Y=1\right)=\frac{3}{9}, P\left(X_1=3|Y=1\right)=\frac{4}{9}$$

$$P\left(X_2=S|Y=1\right)=\frac{1}{9}, P\left(X_2=M|Y=1\right)=\frac{4}{9}, P\left(X_2=L|Y=1\right)=\frac{4}{9}$$

$$P\left(X_1=1|Y=-1\right)=\frac{3}{6}, P\left(X_1=2|Y=-1\right)=\frac{2}{6}, P\left(X_1=3|Y=-1\right)=\frac{1}{6}$$

$$P\left(X_2=S|Y=-1\right)=\frac{3}{6}, P\left(X_2=M|Y=-1\right)=\frac{2}{6}, P\left(X_2=L|Y=-1\right)=\frac{1}{6}$$

对于给定的 $x=(2,S)^T$，求其后验概率：

$$P\left(Y=1\right)P\left(X_1=2|Y=1\right)P\left(X_2=S|Y=1\right)=\left(\frac{9}{15}\right)\times\left(\frac{3}{9}\right)\times\left(\frac{1}{9}\right)=\frac{1}{45}$$

$$P\left(Y=-1\right)P\left(X_1=2|Y=-1\right)P\left(X_2=S|Y=-1\right)=\left(\frac{6}{15}\right)\times\left(\frac{2}{6}\right)\times\left(\frac{3}{6}\right)=\frac{1}{15}$$

因为当 $y=-1$ 时 x 有最大的后验概率，因此，其标签为 -1。

7.2.2 基于贝叶斯估计的朴素贝叶斯算法

有时，基于极大似然估计的朴素贝叶斯算法的结果不是很理想，因为在利用基于极大似然估计的朴素贝叶斯分类器时，要计算多个概率的乘积以获得某个类别的概率。如果其中一个概率值为 0，那么最后的乘积也为 0。为降低这种影响，接下来我们采用贝叶斯估计对上述算法做微小的修改（如图 4-2 所示）。

输入：训练数据 $S=\{(x^{(1)},y^{(1)}),(x^{(2)},y^{(2)}),\cdots,(x^{(m)},y^{(m)})\}$，其中 $x=(x_1,x_2,\cdots,x_n)^T$，$x_j^{(i)}$ 是第 i 个样本的第 j 个特征，$x_j^{(i)}\in\{a_{j1},a_{j2},\cdots,a_{jS_j}\}$，$a_{jr}$ 是第 j 个特征可能取的第 r 个值，s_j 代表第 j 个特征的取值个数，$j=1,2,\cdots,n$，$r=1,2,\cdots,s_j$，$y^{(i)}\in\{y_1,y_2,\cdots,y_k\}$，$k$ 表示 y 的类别个数。实例 x；

输出：实例 x 的分类。

（1）计算先验概率及条件概率：

$$P\left(Y=y_i\right)=\frac{\sum_{j=1}^m I\left(y^{(j)}=y_i\right)+\lambda}{m+k\lambda},i=1,2,\cdots,k$$

$$P_\lambda\left(X_j=a_{jr}|Y=y_i\right)=\frac{\sum_{t=1}^m I\left(x_j^{(t)}=a_{jr},y^{(t)}=y_i\right)+\lambda}{\sum_{t=1}^m I\left(y^{(t)}=y_i\right)+s_j\lambda}$$

$i=1,2,\cdots,k;j=1,2,\cdots,n;r=1,2,\cdots,s_j;t=1,2,\cdots,m,\lambda>0$。当 $\lambda=0$ 时，就是极大似然估计，常取 $\lambda=1$，这时称为拉普拉斯平滑。

（2）对于给定的实例 $x=(x_1,x_2,\cdots,x_n)^T$，计算

$$P\left(Y=y_i\right)\prod_{j=1}^n P\left(X_j=x_j|Y=y_i\right),i=1,2,\cdots,k$$

（3）确定实例 x 的类别

$$y=\arg\max_{y_i} P\left(Y=y_i\right)\prod_{j=1}^n P\left(X_j=x_j|Y=y_i\right)$$

图 7-2 基于贝叶斯估计的朴素贝叶斯算法

案例实战 7.2 问题与案例实战 7.1 一样，按照拉普拉斯平滑估计概率，即 $\lambda=1$。

首先求先验概率：由 $P\left(Y=y_i\right)=\dfrac{\sum_{j=1}^m I\left(y^{(j)}=y_i\right)+\lambda}{m+k\lambda}$，有两类标签 $y=\{-1,+1\}$，所以，$k=2$。

$$P(Y=1)=(9+1)/(15+2)=\frac{10}{17},P(Y=-1)=(6+1)/(15+2)=\frac{7}{17}$$

再求条件概率：$P_\lambda\left(X_j=a_{jr}|Y=y_i\right)=\dfrac{\sum_{t=1}^m I\left(x_j^{(t)}=a_{jr},y^{(t)}=y_i\right)+\lambda}{\sum_{t=1}^m I\left(y^{(t)}=y_i\right)+s_j\lambda}$，由于 X_1 有 3 种取值，即 $A_1=\{1,2,3\}$，所以 $s_1=3$，同理，$s_2=3$。

$$P\left(X_1=1|Y=1\right)=(2+1)/(9+3)=\frac{3}{12},P\left(X_1=2|Y=1\right)=(3+1)/(9+3)=\frac{3}{12}$$

$$P\left(X_1=3|Y=1\right)=(4+1)/(9+3)=\frac{5}{12}$$

$$P\left(X_2 = S|Y = 1\right) = \frac{2}{12}, P\left(X_2 = M|Y = 1\right) = \frac{5}{12}, P\left(X_2 = L|Y = 1\right) = \frac{5}{12}$$

$$P\left(X_1 = 1|Y = -1\right) = \frac{4}{9}, P\left(X_1 = 2|Y = -1\right) = \frac{3}{9}, P\left(X_1 = 3|Y = -1\right) = \frac{2}{9}$$

$$P\left(X_2 = S|Y = -1\right) = \frac{4}{9}, P\left(X_2 = M|Y = -1\right) = \frac{3}{9}, P\left(X_2 = L|Y = -1\right) = \frac{2}{9}$$

对于给定的 $x = (2, S)^{\mathrm{T}}$，求其后验概率：

$$P\left(Y = 1\right)P\left(X_1 = 2|Y = 1\right)P\left(X_2 = S|Y = 1\right) = \left(\frac{10}{17}\right) \times \left(\frac{4}{12}\right) \times \left(\frac{2}{12}\right) = \frac{5}{153}$$

$$P\left(Y = -1\right)P\left(X_1 = 2|Y = -1\right)P\left(X_2 = S|Y = -1\right) = \left(\frac{7}{17}\right) \times \left(\frac{3}{9}\right) \times \left(\frac{4}{9}\right) = \frac{28}{459}$$

因为当 $y=-1$ 时 x 有最大的后验概率，因此，其标签为 -1。

案例实战 7.3　鸢尾花的类型判断。

在 mlbook 目录下，创建 naive_bayes 包，并在该包中创建 naive_bayes.py 文件，在该文件中编写实现高斯朴素贝叶斯算法的类，具体代码如图 7-3 所示。

```
1    import math
2    class NaiveBayes:
3      def __init__(self):
4        self.model = None
5      # 数学期望
6      @staticmethod
7      def mean(X):
8        return sum(X) / float(len(X))
9      # 标准差（方差）
10     def stdev(self, X):
11       avg = self.mean(X)
12       return math.sqrt(sum([pow(x - avg, 2) for x in X]) / float(len(X)))
13     # 概率密度函数
14     def gaussian_probability(self, x, mean, stdev):
15       exponent = math.exp(-(math.pow(x - mean, 2) / (2 * math.pow(stdev, 2))))
16       return (1 / (math.sqrt(2 * math.pi) * stdev)) * exponent
17     # 处理 X_train
18     def summarize(self, train_data):
19       summaries = [(self.mean(i), self.stdev(i)) for i in zip(*train_data)]
20       return summaries
21     # 分类别求出数学期望和标准差
22     def fit(self, X, y):
23       labels = list(set(y))
24       data = {label: [] for label in labels}
```

图 7-3　实现高斯朴素贝叶斯算法的类

```
25        for f, label in zip(X, y):
26          data[label].append(f)
27        self.model = {label: self.summarize(value) for label, value in
      data.items()}
28      def calculate_probabilities(self, input_data): # 计算概率
29        probabilities = {}
30        for label, value in self.model.items():
31          probabilities[label] = 1
32          for i in range(len(value)):
33            mean, stdev = value[i]
34            probabilities[label] *= self.gaussian_probability(
35                input_data[i], mean, stdev)
36        return probabilities
37      def predict(self, X_test): # 类别预测
38        label = sorted(self.calculate_probabilities(X_test).items(),
      key=lambda x: x[-1])[-1][0]
39        return label
40      def score(self, X_test, y_test):
41        right = 0
42        for X, y in zip(X_test, y_test):
43          label = self.predict(X)
44          if label == y:
45            right += 1
46        return right / float(len(X_test))
```

图 7-3 实现高斯朴素贝叶斯算法的类（续）

在图 7-3 中，定义了 NaiveBayes 类，该类中包含了几个方法，第 7～8 行 mean() 方法实现了对数据样本的均值计算，第 10～12 行 stdev() 方法实现了样本的标准差计算。第 14～16 行的 gaussian_probability() 方法实现了高斯概率密度函数的计算；第 18～20 行的 summarize() 方法求出训练数据集的均值和标准差；第 22～30 行的 fit() 方法对数据分类别求出数学期望和标准差，在该方法中调用了 summarize() 方法，首先在第 23 行利用集合的性质将出现的类别去除重复并保存在 labels 中，第 24 行由这些生成的 labels 标签创建空的字典 data，然后在第 25～26 行通过 zip() 方法，逐个取出数据样本的数据和标签信息，将具有相同标签的数据分类存放到字典 data 中的相同字典项中。第 27 行利用得到的字典 data 统计其均值和标准差得到模型 model；第 28～36 行 calculate_probabilities() 方法使用前面计算出来的 model 中的均值方差，以及高斯概率密度函数来计算样本的概率。第 37～39 行的 predict() 方法调用计算概率 calculate_probabilities() 方法，然后将计算得到的各个概率值进行排序，取出最后一个，也就是最大的概率值，作为其类别。第 40～46 行的 score() 方法计算测试集的分类正确率。

在 naive_bayes 包中，创建 gaussian_naive_bayes.py 文件，在该文件中，导入上述的高

斯朴素贝叶斯算法的类，对鸢尾花数据集进行训练和测试，具体代码如图 7-4 所示。

在图 7-4 中，第 1～3 行导入相关的包（包括图 7-3 中自定义的高斯朴素贝叶斯算法的类），第 5 行加载鸢尾花数据集，第 6～7 行对鸢尾花数据集进行训练和测试数据的分离，第 8 行调用高斯朴素贝叶斯算法的类，第 9 行利用样本对模型进行训练（计算），第 10～12 行对 3 个不同的样本进行预测分类。第 13～14 行注释掉了，用于当需要对多个数据进行预测时，可以用循环的方式进行。最后第 15 行计算预测的准确率。运行该程序，可以得到如下的结果：0 1 2 准确率：0.9555555555555556。

```
1    from sklearn.datasets import load_iris
2    from sklearn.model_selection import train_test_split
3    import naive_bayes
4
5    iris = load_iris()
6    X, y = iris.data, iris.target
7    X_train, X_test, y_train, y_test = train_test_split(X, y, test_
     size=0.3, random_state=1)
8    model = naive_bayes.NaiveBayes()
9    model.fit(X_train, y_train)
10   print(model.predict([5.0,3.5,1.4,0.2]))
11   print(model.predict([7,2.2,4.7,1.4]))
12   print(model.predict([5.8,3.6,5.1,1.8]))
13   # for x in X_test:
14   #    print(model.predict(x))
15   print(f"准确率：{model.score(X_test, y_test)}")
```

图 7-4　使用高斯朴素贝叶斯算法测试鸢尾花样本的类型

🤖 7.3　Sklearn 的朴素贝叶斯算法

在 Sklearn 中，朴素贝叶斯有 3 种，分别是 Gaussian NB、Multinomial NB 和 Bernoulli NB。

7.3.1　Sklearn 的高斯朴素贝叶斯实现

Gaussian NB 是先验为高斯分布（正态分布）的朴素贝叶斯，假设每个标签的数据都服从高斯分布（正态分布），其详细的概率密度函数计算公式参考 7.1 节。

案例实战 7.4　由于鸢尾花的数据集都是连续属性，适合采用 Gaussian NB 来进行实现。在 naive_bayes 包中，创建 gaussian_naive_bayes_sklearn.py 文件，并在其中编写代码如图 7-5 所示。

```
1    from sklearn.naive_bayes import GaussianNB   # 高斯分布，假定特征服从正态
     分布
2    from sklearn.model_selection import train_test_split # 数据集划分
3    from sklearn.metrics import accuracy_score
4    from sklearn.datasets import load_iris
5    iris = load_iris()
6    X, y = iris.data, iris.target
7    X_train, X_test, y_train, y_test = train_test_split(X, y, test_
     size=0.3, random_state=1)
8
9    model = GaussianNB()
10   model.fit(X_train, y_train)
11   predict_class = model.predict(X_test)
12   print(f"测试集准确率为: {accuracy_score(y_test,predict_class)}")
```

图 7-5　Sklearn 的高斯朴素贝叶斯算法测试鸢尾花类别

图 7-5 中 的 代 码 非 常 简 单 ， 运 行 该 程 序 ， 得 到 结 果 ： 测 试 集 准 确 率 为 ：
0.9333333333333333。

7.3.2　Sklearn 的多项式朴素贝叶斯实现

多项式朴素贝叶斯是先验为多项式分布的朴素贝叶斯，它假设特征是由一个简单多项
式分布生成的。多项分布可以描述各种类型样本出现次数的概率，因此多项式朴素贝叶斯
非常适合用于描述出现次数的特征。该模型常用于文本分类，特征表示次数，例如，某个
词语的出现次数。多项式分布来源于统计学中的多项式实验，这种实验可以解释为：实验
包括 n 次重复试验，每次试验都有不同的可能结果。在任何给定的试验中，特定结果发生
的概率是不变的。其具体的公式参考 7.1 节。

多项式所涉及的特征往往是次数、频率、计数等，这些特征都是离散的正整数，因
此，Sklearn 中的 Multinomial NB 不接受负值的输入。

Multinomial NB 包含如下的参数和属性：

```
    class sklearn.naive_bayes.MultinomialNB (alpha=1.0,fit_prior=True, class_
prior=None)
```

参数说明：

```
    alpha : 浮点数，默认为 1.0。
    平滑系数 λ，若为 0，则表示完全没有平滑选项。需注意，平滑相当于人为地给概率加上一些噪声，因此 λ
值设置得越大，精确性会越低（虽然影响不是非常大）。
    fit_prior : 布尔值，默认为 True。
    是否学习先验概率 P(Y=c)。若为 False，则所有的样本类别输出都有相同的类别先验概率，即认为每个标
```

签类出现的概率是 1/ 总类别数。

class_prior：形似数组的结构，结构为 (n_classes,)，默认为 None，表示类的先验概率 P(Y=c)。若没有给出具体的先验概率，则自动根据数据来进行计算。

案例实战 7.5　在 naive_bayes 包中，创建 multinomial_naive_bayes_sklearn.py 文件，并在其中编写代码，具体如图 7-6 所示。

```
from sklearn.naive_bayes import MultinomialNB
import numpy as np
# 随机生成数据集
X = np.random.randint(5, size=(6, 100))
y = np.array([1, 2, 3, 4, 5, 6])
# 建立一个多项式朴素贝叶斯分类器
model = MultinomialNB(alpha=1.0, fit_prior=True, class_prior=None)
model.fit(X, y)
# 由于概率永远是在 [0,1] 之间，mnb（Multinomial Naive_bayes）给出的是对数先验概率，因此返
回的永远是负值
# 类先验概率 = 各类的个数 / 类的总个数
print(" 类先验概率: ", np.exp(model.class_log_prior_))
print(f" 每个标签类别下包含的样本数: model.class_count_}")
print(f" 预测的分类: {model.predict([X[2]])}")   # 输出 3
```

图 7-6　多项式朴素贝叶斯分类测试

运行图 7-6 中的程序，得到结果：类先验概率：[0.16666667 0.16666667 0.16666667 0.16666667 0.16666667 0.16666667] 每个标签类别下包含的样本数：[1. 1. 1. 1. 1. 1.] 预测的分类：[3]。

案例实战 7.6　使用 Sklearn 自带的数据集，使用 fetch_20newsgroups 中的数据，其中包含 20 个主题的 18000 个新闻组的帖子，利用多项式朴素贝叶斯算法进行分类。

在 naive_bayes 包中，创建 multinomial_naive_bayes_sklearn_news.py 文件，并在其中编写代码如图 7-7 所示。

```
1    from sklearn.datasets import fetch_20newsgroups
2    from sklearn.model_selection import train_test_split
3    from sklearn.feature_extraction.text import TfidfVectorizer#tf-idf
4    from sklearn.naive_bayes import MultinomialNB
5    news = fetch_20newsgroups(subset='all')
6    # 进行训练集和测试集切分
7    X_train, X_test, y_train, y_test = train_test_split(news.data, news.
     target, test_size=0.25)
8    # 对数据集进行特征提取
9    tf = TfidfVectorizer()
```

图 7-7　使用多项式朴素贝叶斯算法对新闻组帖子分类

```
10    X_train = tf.fit_transform(X_train)
11    X_test = tf.transform(X_test)
12    # print(tf.get_feature_names())
13    model = MultinomialNB(alpha=1.0)
14    model.fit(X_train, y_train)
15    y_predict = model.predict(X_test)
16    # 得出准确率
17    print(f"准确率为: {model.score(X_test, y_test)}")
```

图 7-7　使用多项式朴素贝叶斯算法对新闻组帖子分类（续）

在图 7-7 中，第 1～4 行导入了相关的数据，第 5～7 行加载 20 个主题的新闻数据并对数据集进行切分。第 9 行对数据集进行特征提取，第 10 行开始对训练数据进行标准化并求出其相关的统计信息，第 11 行利用已求的统计信息，对测试数据做标准化。第 13～14 行实例化多项式朴素贝叶斯算法实例和对训练样本进行模型训练，第 15 行对测试数据进行预测，最后，第 17 行输出分类准确率，运行该程序，得到结果：准确率为：0.847623089983022。

7.3.3　Sklearn 的伯努利朴素贝叶斯实现

Bernoulli NB 就是先验为伯努利分布的朴素贝叶斯。假设特征的先验概率为二元伯努利分布，在文本分类中，就是一个特征有没有在一个文档中出现。其分布具体的公式参考 7.1 节。

Bernoulli NB 包含如下的参数和属性：

```
 class sklearn.naive_bayes.BernoulliNB (alpha=1.0, binarize=0.0,fit_prior=True,
class_prior=None)
```

参数说明：

```
 binarize: 将数据特征二值化的阈值，大于 binarize 的值处理为 1 ，小于等于 binarize 的值处理为 0。
```

其他参数说明见 7.3.2 节中的参数说明。

案例实战 7.7　简单伯努利朴素贝叶斯算法测试。

在 naive_bayes 包中，创建 bernoulli_naive_bayes_sklearn.py 文件，并在其中编写代码，具体如图 7-8 所示。

```
1    import numpy as np
2    from sklearn.naive_bayes import BernoulliNB   # 伯努利朴素贝叶斯
3    x = np.array([[1, 2, 3, 4], [1, 3, 4, 4], [2, 4, 5, 5]])
4    y = np.array([1, 1, 2])
```

图 7-8　伯努利朴素贝叶斯算法测试

```
5    model = BernoulliNB(alpha=2.0, binarize=3.0, fit_prior=True)
6    model.fit(x, y)
7    print(f" 预测结果: {model.predict(np.array([[1, 2, 3, 4]]))}")   # 输出 1
8    # class_log_prior_: 类先验概率对数值
9    print(f" 类先验概率对数值: {model.class_log_prior_}")
10   # 类先验概率 = 各类的个数 / 类的总个数
11   print(f" 类先验概率: {np.exp(model.class_log_prior_)}")
12   # feature_log_prob_: 指定类的各特征概率（条件概率）对数值
13   print(f" 指定类的各特征概率（条件概率）对数值: {model.feature_log_prob_}")
14   print(f" 指定类的各特征概率（条件概率）: {np.exp(model.feature_log_
     prob_)}")
15   # 用伯努利分布公式计算，结果与上面的一样
16   p_A_c1 = [(0 + 2) / (2 + 2 * 2) * 1,
17       (0 + 2) / (2 + 2 * 2) * 1,
18       (1 + 2) / (2 + 2 * 2) * 1,
19       (2 + 2) / (2 + 2 * 2) * 1]
20   #    A    λ     B    λ
21   # 上面 A 列表示: 类别 1 中 1 的个数
22   # 上面 B 列表示: 类别 1 中的样本数
23   p_A_c2 = [(0 + 2) / (1 + 2 * 2) * 1,
24       (1 + 2) / (1 + 2 * 2) * 1,
25       (1 + 2) / (1 + 2 * 2) * 1,
26       (1 + 2) / (1 + 2 * 2) * 1]
27   feature_prob = [p_A_c1,p_A_c2]
28   print(f" 公式计算得到的指定类的各特征概率: {np.array(feature_prob)}")
29   # class_count_: 按类别顺序输出其对应的样本数
30   print(f" 各类别的样本数: {model.class_count_}")
31   # feature_count_: 各类别各特征值之和，按类的顺序输出
32   print(f" 各类别各特征值之和: {model.feature_count_}")
```

图 7-8　伯努利朴素贝叶斯算法测试（续）

在图 7-8 中，对各行代码的含义做了注释。运行该程序，得到结果：

```
预测结果: [1]
类先验概率对数值: [-0.40546511 -1.09861229]
类先验概率: [0.66666667 0.33333333]
指定类的各特征概率（条件概率）对数值: [[-1.09861229 -1.09861229 -0.69314718 -0.40546511]
 [-0.91629073 -0.51082562 -0.51082562 -0.51082562]]
指定类的各特征概率（条件概率）: [[0.33333333 0.33333333 0.5        0.66666667]
 [0.4        0.6        0.6        0.6       ]]
公式计算得到的指定类的各特征概率: [[0.33333333 0.33333333 0.5        0.66666667]
 [0.4        0.6        0.6        0.6       ]]
各类别的样本数: [2. 1.]
各类别各特征值之和: [[0. 0. 1. 2.]
 [0. 1. 1. 1.]]
```

到目前为止，naive_bayes 包的结构大致如图 7-9 所示。

图 7-9　本章程序文件目录结构

7.4　本章小结

分类是数据分析和机器学习领域的一个基本问题。相对其他精心设计的更复杂的分类算法，朴素贝叶斯分类算法是学习效率和分类效果较好的分类算法之一。朴素贝叶斯算法，具有很好的可解释性，朴素贝叶斯算法特点是假设所有特征的出现相互独立互不影响，每个特征同等重要。其优点是朴素贝叶斯模型起源于古典数学理论，有稳定的分类效率。对缺失数据不太敏感，算法也比较简单，常用于文本分类。分类准确度高、速度快。缺点是由于使用了样本属性独立性的假设，所以当样本属性有关联时其效果不好。

思考与练习

1. 重现本章所有案例实战。

2. 某个医院早上接待了 6 个门诊病人，如表 7-2 所示。

表 7-2　病人分类

症状	职业	疾病
打喷嚏	护士	感冒
打喷嚏	农夫	过敏
头痛	建筑工人	脑震荡
头痛	建筑工人	感冒
打喷嚏	教师	感冒
头痛	教师	脑震荡

现在又来了第 7 个病人，是一个打喷嚏的建筑工人。请问他患上感冒的概率有多大？

第8章 决策树算法

扫一扫
看微课

决策是进行各项活动时普遍存在的一种择优手段，决策树是一种树形结构，其中每个内部节点表示一个属性（特征）上的测试，每个分支代表一个测试输出，每个叶节点代表一种类别。它是统计、数据挖掘和机器学习中使用的预测建模方法之一。目标变量采用一组离散值的树模型称为分类树；在这些树结构中，叶子代表类标签，分支代表划分标签的依据。目标变量采用连续值（通常是实数）的决策树称为回归树。

例如，某银行要确定是否给客户发放贷款，为此需要考察客户的年收入，是否有房产这两个指标。首先判断客户的年收入指标，如果大于 20 万，可以贷款；否则继续判断。然后判断客户是否有房产，如果有房产，可以贷款；否则不能贷款。

8.1 决策树的基本概念

当标签和特征之间呈现线性关系时，使用线性回归算法来拟合标签与特征的关系是最合适的算法，即使有时标签与特征之间的关系是非线性的，也可以对数据进行特征变换后使用线性回归算法求解，如多项式回归。但是，当标签分布是非连续型分布时，线性回归就不合适了。例如，前面的贷款问题和下面这个例子。

案例实战 8.1 样本空间 $X = [-1,1] \in \mathbf{R}$，对任一样本特征 x，相应的标签 y 服从正态分布 $D_x = N(f(x),1)$。其中，均匀分布的期望是以下的分段函数：

$$f(x) = \begin{cases} -1, & x < -0.5 \\ 1, & -0.5 \leqslant x < 0 \\ -0.5, & 0 \leqslant x < 0.5 \\ 0.5, & x \geqslant 0.5 \end{cases}$$

对上述的分布进行线性回归，观察其效果。

在 mlbook 目录下，创建 decision_tree 包，然后在该包中创建 linear_regression_bad.py 文件，并在其中编写代码进行测试，具体代码如图 8-1 所示。

```
1    import matplotlib.pyplot as plt
2    import numpy as np
3    import linear_regression.linear_regression as lib
4    np.random.seed(0)
5    def generate_samples(m):
6        X = np.random.uniform(-1, 1, (m, 1))
7        fx = []
8        for i in range(len(X)):
9          if X[i][0] < -0.5:
10           fx.append(-1)
11         elif -0.5 <= X[i][0] < 0:
12           fx.append(1)
13         elif 0 <= X[i][0] < 0.5:
14           fx.append(-0.5)
15         else:
16           fx.append(0.5)
17       y = np.random.normal(fx, 0.05, m)
18       return X, y
19   def process_features(X):
20       m, n = X.shape
21       X = np.c_[np.ones((m, 1)), X]
22       return X
23   X, y = generate_samples(50)
24   # 对线性回归的 X 需要做一些特殊处理，将偏置项 b 放进去，全 1 列
25   X = process_features(X)
26   model = lib.LinearRegression()
27   model.fit(X, y)
28   y_pred = model.predict(X)
29   plt.scatter(X[:, 1], y)
30   plt.plot(X[:, 1], y_pred[:])
31   plt.show()
```

图 8-1　标签非连续型分布的线性回归拟合效果测试

在图 8-1 中，第 3 行导入我们在第 3 章中实现的线性回归算法的模块；第 5～17 行，根据案例分段函数的要求，求出其标签的分布，然后返回样本和标签构成的元组。第 19～22 行的函数在前面已经多次使用，主要就是为了方便对数据进行处理，在样本特征的最前面增加的全 1 的列，简化了后续的求解过程。第 23～24 行生成样本数据并对样本进行特征处理，第 26 行实例化线性回归的模型，第 27 行训练模型，第 28 行以训练数据作为输入，拟合出一条直线，最后将数据可视化。运行该程序，得到如图 8-2 所示的结果。

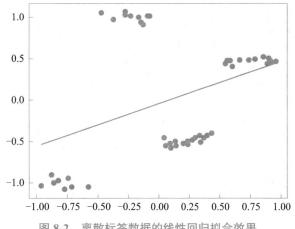

图 8-2　离散标签数据的线性回归拟合效果

从图 8-2 可以看出，显然线性回归并不是一个合适的拟合模型。线性回归模型的模型假设决定了其预测的必须是特征的连续函数，本例的标签显然不是连续的，因此线性回归算法无法获得数据之间的良好拟合。相反，决策树算法恰好适合这类情形。

决策树模型按照样本特征将样本空间划分成一些局部区域，并对每个区域制定一个统一的标签预测。任意一个数据样本，决策树将根据样本的特征判断它所属的区域，并将该区域的指定标签预测值作为对这个数据样本的标签预测。

决策树模型采用二叉树数据结构，在决策树中，每个中间节点用于存储一个特征下标 j 以及一个阈值 θ。每个叶子结点存储一个指定的预测值 p。给定一个数据样本，并设 $\boldsymbol{x} = (x_1, x_2, \cdots, x_n)$ 为样本的特征。决策树从根节点开始向下搜索。在每个中间节点处，设该节点中存储的特征下标为 j，阈值为 θ，若 $x_j \leqslant \theta$，则进入该节点的左孩子为根节点的左子树；否则进入该节点的右孩子为根节点的右子树。以此类推，直至达到决策树的一个叶子节点。决策树模型在该叶子节点存储的预测值 p 作为模型的输出。

由上所述，决策树模型如图 8-3 所示。

```
决策树节点数据结构
node:
    j: 特征下标
    θ: 阈值
    p: 标签预测值
    left: 左孩子节点
    right: 右孩子节点
决策树模型的递归算法
T(node, x):
    if node.left == NULL and node.right == NULL:
        return node. p
    else:
```

图 8-3　决策树模型

```
        j = node.j
    if x_j≤node.θ:
        return T(node.left, x)
    else:
        return T(node.right, x)
决策树模型
h(x) = T(root,x)
```

图 8-3 决策树模型（续）

在回归问题中，决策树回归算法是一个以决策树模型为模型假设，均方误差为目标函数的经验损失最小化算法，如图 8-4 所示。

输入：m 条训练数据 $S=\{(x^{(1)},y^{(1)}),(x^{(2)},y^{(2)}),\cdots,(x^{(m)},y^{(m)})\}$
模型假设：$H=\{h(x)\,|\,h$ 为图 8-3 的决策树模型 $\}$

$$\min_{h\in H}\frac{1}{m}\sum_{i=1}^{m}\left(h\left(x^{(i)}\right)-y^{(i)}\right)^2$$

图 8-4 决策树回归算法

由二叉树的性质知道，在一个决策树中，从根节点到每个叶子节点都有一条唯一的路径，其经过的边数目称为路径长度，定义从根节点到各叶子节点的最大路径长度为决策树的深度。对案例实战 8.1 的数据进行决策树回归算法的拟合，其详细代码将在后面介绍决策树回归算法后给出。使用决策树回归算法得到如图 8-5 所示的图形，可以看到若不对深度做限制，则决策树可以完全拟合给定的训练数据，但容易造成过度拟合。

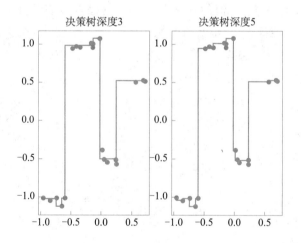

图 8-5 决策树回归算法的不同拟合深度对比

因为决策树回归算法无法像线性回归一样采取正则化，为了防止出现过度拟合，必须对决策树模型的深度进行限制。在图 8-4 所示的算法基础上做出改进，具体如图 8-6 所示。

决策树回归算法（限制深度）

输入：m 条训练数据 S={（x$^{(1)}$,y$^{(1)}$）,（x$^{(2)}$,y$^{(2)}$）,…,（x$^{(m)}$,y$^{(m)}$）}

模型假设：H^d={h(x)|h 为深度不超过 d 的决策树}

$$\min_{h \in H^d} \frac{1}{m} \sum_{i=1}^{m} \left(h(x^{(i)}) - y^{(i)} \right)^2$$

图 8-6　限制深度的决策树回归算法

案例实战 8.2　假设样本空间 $X = [0, 3\pi)$。对于任意特征 $x \in X$，标签 y 服从正态分布 $D_x = N(\cos(x), 0.1)$，随机生成 50 个样本，对其使用 Sklearn 提供的决策树模型进行拟合，得到如图 8-7 所示的图像，原始数据是均值为余弦函数、标准差为 0.1 的正态分布。其余 5 个图形分别是不同深度的决策树拟合出来的结果。具体代码见 8.4.1 节的图 8-14。深度 为 1 的只有左右两个分支，而深度为 2 的在原来的基础上，每个分支又划分出 2 个分支，因此是 4 个分支，以此类推。得到后面的其他各个图像，可以看出随着深度的增加，决策 树对原始数据（训练样本）的划分越来越准确，拟合效果逐渐变好，但也会出现过度拟合，使该算法对测试样本的拟合效果变差。

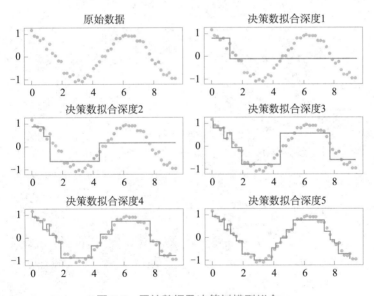

图 8-7　原始数据及决策树模型拟合

决策树模型除了可以应用于回归问题，还可以应用于分类问题。当正采样或负采样 的分布不是一个整体的连续区域，而是由多个局部区域构成时，决策树模型比第 5 章的 Logistic 回归更适合，只需将图 8-3 中的预测值 p 设为概率向量即可。

在一个分类问题中，决策树分类算法是一个以决策树模型为模型假设，以交叉熵为目 标函数的经验损失最小化算法。该算法采用 0-1 向量的标签形式，决策树模型输出一个 k 维概率向量。向量的第 i 个分量表示样本属于类别 i 的概率（如图 8-8 所示）。

针对类别预测任务形式，决策树先完成概率预测任务，然后通过最大概率分类函数做 出对类别的预测，当训练数据的分类边界是非线性的，且能够用矩形来划分特征空间时，决策树是求解分类问题的一个合适的算法。

> 决策树分类算法（限制深度）
>
> 任务：k 元分类问题的概率预测
>
> 输入：m 条训练数据 $S=\{(x^{(1)},y^{(1)}),(x^{(2)},y^{(2)}),\cdots(x^{(m)},y^{(m)})\}$
>
> 模型假设：$H^d=\{h(x)\mid h$ 为深度不超过 d 的决策树 $\}$
>
> $$\min_{h\in H^d}-\frac{1}{m}\sum_{i=1}^{m}y^{(i)T}\log h\left(x^{(i)}\right)$$

图 8-8 限制深度的决策树分类算法

案例实战 8.3 由月亮形函数 make_moon() 和环形函数 make_circles() 生成样本数据，并用决策树分类算法，对这两种数据进行分类。得到如图 8-9 所示的图像，详细的实现代码见 8.3.3 节的图 8-18。

在图 8-9 中，同时包含训练样本点和测试样本点，左边是随机生成的月亮形数据和环形数据，右边是它们对应的决策树分类的结果，其中训练样本点设置为深色。由图中的结果可以看出，决策树分类算法对于这两类数据的分类效果都非常好。

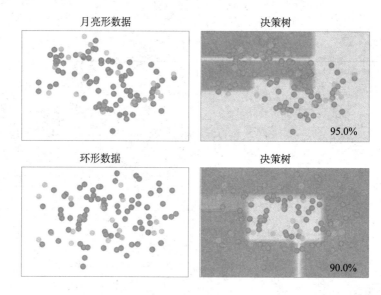

图 8-9 月亮形和环形数据及其决策树分类

8.2 决策树优化算法

常见的决策树优化算法如下所述，它们之间有哪些区别呢？

ID3（Iterative Dichotomiser 3）由 Ross Quinlan 在 1986 年提出。该算法创建一棵二叉树，其算法核心是在决策树各个节点上应用信息增益准则选择特征，递归构建决策树。

C4.5 对 ID3 算法进行了改进，在生成决策树的过程中，用信息增益比来选择特征。

C5.0 是 Quinlan 根据专有许可证发布的最新版本。它使用更少的内存，并建立了比 C4.5 更小的规则集，同时更准确。

CART（Classification and Regression Trees，分类和回归树）与 C4.5 非常相似，但它的不同之处在于它支持数值目标变量（回归），并且不计算规则集。CART 使用每个节点上产生最大信息增益的特征和阈值来构造二叉树。Sklearn 使用 CART 算法的优化版本。

决策树算法不是一个凸优化算法，目前没有任何已知的高效算法能够精确地计算出最优决策树，只能寻求在有限资源下的高效近似算法。CART 算法就是这样的一种近似算法。

8.2.1　决策树回归问题的 CART 算法

CART 算法生成一棵指定深度的决策树，并用局部最优解的贪心算法搜索近似最优均方误差。给定训练数据 $S = \left\{ \left(\boldsymbol{x}^{(1)}, \boldsymbol{y}^{(1)} \right), \left(\boldsymbol{x}^{(2)}, \boldsymbol{y}^{(2)} \right), \cdots, \left(\boldsymbol{x}^{(m)}, \boldsymbol{y}^{(m)} \right) \right\}$，其中 $\boldsymbol{x} = \left(x_1, x_2, \cdots, x_n \right)^{\mathrm{T}}$。考虑图 8-6 的算法。

当决策树深度为 $d = 0$ 时，考虑模型假设 H^0 的均方误差优化问题，这时决策树只有一个节点，它既是根节点又是叶子结点。其目标函数为最小均方误差 $\min\limits_{h \in H^0} \frac{1}{m} \sum\limits_{i=1}^{m} \left(h(x^{(i)}) - y^{(i)} \right)^2$，其中 $h\left(x^{(i)} \right) = p$，通过简单地求驻点和极值，可以求得 $p = \frac{1}{m} \sum\limits_{i=1}^{m} y^{(i)}$。也就是当模型假设为 H^0 时，图 8-6 的优化问题的最优解是标签的均值 p，记为 $\mathrm{Avg}(\boldsymbol{S})$，其标签的方差记为 $\mathrm{Var}\left(\boldsymbol{S} \right) = \frac{1}{m} \sum\limits_{i=1}^{m} \left(\mathrm{Avg}\left(\boldsymbol{S} \right) - y \right)^2$。

当决策树深度为 $d = 1$ 时，考虑模型假设 H^1 的优化问题，这时决策树包含一个根节点和两个叶子节点。由图 8-3 的决策树模型的数据结构，每棵这样的决策树由 4 个参数决定：根节点中的特征 j，阈值 θ，两个叶子节点的预测值 p_{L} 和 p_{R}。用 $\mathrm{mse}(j, \theta, p_{\mathrm{L}}, p_{\mathrm{R}}) = \frac{1}{m} \sum\limits_{i=1}^{m} \left(h(\boldsymbol{x}^{(i)}) - \boldsymbol{y}^{(i)} \right)^2$ 表示模型在 S 上的均方误差，则图 8-6 的优化问题的目标函数为

$$h = \min\limits_{j, \theta, p_{\mathrm{L}}, p_{\mathrm{R}}} \mathrm{mse}\left(j, \theta, p_{\mathrm{L}}, p_{\mathrm{R}} \right)$$

对给定的特征 j 和阈值 θ，定义 $\mathrm{mse}(j, \theta) = \min\limits_{p_{\mathrm{L}}, p_{\mathrm{R}}} \mathrm{mse}(j, \theta, p_{\mathrm{L}}, p_{\mathrm{R}})$，则有，$h = \min\limits_{j, \theta} \mathrm{mse}\left(j, \theta \right)$。取定特征 j 和阈值 θ，可将数据集 $\boldsymbol{S}$ 分成两部分 $\boldsymbol{S}_{\mathrm{L}} = \left\{ (\boldsymbol{x}, \boldsymbol{y}) \in \boldsymbol{S} \mid x_j \leqslant \theta \right\}$ 和 $\boldsymbol{S}_{\mathrm{R}} = \left\{ (\boldsymbol{x}, \boldsymbol{y}) \in \boldsymbol{S} \mid x_j > \theta \right\}$，因此可以将 h 分为两部分：$h = \frac{1}{m} \left(\sum\limits_{(x,y) \in S_{\mathrm{L}}} \left(p_{\mathrm{L}} - y \right)^2 + \sum\limits_{(x,y) \in S_{\mathrm{R}}} \left(p_{\mathrm{R}} - y \right)^2 \right)$，类似 $d = 0$ 的推导，可以求得

$$p_{\mathrm{L}} = \frac{1}{\left| \boldsymbol{S}_{\mathrm{L}} \right|} \sum\limits_{(x,y) \in \boldsymbol{S}_{\mathrm{L}}} \boldsymbol{y}, \tag{8.1}$$

$$p_{\mathrm{R}} = \frac{1}{\left| \boldsymbol{S}_{\mathrm{R}} \right|} \sum\limits_{(x,y) \in \boldsymbol{S}_{\mathrm{R}}} \boldsymbol{y}, \tag{8.2}$$

$$\mathrm{mse}(j,\theta)=\frac{|S_{\mathrm{L}}|}{m}\mathrm{Var}(S_{\mathrm{L}})+\frac{|S_{\mathrm{R}}|}{m}\mathrm{Var}(S_{\mathrm{R}}) \tag{8.3}$$

因此，遍历所有可能的特征 j 和阈值 θ，并对每组 j 和 θ，用式（8.3）计算 $\mathrm{mse}(j,\theta)$。以使得 $\mathrm{mse}(j,\theta)$ 最小的一组 j 和 θ 作为参数生成根节点，以式（8.1）和（8.2）计算出来的 p_{L} 和 p_{R} 作为两个叶子节点的预测值。

CART 算法是上述两个模型假设下的决策树算法在深度 $d>1$ 时的推广。通过递归算法生成深度 $d>1$ 的决策树。具体算法如图 8-10 所示。

```
S={(x⁽¹⁾,y⁽¹⁾),(x⁽²⁾,y⁽²⁾),…,(x⁽ᵐ⁾,y⁽ᵐ⁾)}
generate_tree(S,d):
    root = new node
    if d = 0 or |S| < 2:
        root.p = Avg(S)
    else:
        for j=1,2,…,n:
            for θ in {xⱼ|x∈S}:
                Sₗ(j,θ)={(x,y)∈S|xⱼ≤θ}
                Sᵣ(j,θ)={(x,y)∈S|xⱼ>θ}
                mse(j,θ)=|Sₗ|/m·Var(Sₗ(j,θ))+|Sᵣ|/m·Var(Sᵣ(j,θ))
j*,θ*=argmin mse(j,θ)
       j,θ
root.j = j*
root.θ = θ*
root.left = generate_tree(Sₗ(j*,θ*),d-1)
root.right = generate_tree(Sᵣ(j*,θ*),d-1)
return root
```

图 8-10   决策树回归问题的 CART 算法

图 8-10 中的算法在每次划分数据时，都只考虑将当前的数据分为两部分的局部最优分发，而并不考虑当前虽然是次优的，但在未来的递归划分中可能是全局最优的划分，因此，CART 是一个贪心算法。

8.2.2   决策树分类问题的 CART 算法

CART 算法同样可以应用到决策树分类问题中，只是进行数据划分的准则不同。

给定训练数据 $S=\left\{\left(\boldsymbol{x}^{(1)},\boldsymbol{y}^{(1)}\right),\left(\boldsymbol{x}^{(2)},\boldsymbol{y}^{(2)}\right),\cdots,\left(\boldsymbol{x}^{(m)},\boldsymbol{y}^{(m)}\right)\right\}$，其中 $\boldsymbol{x}=\left(x_1,x_2,\cdots,x_n\right)^{\mathrm{T}}$，$\boldsymbol{y}\in\{0,1\}^k$ 是一个 k 维的 $0-1$ 向量。定义 $\mathrm{Avg}(\boldsymbol{S})=\frac{1}{m}\sum_{i=1}^{m}\boldsymbol{y}^{(i)}$，即标签的平均值。这里，$\mathrm{Avg}(\boldsymbol{S})$ 是一个 k 维向量，每个分量 $\mathrm{Avg}(\boldsymbol{S})_j=\frac{\sum_{j=1}^{m}\boldsymbol{y}_j^{(i)}}{m}$，$j=1,2,\cdots,k$，其取值都是在 $[0,1]$ 之间，表示 $\boldsymbol{S}$ 中第 j 类出现的频率。

定义 $\boldsymbol{S}$ 的熵为

$$\text{Entropy}(\boldsymbol{S}) = -\text{Avg}(\boldsymbol{S})^{\text{T}}\log\text{Avg}(\boldsymbol{S})$$

当决策树深度为 $d = 0$ 时，考虑模型假设 H^0 的分类优化问题，设决策树的模型预测值为 $p \in [0,1]^k$，则目标函数是交叉熵

$$\text{Ce}(p) = -\frac{1}{m}\sum_{i=1}^{m}\sum_{j=1}^{k}y_j\log p_j = -\sum_{j=1}^{k}(\log p_j)\frac{\sum_{i=1}^{m}\boldsymbol{y}_j^{(i)}}{m} = -\sum_{j=1}^{k}(\log p_j)\text{Avg}(\boldsymbol{S})_j$$

求解上述交叉熵的最优解，得到 $p_j = \text{Avg}(\boldsymbol{S})_j$，即 $p = \text{Avg}(\boldsymbol{S})$ 是 $\text{Ce}(p)$ 达到最小值的概率预测向量。将其重新代入到 $\text{Ce}(p)$ 中，正好等于 $\text{Entropy}(\boldsymbol{S})$，即 $\text{Ce}(\text{Avg}(\boldsymbol{S})) = \text{Entropy}(\boldsymbol{S})$。因此，当深度为 0 的时候，图 8-8 中算法优化问题的最优解就是交叉熵 $\text{Entropy}(\boldsymbol{S})$。

当决策树深度为 $d = 1$ 时，考虑模型假设 H^1 的分类优化问题。深度为 1 的决策树包含一个根节点和两个叶子节点。由图 8-3 的决策树模型的数据结构，每棵这样的决策树由 4 个参数决定：根节点中的特征 j，阈值 θ，两个叶子节点的预测值 p_L 和 p_R，其中 p_L 和 p_R 都是 k 维向量。用 $\text{Ce}(j,\theta,p_L,p_R) = -\frac{1}{m}\sum_{i=1}^{m}\boldsymbol{y}^{(i)\text{T}}\log h(\boldsymbol{x}^{(i)})$ 表示模型在 S 上的交叉熵，则图 8-8 中的优化问题的目标函数为

$$h = \min_{j,\theta,p_L,p_R}\text{Ce}(j,\theta,p_L,p_R)$$

对给定的特征 j 和阈值 θ，定义 $\text{Ce}(j,\theta) = \min_{p_L,p_R}\text{Ce}(j,\theta,p_L,p_R)$，则有 $h = \min_{j,\theta}\text{Ce}(j,\theta)$。取定特征 j 和阈值 θ，可将数据集 $\boldsymbol{S}$ 分成两部分 $\boldsymbol{S}_L = \{(\boldsymbol{x},\boldsymbol{y}) \in \boldsymbol{S} \mid x_j \leqslant \theta\}$ 和 $\boldsymbol{S}_R = \{(\boldsymbol{x},\boldsymbol{y}) \in \boldsymbol{S} \mid x_j > \theta\}$，因此可以将 h 分为两部分：$h = -\frac{1}{m}\left(\sum_{(\boldsymbol{x},\boldsymbol{y})\in\boldsymbol{S}_L}y^{\text{T}}\log p_L + \sum_{(\boldsymbol{x},\boldsymbol{y})\in\boldsymbol{S}_R}y^{\text{T}}\log p_R\right)$，类似 $d = 0$ 的推导，可以求得

$$p_L = \text{Avg}(\boldsymbol{S}_L) \tag{8.4}$$

$$p_R = \text{Avg}(\boldsymbol{S}_R) \tag{8.5}$$

$$\text{Ce}(j,\theta) = \frac{|\boldsymbol{S}_L|}{m}\text{Entropy}(\boldsymbol{S}_L) + \frac{|\boldsymbol{S}_R|}{m}\text{Entropy}(\boldsymbol{S}_R) \tag{8.6}$$

遍历所有的特征 j 和阈值 θ，计算出式（8.6）最小的 $\text{Ce}(j,\theta)$，取出使 $\text{Ce}(j,\theta)$ 最小的 j 和 θ 并生成根节点，再利用式（8.4）和（8.5）计算出 p_L 和 p_R 作为两个叶子节点的预测值。从而生成了一个深度为 1 的决策树。

与决策树回归问题类似，决策树分类问题的 CART 算法也是将上述深度为 0 和 1 的决策树推广的结果（如图 8-11 所示）。

```
S={(x^(1),y^(1)),(x^(2),y^(2)),...,(x^(m),y^(m))}
generate_tree(S,d):
    root = new node
    if d = 0 or |S| < 2:
        root.p = Avg(S)
```

图 8-11　决策树分类问题的 CART 算法

```
    else:
        for j=1,2,…,n:
            for θ in {xⱼ|x∈S}:
            Sₗ(j,θ)={(x,y)∈S|xⱼ≤θ}
            Sᵣ(j,θ)={(x,y)∈S|xⱼ≤θ}
            Ce(j,θ)=|Sₗ|/m Entropy(Sₗ)+|Sᵣ|/m Entropy(Sᵣ)
    j*,θ*=arg min Ce(j,θ)
              j,θ
    root.j = j*
    root.θ = θ*
    root.left = generate_tree(Sₗ(j*,θ*),d-1)
    root.right = generate_tree(Sᵣ(j*,θ*),d-1)
    return root
```

图 8-11　决策树分类问题的 CART 算法（续）

对比图 8-10 和图 8-11 所示的两个算法，只是将回归问题的数据划分的准则由方差改为熵，将均方误差改为交叉熵，就得到了决策树的分类算法。

8.3　CART 算法的实现

从上一节中对决策树的回归算法和分类算法的描述，可以看出，它们的结构完全相同，只是在数据划分准则上有所区别，因此可以设计一个划分准则函数，使其在回归问题中表示方差，在分类问题中表示熵，这样两个算法的实现方式就完全相同。基于此，可以设计一个统一的 CART 算法的基类，然后由基类的构造函数传入指定的划分准则函数，就可以实现两种不同的算法，达到代码复用的目的。

8.3.1　决策树 CART 算法实现

在 decision_tree 包中，创建 decision_tree_base.py 文件，并在其中编写代码，具体如图 8-12 所示。

图 8-12 中的代码比较长，在此代码段中，定义了两个类，一个是节点类，另一个就是算法 CART 的基类。算法 CART 的基类包含了 8 个函数，实际上就是根据算法描述实现的，在代码中已经做了比较详细的注释。建议读者遇到疑惑时，以单步执行程序的方式来辅助理解代码，这是一种很好的方法。

```
1    import numpy as np
2    class Node:
3        j = None
```

图 8-12 决策树 CART 算法的基类

```
4       theta = None
5       p = None
6       left = None
7       right = None
8    class DecisionTreeBase:
9       def __init__(self, max_depth, feature_sample_rate, regression_or_
     classification):
10         self.max_depth = max_depth
11         # 随机选取相应比例的特征进行遍历，随机森林才需要，决策树所有特征都要遍历到
12         self.feature_sample_rate = feature_sample_rate
13         # 划分标准函数的指针（函数名），当传入的是方差，则实现决策树回归问题的 CART 算法
14         # 当传入的是熵，则实现决策树分类问题的 CART 算法
15         self.regression_or_classification = regression_or_classification
16      def split_data(self, j, theta, X, idx):
17         idx1, idx2 = list(), list()
18         for i in idx:   # idx 是样本下标的列表
19            value = X[i][j]   # 第 i 个样本的第 j 个特征的值
20            if value <= theta:   # 若第 i 个样本的特征值 X[i][j]<θ，则将该样本的下
     标 i 加入 idx1 列表中
21               idx1.append(i)   # 所有第 j 个特征的值小于 θ 的样本都被分到 idx1 中
22            else:
23               idx2.append(i)
24         return idx1, idx2
25      def get_random_features(self, n):
26         shuffled = np.random.permutation(n)
27         size = int(self.feature_sample_rate * n)
28         selected = shuffled[:size]
29         return selected
30      def find_best_split(self, X, y, idx):
31         m, n = X.shape
32         best_score = float("inf")
33         best_j = -1
34         best_theta = float("inf")
35         best_idx1, best_idx2 = list(), list()
36         selected_j = self.get_random_features(n)   # 特征下标集合
37         for j in selected_j:
38            thetas = set([x[j] for x in X])   # 在被选中的特征中，样本特征的值构
     成的集合，消除重复
39            for theta in thetas:
40               idx1, idx2 = self.split_data(j, theta, X, idx)
41   # 一个小集合 idx_i 如果为空，说明已经可以确定类型，所以处理下一个特征
42               if min(len(idx1), len(idx2)) == 0:
```

图 8-12 决策树 CART 算法的基类（续）

```
43          continue
44          score1, score2 = self.regression_or_classification(y, idx1),
    self.regression_or_classification(y, idx2)
45          w = 1.0 * len(idx1) / len(idx)
46          # 综合左右子树的分值（求出方差或交叉熵），以此作为当前划分的目标函数值
47          score = w * score1 + (1 - w) * score2
48          if score < best_score:    # 找出最好的、最小的方差或交叉熵对应的下标 j
    和阈值 θ
49              best_score = score
50              best_j = j
51              best_theta = theta
52              best_idx1 = idx1
53              best_idx2 = idx2
54      return best_j, best_theta, best_idx1, best_idx2, best_score
55  def generate_tree(self, X, y, idx, d):   # X 样本，y 标签，idx 样本下标列
    表，d 决策树的深度
56      root = Node()
57      root.p = np.average(y[idx], axis=0)   # 根据算法，算出标签的平均值
58      if d == 0 or len(idx) < 2:
59          return root
60      # 调用方差或熵函数计算当前（不做划分时）的目标函数值（损失值）
61      current_score = self.regression_or_classification(y, idx)
62      j, theta, idx1, idx2, score = self.find_best_split(X, y, idx)
    # 采用贪心策略来寻找最优数据划分
63  # 上一行的最佳划分的目标函数值为 score，若 score 小于 current_score，则数据划分
    可以带来好处
64      # 否则就不要划分，直接返回 root
65      if score >= current_score:
66          return root
67      root.j = j
68      root.theta = theta
69      root.left = self.generate_tree(X, y, idx1, d - 1)    # 利用划分出来的
    下标子集 idx1，递归生成左子树
70      root.right = self.generate_tree(X, y, idx2, d - 1)
71      return root
72  # CART 算法的入口，在这里生成一棵深度不超过 max_depth 的决策树
73  def fit(self, X, y):
74      self.root = self.generate_tree(X, y, range(len(X)), self.max_
    depth)
75  def get_prediction(self, root, x):  # root 为根节点，x 为单独一条数据（样本）
76      if root.left is None and root.right is None:
77          return root.p
```

图 8-12 决策树 CART 算法的基类（续）

```
78        value = x[root.j]   # root 为一个 node，具有 j 下标这个属性
79        if value <= root.theta:   # 小于阈值，则从左子树进行预测
80           return self.get_prediction(root.left, x)
81        else:
82           return self.get_prediction(root.right, x)
83     def predict(self, X):
84        y = list()
85        for i in range(len(X)):
86           y.append(self.get_prediction(self.root, X[i]))
87        return np.array(y)
```

图 8-12 决策树 CART 算法的基类（续）

8.3.2　决策树回归算法实现

有了 CART 算法基类之后，对于决策树回归问题，只需要编写一个派生类继承自 CART 基类，并实现方差函数，将其传递给基类的构造函数即可。

在 decision_tree 包中，创建 decision_tree_regressor.py 文件，并在其中编写代码如图 8-13 所示。

```
1     import numpy as np
2     from decision_tree.decision_tree_base import DecisionTreeBase
3     def get_var(y, idx):
4     # 获得一个所有元素值为标签平均值的向量，长度为 len(idx)
5        y_avg = np.average(y[idx]) * np.ones(len(idx))
6        return np.linalg.norm(y_avg - y[idx], 2) ** 2 / len(idx)   # 求出方差，
      结果为一个实数
7
8     class DecisionTreeRegressor(DecisionTreeBase):
9       def __init__(self, max_depth=0, feature_sample_rate=1.0):
10        super().__init__(max_depth=max_depth, feature_sample_rate=feature_
      sample_rate,
11        regression_or_classification=get_var)
12
13      def score(self, X, y_true):
14        y_pred = self.predict(X)
15        numerator = (y_true - y_pred) ** 2
16        denominator = (y_true - np.average(y_true)) ** 2
17        return 1 - numerator.sum() / denominator.sum()
```

图 8-13　基于 CART 算法基类的决策树回归算法类

在图 8-13 中，第 3～6 行定义了获得方差的函数。第 8～17 行定义了 DecisionTree-

Regressor 类，该类继承自图 8-12 中的决策树 CART 算法基类，并重写了 score() 函数，在该函数中，调用了基类的预测函数 predict() 函数，得到预测值，再根据 R^2 决定系数的公式，求出 R^2。

案例实战 8.4 对案例实战 8.1 的数据进行决策树回归，观察回归效果。

在 decision_tree 包中，创建 decision_tree_depth3_vs_decision_treedepth5.py 文件，并在其中编写代码如图 8-14 所示。

```
1    import matplotlib.pyplot as plt
2    import numpy as np
3    import decision_tree_regressor as lib
4    plt.rcParams['font.sans-serif'] = ['SimHei']
5    plt.rcParams['axes.unicode_minus'] = False
6    np.random.seed(2)
7    def generate_samples(m):
8      X = np.random.uniform(-1, 1, (m, 1))
9      fx = []
10     for i in range(len(X)):
11       if X[i][0] < -0.5:
12         fx.append(-1)
13       elif -0.5 <= X[i][0] < 0:
14         fx.append(1)
15       elif 0 <= X[i][0] < 0.5:
16         fx.append(-0.5)
17       else:
18         fx.append(0.5)
19     y = np.random.normal(fx, 0.05, m)
20     return X, y
21   def process_features(X):
22     m, n = X.shape
23     X = np.c_[np.ones((m, 1)), X]
24     return X
25   X, y = generate_samples(20)
26   # 对线性回归的 X 需要做一些特殊处理，将偏置项 b 放进去，全 1 列
27   X = process_features(X)
28   model = lib.DecisionTreeRegressor(max_depth=3)
29   model.fit(X, y)
30   y_pred = model.predict(X)
31   plt.subplot(1, 2, 1)
32   plt.scatter(X[:, 1], y)
33   X_, y_pred = zip(*sorted(zip(X[:, 1], y_pred)))
34   plt.step(X_, y_pred)
```

图 8-14 决策树回归算法不同深度对比

```
35    plt.title('决策树深度 3')
36    model = lib.DecisionTreeRegressor(max_depth=5)
37    model.fit(X, y)
38    y_pred = model.predict(X)
39    plt.subplot(1, 2, 2)
40    plt.scatter(X[:, 1], y)
41    X_, y_pred = zip(*sorted(zip(X[:, 1], y_pred)))
42    plt.step(X_, y_pred)
43    plt.title('决策树深度 5')
44    plt.show()
```

图 8-14　决策树回归算法不同深度对比（续）

本案例实战所使用的数据与案例实战 8.1 完全一样，只是改用了决策树回归模型，同时指定决策树深度分别为 3 和 5。运行该程序，结果正是前面的图 8-5。

案例实战 8.5　对案例实战 8.2 的余弦数据集进行决策树回归拟合。

在 decision_tree 包中，创建 cos_decision_tree_sklearn.py 文件，并在其中编写如图 8-15 所示的代码，这正是案例实战 8.2 的具体实现。

```
1     import numpy as np
2     import matplotlib.pyplot as plt
3     from sklearn.tree import DecisionTreeRegressor
4     # from decision_tree_regressor import DecisionTreeRegressor # 使用自己
      实现的回归器，结果相同
5     plt.rcParams['font.sans-serif'] = ['SimHei']
6     plt.rcParams['axes.unicode_minus'] = False
7     np.random.seed(1)
8     X = np.linspace(0, 3 * np.pi, 50).reshape(-1, 1)
9     y = np.random.normal(np.cos(X[:, 0]), 0.1)
10    plt.subplot(3, 2, 1)
11    plt.scatter(X[:, 0], y, s=10)
12    plt.title('原始数据')
13    for i in range(1, 6):
14      plt.subplot(3, 2, i+1)
15      plt.scatter(X[:, 0], y, s=10)
16      model = DecisionTreeRegressor(max_depth=i)
17      model.fit(X, y)
18      y_pred = model.predict(X)
19      X_, y_pred = zip(*sorted(zip(X[:, 0], y_pred)))
20      plt.step(X_, y_pred, c='red')
21      plt.title(f"决策树拟合深度 {i}")
22    plt.tight_layout()
23    plt.show()
```

图 8-15　案例实战 8.2 余弦函数的不同深度决策树回归算法对比的实现

运行图 8-15 中的代码，得到图 8-7。

8.3.3　决策树分类算法实现

有了 CART 算法基类之后，对于分类问题，只需要编写一个派生类继承自 CART 算法基类，并实现熵函数，然后将其传递给基类的构造函数，就可以得到决策树分类算法的实现结果。

在 decision_tree 包中，创建 decision_tree_classifier.py 文件，并在其中编写代码如图 8-16 所示。

```
1    import numpy as np
2    from decision_tree_base import DecisionTreeBase
3    def get_entropy(y, idx):    # y是一个m, k的矩阵，每个样本的标签是一个onehot
     编码的k维向量
4      _, k = y.shape
5      p = np.average(y[idx], axis=0)    # p是一个k维向量
6      return - np.log(p + 0.001 * np.random.rand(k)).dot(p.T)
7    class DecisionTreeClassifier(DecisionTreeBase):
8      def __init__(self, max_depth=0, feature_sample_rate=1.0):
9        super().__init__(max_depth=max_depth,feature_sample_rate=feature_
     sample_rate, regression_or_classification=get_entropy)
10     def predict_proba(self, X):
11       return super().predict(X)
12     def predict(self, X):
13       proba = self.predict_proba(X)
14       return np.argmax(proba, axis=1)
15     def score(self, X, y):
16       y_pred = self.predict(X)
17       correct = (y_pred == y).astype(np.int)
18       return np.average(correct)
```

图 8-16　基于 CART 算法基类的决策树分类算法类

在图 8-16 中，第 3~6 行定义了划分准则函数为熵，并将其传递给决策树分类算法类的构造函数，这样就实现了决策树分类最为关键的部分，第 15~18 行计算输入样本 (X, y) 的准确率。

案例实战 8.6　使用决策树回归算法对加州房价进行评估。

在 decision_tree 包中，创建 california_housing_decision_tree_regressor.py 文件，并在其中编写代码，具体如图 8-17 所示。

```
1    from sklearn.model_selection import train_test_split
2    import decision_tree.decision_tree_regressor as tree
3    from sklearn.datasets import fetch_california_housing
4    # 获取加州房价数据
5    housing = fetch_california_housing()
6    X, y = housing.data, housing.target
7    # 决策树回归
8    model = tree.DecisionTreeRegressor(max_depth=3)
9    X_train, X_test, y_train, y_test = train_test_split(X, y, test_
     size=0.3, random_state=42)
10   model.fit(X_train, y_train)
11   print(model.score(X_test, y_test))
```

图 8-17 使用自定义决策树回归算法预测加州房价

在图 8-17 中，第 2 行导入了图 8-13 中的决策树回归算法，第 5～6 行获取加州房价数据，第 8 行实例化决策树，限制其最多深度为 3 层，第 9 行对数据集进行训练数据和测试数据分离，第 10 行用训练数据对模型进行训练（该过程耗时较久），第 11 行输出其 R^2 决定系数的结果，运行该程序得到结果为：0.5181223039643097。

案例实战 8.7　使用决策树分类算法对月亮形数据和环形数据进行分类。

在 decision_tree 包中，创建 moon_circles_decision_tree_classifier.py 文件，并在其中编写代码如图 8-18 所示。

```
1    import matplotlib.pyplot as plt
2    import numpy as np
3    from sklearn.datasets import make_circles
4    from sklearn.datasets import make_moons
5    from sklearn.model_selection import train_test_split
6    from sklearn.preprocessing import OneHotEncoder
7    from sklearn.preprocessing import StandardScaler
8    from decision_tree.decision_tree_classifier import
     DecisionTreeClassifier
9    plt.rcParams['font.sans-serif'] = ['SimHei']
10   plt.rcParams['axes.unicode_minus'] = False
11   # 用 make_moons() 函数创建月亮形数据，make_circles() 函数创建环形数据，并将两
     组数据拼接到列表 datasets 中
12   datasets = [make_moons(noise=0.2, random_state=1), make_
     circles(noise=0.2, factor=0.5, random_state=1)]
13   i = 1
14   for dataset in datasets:
15     # 对 X 中的数据进行标准化处理，然后分为训练数据集和测试数据集
```

图 8-18　决策树分类算法对月亮形数据和环形数据进行分类

```
16      X, y = dataset
17      X = StandardScaler().fit_transform(X)
18       X_train, X_test, y_train, y_test = train_test_split(X, y, test_
        size=0.2, random_state=1)
19      encoder = OneHotEncoder()
20      y_train = encoder.fit_transform(y_train.reshape(-1, 1)).toarray()
21        # 找出数据集中两个特征的最大值和最小值，让最大值+0.5，最小值-0.5，创造一个比
        两个特征的区间本身更大一点的区间
22      x1_min, x1_max = X[:, 0].min() - 0.5, X[:, 0].max() + 0.5
23      x2_min, x2_max = X[:, 1].min() - 0.5, X[:, 1].max() + 0.5
24      # 函数meshgrid()用于生成网格数据，能够将两个一维数组生成两个二维矩阵
25       # 生成的网格数据，是用来绘制决策边界的，因为绘制决策边界的函数contourf()要求输
        入的两个特征都必须是二维的
26       x_axis, y_axis = np.meshgrid(np.arange(x1_min, x1_max, 0.2),
        np.arange(x2_min, x2_max, 0.2))
27      ax = plt.subplot(len(datasets), 2, i)
28      if i == 1:
29        ax.set_title("月亮形数据")
30      elif i == 3:
31        ax.set_title("环形数据")
32      # 画训练数据集
33      ax.scatter(X_train[:, 0], X_train[:, 1], edgecolors='k')
34      # 画测试数据集
35      ax.scatter(X_test[:, 0], X_test[:, 1], alpha=0.6)
36      # 为图设置坐标轴的最大值和最小值，并设置不显示坐标轴
37      ax.set_xlim(x_axis.min(), x_axis.max())
38      ax.set_ylim(y_axis.min(), y_axis.max())
39      ax.set_xticks(())
40      ax.set_yticks(())
41      i = i + 1
42      ax = plt.subplot(len(datasets), 2, i)
43      # 决策树的建模过程：实例化 → fit()训练 → score()接口得到预测的准确率
44      model = DecisionTreeClassifier(max_depth=5)
45      model.fit(X_train, y_train)
46      score = model.score(X_test, y_test)
47       # 由于决策树在训练的时候导入的训练集X_train里包含两个特征，所以在计算类概率的
        时候，也必须导入结构相同的数组，即必须有两个特征
48       # ravel()能够将一个多维数组转换成一维数组
49       # 在这里，我们先将两个网格数据降维成一维数组，再将两个数组链接变成含有两个特征的
        数据，再代入决策树模型，生成的Z包含数据的索引和每个样本点对应的类概率，再通过切片
        操作，得出类概率
50      Z = model.predict_proba(np.c_[x_axis.ravel(), y_axis.ravel()])[:, 1]
```

图 8-18   决策树分类算法对月亮形数据和环形数据进行分类（续）

```
51      # 将返回的类概率作为数据，放到函数 contourf() 里面绘制
52      Z = Z.reshape(x_axis.shape)
53      ax.contourf(x_axis, y_axis, Z, alpha=.8)
54      # 将训练数据集、测试数据集放到图中
55      ax.scatter(X_train[:, 0], X_train[:, 1], edgecolors='k')
56      ax.scatter(X_test[:, 0], X_test[:, 1], alpha=0.6)
57      # 为图设置坐标轴的最大值和最小值
58      ax.set_xlim(x_axis.min(), x_axis.max())
59      ax.set_ylim(y_axis.min(), y_axis.max())
60      # 设定坐标轴不显示标尺也不显示数字
61      ax.set_xticks(())
62      ax.set_yticks(())
63      if i == 2:
64         ax.set_title(" 决策树 ")
65      elif i == 4:
66         ax.set_title(" 决策树 ")
67      # 展示性能评估的分数 (score)，其实使用的就是 " 决定系数 "R^{2}
68      ax.text(x_axis.max() - .3, y_axis.min() + .3, (f'{100 * score}%'),
     size=15, horizontalalignment='right')
69      i = i + 1
70   plt.tight_layout()
71   plt.show()
```

图 8-18　决策树分类算法对月亮形数据和环形数据进行分类（续）

在图 8-18 中，第 1～10 行导入相关的包，并设置绘制的中文支持。第 11～20 行加载月亮形和环形数据，将这两类数据进行标准化处理，将训练数据集和测试数据集分离，进行 onehot 编码等决策树分类所需的准备工作。第 22～42 行绘制原始数据的图像，第 44 行实例化决策树分类器，限制其深度最大为 5，第 45 行训练模型，第 46 行计算相关的模型评估值 R^2 决定系数。第 50～71 行再次绘制图像，展示决策树分类效果。在第 14 行中，使用了 for 循环对两个数据集分别计算，并通过辅助变量 i，以子图的方式进行展示。得到的结果正是图 8-9，由图中的数据可以看出效果非常好。

下一节，我们将采用 Sklearn 提供的决策树回归和分类算法实现相同的功能，并利用其提供的强大可视化功能，绘制决策树。

🤖 8.4　Sklearn 的决策树

决策树分类与回归 CART 算法以二叉树的形式给出，这比传统的统计方法构建的代数预测准则更加准确，并且数据越复杂，变量越多，算法的优越性越明显。

扩展库 sklearn.tree 中使用 CART 算法的优化版本实现了分类决策树 DecisionTreeClassifier 和回归决策树 DecisionTreeRegressor。本节重点介绍分类决策树 DecisionTreeClassifier 的用法，该类构造方法为：

```
class sklearn.tree.DecisionTreeClassifier(*, criterion='gini', splitter='best',
max_depth=None, min_samples_split=2, min_samples_leaf=1, min_weight_fraction_
leaf=0.0, max_features=None, random_state=None, max_leaf_nodes=None, min_impurity_
decrease=0.0, class_weight=None, ccp_alpha=0.0)[source]
```

DecisionTreeClassifier 类构造方法的参数及含义：

```
criterion：用来执行衡量分裂（创建子节点）质量的函数，取值为 'gini' 时使用基尼值，为 'entropy'
时使用信息增益。
    splitter：用来指定在每个节点选择划分的策略，可以为 'best' 或 'random'。
    max_depth：用来指定树的最大深度，若不指定则一直扩展节点，直到所有叶子包含的样本数量少于 min_
samples_split，或者所有叶子节点都不再可分。
    min_samples_split：用来指定分裂节点时要求的样本数量最小值，值为实数时表示百分比。
    min_samples_leaf：叶子节点要求的样本数量最小值。
    max_features：用来指定在寻找最佳分裂时考虑的特征数量。
    max_leaf_nodes：用来设置叶子的最大数量。
    min_impurity_decrease：若一个节点分裂后可以使得不纯度减少的值大于等于 min_impurity_
decrease，则对该节点进行分裂。
```

DecisionTreeClassifier 类常用方法：

```
fit(self, X, y, sample_weight=None, check_input=True, X_idx_sorted=None)：根据给
定的训练集构建决策树分类器。
    predict_log_proba(self, X)：预测样本集 X 属于不同类别的对数概率。
    predict_proba(self, X, check_input=True)：预测样本集 X 属于不同类别的概率。
    apply(self, X, check_input=True)：返回每个样本被预测的叶子索引。
    decision_path(self, X, check_input=True)：返回树中的决策路径。
    predict(self, X, check_input=True)：返回样本集 X 的类别或回归值。
    score(self, X, y, sample_weight=None)：根据给定的数据和标签计算模型精度的平均值。
```

另外，sklearn.tree 模块的函数 export_graphviz() 可以用来把训练好的决策树数据导出，然后使用扩展库 graphviz 中的功能绘制决策树图形，export_graphviz() 函数语法格式为：

```
export_graphviz(decision_tree, out_file="tree.dot", max_depth=None, feature_
names=None, class_names=None, label='all', filled=False, leaves_parallel=False,
impurity=True, node_ids=False, proportion=False, rotate=False, rounded=False,
special_characters=False, precision=3)
```

为了能够绘制图形并输出文件，需要从 https://www.graph***.org/download/ 中下载 graphviz 安装包，安装之后把安装路径的 bin 文件夹路径添加至系统环境变量 Path 中。具

体操作如图 8-19 所示。

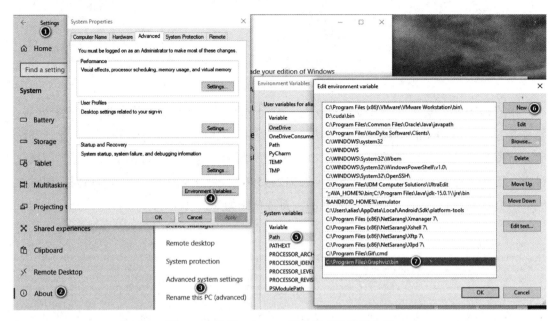

图 8-19　设置 graphviz 程序的系统环境变量

下载 graphviz 安装包之后，建议按照默认安装设置，安装完成之后，在 Windows 开始菜单中单击"settings"选项（设置），弹出对话框（①处的窗口），然后参考图 8-19 的数字编号进行操作，即可完成系统环境变量的设置。

案例实战 8.8　使用 Sklearn 提供的决策树回归算法对加州房价进行评估。

在 decision_tree 包中，创建 california_housing_decision_tree_regressor_sklearn.py 文件，并在其中编写代码，如图 8-20 所示。

```
1    import graphviz
2    from sklearn import tree
3    from sklearn.datasets import fetch_california_housing
4    from sklearn.model_selection import train_test_split
5    # 读取加州房价数据
6    housing = fetch_california_housing()
7    X, y = housing.data, housing.target
8    # 决策树回归
9    model = tree.DecisionTreeRegressor(max_depth=3)
10   X_train, X_test, y_train, y_test = train_test_split(X, y, test_
     size=0.3, random_state=42)
11   model.fit(X_train, y_train)
12   print(model.score(X_test, y_test))
13   # 可视化显示
```

图 8-20　使用 Sklearn 决策树回归算法预测加州房价

```
14    dot_data = tree.export_graphviz(model, out_file=None, feature_
      names=housing.feature_names, filled=True, impurity=False, rounded=True)
15    graph = graphviz.Source(dot_data)
16    graph.view()
```

图 8-20　使用 Sklearn 决策树回归算法预测加州房价（续）

在图 8-20 中，第 1 行导入 graphviz 包（这个包第一次使用，如果读者之前没有安装，需要参考前面 PyCharm 中包的安装方法进行安装），该包的作用是进行树形可视化。其他部分与图 8-17 中的代码基本相同。第 14～16 行利用刚刚安装的 graphviz 程序进行可视化操作。运行该程序，得到结果：0.5180822912445064，这与前面的结果基本相同。同时生成了一个 pdf 文件，为了方便在此处展示，将其截图如 8-21 所示。

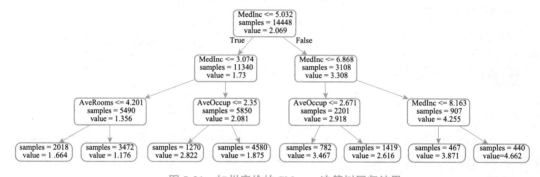

图 8-21　加州房价的 Sklearn 决策树回归结果

案例实战 8.9　使用 Sklearn 决策树分类算法对月亮形数据和环形数据进行分类。

在 decision_tree 包中，创建 moon_circles_decision_tree_classifier_sklearn.py 文件，并在其中编写代码，如图 8-22 所示。

```
import matplotlib.pyplot as plt
import numpy as np
from sklearn.datasets import make_circles
from sklearn.datasets import make_moons
from sklearn.model_selection import train_test_split
from sklearn.preprocessing import StandardScaler
from sklearn.tree import DecisionTreeClassifier
plt.rcParams['font.sans-serif'] = ['SimHei']
plt.rcParams['axes.unicode_minus'] = False
datasets = [make_moons(noise=0.2, random_state=1), make_circles(noise=0.2,
factor=0.5, random_state=1)]
i = 1
for dataset in datasets:
  X, y = dataset
```

图 8-22　使用 Sklearn 决策树分类算法对月亮形数据和环形数据进行分类

```
  X = StandardScaler().fit_transform(X)
  X_train, X_test, y_train, y_test = train_test_split(X, y, test_size=0.2,
random_state=1)
  x1_min, x1_max = X[:, 0].min() - 0.5, X[:, 0].max() + 0.5
  x2_min, x2_max = X[:, 1].min() - 0.5, X[:, 1].max() + 0.5
   x_axis, y_axis = np.meshgrid(np.arange(x1_min, x1_max, 0.2), np.arange(x2_
min, x2_max, 0.2))
  ax = plt.subplot(len(datasets), 2, i)
  if i == 1:
    ax.set_title(" 月亮形数据 ")
  elif i == 3:
    ax.set_title(" 环形数据 ")
  ax.scatter(X_train[:, 0], X_train[:, 1], edgecolors='k')
  ax.scatter(X_test[:, 0], X_test[:, 1], alpha=0.6)
  ax.set_xlim(x_axis.min(), x_axis.max())
  ax.set_ylim(y_axis.min(), y_axis.max())
  ax.set_xticks(())
  ax.set_yticks(())
  i = i + 1
  ax = plt.subplot(len(datasets), 2, i)
  model = DecisionTreeClassifier(max_depth=5)
  model.fit(X_train, y_train)
  score = model.score(X_test, y_test)
  Z = model.predict_proba(np.c_[x_axis.ravel(), y_axis.ravel()])[:, 1]
  Z = Z.reshape(x_axis.shape)
  ax.contourf(x_axis, y_axis, Z, alpha=.8)
  ax.scatter(X_train[:, 0], X_train[:, 1], edgecolors='k')
  ax.scatter(X_test[:, 0], X_test[:, 1], alpha=0.6)
  ax.set_xlim(x_axis.min(), x_axis.max())
  ax.set_ylim(y_axis.min(), y_axis.max())
  ax.set_xticks(())
  ax.set_yticks(())
  if i == 2:
    ax.set_title(" 决策树 ")
  elif i == 4:
    ax.set_title(" 决策树 ")
  ax.text(x_axis.max() - .3, y_axis.min() + .3, (f'{100 * score}%'), size=15,
horizontalalignment='right')
  i = i + 1
plt.tight_layout()
plt.show()
```

图 8-22　使用 Sklearn 决策树分类算法对月亮形数据和环形数据进行分类（续）

图 8-22 中的代码除导入的决策树分类算法类使用了 Sklearn 提供的之外，基本与图 8-18 中的代码相同，运行该程序得到的结果也非常接近图 8-18 运行后的结果（当然，因为包含随机数，每次运行可能存在细微差异），如图 8-23 所示。

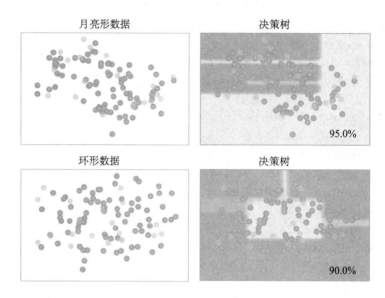

图 8-23　月亮形数据和环形数据及其 Sklearn 决策树分类

与图 8-9 相比，可以看到二者在评估结果上是一致的，分类的划分存在细微的差别。

案例实战 8.10　用 Sklearn 决策树分类算法对鸢尾花数据集进行分类。

在 decision_tree 包中，创建 iris_decision_tree_classifier_sklearn.py 文件，并在其中编写代码，如图 8-24 所示。

```
1    import matplotlib.pyplot as plt
2    import numpy as np
3    from sklearn.datasets import load_iris
4    from sklearn.tree import DecisionTreeClassifier
5    from sklearn.tree import plot_tree
6    # Parameters
7    n_classes = 3
8    plot_colors = "ryb"
9    plot_step = 0.02
10   # Load data
11   iris = load_iris()
12   for pairidx, pair in enumerate([[0, 1], [0, 2], [0, 3],
13                       [1, 2], [1, 3], [2, 3]]):
14       # 取出两个特征
15       X = iris.data[:, pair]
```

图 8-24　Sklearn 决策树分类算法对鸢尾花数据集分类

```
16     y = iris.target
17     # 训练
18     clf = DecisionTreeClassifier().fit(X, y)
19     # 绘制决策边界
20     plt.subplot(2, 3, pairidx + 1)
21     x_min, x_max = X[:, 0].min() - 1, X[:, 0].max() + 1
22     y_min, y_max = X[:, 1].min() - 1, X[:, 1].max() + 1
23     xx, yy = np.meshgrid(np.arange(x_min, x_max, plot_step),
24                 np.arange(y_min, y_max, plot_step))
25     plt.tight_layout(h_pad=0.5, w_pad=0.5, pad=2.5)
26     Z = clf.predict(np.c_[xx.ravel(), yy.ravel()])
27     Z = Z.reshape(xx.shape)
28     cs = plt.contourf(xx, yy, Z, cmap=plt.cm.RdYlBu)
29     plt.xlabel(iris.feature_names[pair[0]])
30     plt.ylabel(iris.feature_names[pair[1]])
31     # 绘制训练的样本点
32     for i, color in zip(range(n_classes), plot_colors):
33       idx = np.where(y == i)
34       plt.scatter(X[idx, 0], X[idx, 1], c=color, label=iris.target_names[i],
35             cmap=plt.cm.RdYlBu, edgecolor='black', s=15)
36   plt.suptitle("Decision surface of a decision tree using paired
     features")
37   plt.legend(loc='lower right', borderpad=0, handletextpad=0)
38   plt.axis("tight")
39   plt.figure()
40   clf = DecisionTreeClassifier().fit(iris.data, iris.target)
41   plot_tree(clf, filled=True)
42   plt.show()
```

图 8-24　**Sklearn** 决策树分类算法对鸢尾花数据集分类（续）

　　对比图 8-24 与图 8-18 中的代码，其结构基本相同。可见，掌握了方法，只需要替换一个新的数据集，就可以针对不同的数据进行相应的分类。运行该程序，得到如图 8-25 所示的两个子图，上面的子图是鸢尾花数据集的决策边界，下面的子图是决策树的可视化划分标准。可以看出效果相当理想。

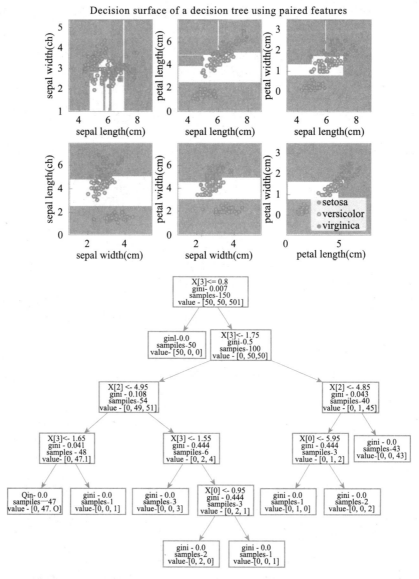

图 8-25　鸢尾花数据集的决策边界和决策树的可视化划分标准

8.5　集成学习算法

　　集成学习（Ensemble Learning）是非常流行的机器学习算法，它本身不是一个单独的机器学习算法，而是在数据上构建多个模型，集成所有模型的建模结果。集成算法会考虑多个评估器的建模结果，汇总之后得到一个综合的结果，以此来获取比单个模型更好的回归或分类表现。多个模型集成的模型称为集成评估器（Ensemble Estimator），组成集成评估器的每个模型称为基评估器（Base Estimator）。

集成方法通常分为两种：一种是平均方法，该方法的原理是构建多个独立的评估器，然后取它们的预测结果的平均值。一般来说组合之后的评估器比单个评估器效果要好，因为它的方差减小了。装袋方法的核心思想是构建多个相互独立的评估器，然后对其预测进行平均或采用多数表决原则来决定集成评估器的结果。装袋方法的代表就是随机森林算法。另一种是提升方法，其基评估器是相关的，基评估器按顺序依次构建，并且每个基估计器都尝试减少集成评估器的偏差。其核心思想是结合弱评估器的力量对难以评估的样本进行预测，逐渐构成一个强评估器。提升方法的代表有 AdaBoost 算法和梯度提升树算法。

8.5.1　装袋评估算法

在集成算法中，装袋方法在原始训练集的随机子集上构建一类黑盒评估器的多个实例，然后把这些评估器的预测结果结合起来形成最终的预测结果。该方法通过在构建模型的过程中引入随机性，来减少基评估器的方差。在多数情况下，装袋方法提供了一种非常简单的方式来对单一模型进行改进，而无须修改背后的算法。因为装袋方法可以减少过度拟合，所以通常在强分类器和复杂模型上使用时表现很好（如生长完全的决策树），相比之下，提升方法则在弱模型上表现更好（如浅层决策树）。

装袋方法有很多种，其主要区别在于随机抽取训练子集的方法不同：若抽取数据集的随机子集是样本的随机子集，则称为粘贴。若样本抽取是有放回的，则称为装袋。若抽取数据集的随机子集是特征的随机子集，则称为随机子空间。若基评估器构建在对样本和特征抽取的子集之上时，则称为随机补丁。

在 Sklearn 中，装袋方法使用统一的 BaggingClassifier 元评估器（或者 BaggingRegressor），基评估器和随机子集抽取策略由用户指定。参数 max_samples 和 max_features 控制子集（样本和特征）的大小，参数 bootstrap 和 bootstrap_features 控制样本和特征的抽取是有放回还是无放回的。当使用样本子集时，通过设置 oob_score=True，可以使用袋外（out-of-bag）样本来评估泛化精度。

案例实战 8.11　比较决策树回归算法与装袋回归算法。

在 decision_tree 包中，创建 dtr_vs_br_sklearn.py 文件，并在其中编写代码如图 8-26 所示。

```
1    import matplotlib.pyplot as plt
2    import numpy as np
3    from sklearn.ensemble import BaggingRegressor
4    from sklearn.tree import DecisionTreeRegressor
5    plt.rcParams['font.sans-serif'] = ['SimHei']
6    plt.rcParams['axes.unicode_minus'] = False
7    # 设置参数
8    n_repeat = 50   # 迭代次数
```

图 8-26　决策树回归算法与装袋回归算法对比

```
9    n_train = 50   # 训练集大小
10   n_test = 1000   # 测试集大小
11   noise = 0.1   # 噪声的标准差
12   np.random.seed(0)
13   # 设置评估器为决策树回归和装袋回归，高方差（如决策树或 KNN）效果更好
14   estimators = [("决策树回归", DecisionTreeRegressor()),
15             ("装袋回归", BaggingRegressor(DecisionTreeRegressor()))]
16   n_estimators = len(estimators)
17   # 生成数据
18   def f(x):
19     x = x.ravel()
20     return np.exp(-x ** 2) + 1.5 * np.exp(-(x - 2) ** 2)
21   def generate(n_samples, noise, n_repeat=1):
22     X = np.random.rand(n_samples) * 10 - 5
23     X = np.sort(X)
24     if n_repeat == 1:
25       y = f(X) + np.random.normal(0.0, noise, n_samples)
26     else:
27       y = np.zeros((n_samples, n_repeat))
28       for i in range(n_repeat):
29         y[:, i] = f(X) + np.random.normal(0.0, noise, n_samples)
30     X = X.reshape((n_samples, 1))
31     return X, y
32   X_train = []
33   y_train = []
34   for i in range(n_repeat):
35     X, y = generate(n_samples=n_train, noise=noise)
36     X_train.append(X)
37     y_train.append(y)
38   X_test, y_test = generate(n_samples=n_test, noise=noise, n_repeat=n_
     repeat)
39   plt.figure(figsize=(10, 8))
40   # 循环对比不同的评估器效果
41   for n, (name, estimator) in enumerate(estimators):
42     # 计算预测值
43     y_predict = np.zeros((n_test, n_repeat))
44     for i in range(n_repeat):
45       estimator.fit(X_train[i], y_train[i])
46       y_predict[:, i] = estimator.predict(X_test)
47     # Bias^2（偏差）+ Variance（方差）+ Noise（噪声）的均方误差分解
48     y_error = np.zeros(n_test)
49     for i in range(n_repeat):
```

图 8-26　决策树回归算法与装袋回归算法对比（续）

```
50        for j in range(n_repeat):
51            y_error += (y_test[:, j] - y_predict[:, i]) ** 2
52        y_error /= (n_repeat * n_repeat)
53        y_noise = np.var(y_test, axis=1)
54        y_bias = (f(X_test) - np.mean(y_predict, axis=1)) ** 2
55        y_var = np.var(y_predict, axis=1)
56        print(f"{name}: {np.mean(y_error):.4f} (error) = {np.mean(y_
      bias):.4f} (bias^2) + {np.mean(y_var):.4f} (var) + {np.mean(y_
      noise):.4f} (noise)")
57        # 绘制图像
58        plt.subplot(2, n_estimators, n + 1)
59        plt.plot(X_test, f(X_test), "b", label="$f(x)=e^{-x^{2}}+1.5e^{-
      (x-2)^{2}}$")
60        plt.plot(X_train[0], y_train[0], ".b", label="LS ~ $y =
      f(x)+noise$")
61        for i in range(n_repeat):
62        if i == 0:
63            plt.plot(X_test, y_predict[:, i], "r", label=r"$\^y(x)$")
64        else:
65            plt.plot(X_test, y_predict[:, i], "r", alpha=0.05)
66        plt.plot(X_test, np.mean(y_predict, axis=1), "c",
67            label=r"$\mathbb{E}_{LS} \^y(x)$")
68        plt.xlim([-5, 5])
69        plt.title(name)
70        if n == n_estimators - 1:
71            plt.legend(loc=(1.1, .5))
72        plt.subplot(2, n_estimators, n_estimators + n + 1)
73        plt.plot(X_test, y_error, "r", label="$error(x)$")
74        plt.plot(X_test, y_bias, "b", label="$bias^2(x)$")
75        plt.plot(X_test, y_var, "g", label="$variance(x)$")
76        plt.plot(X_test, y_noise, "c", label="$noise(x)$")
77        plt.xlim([-5, 5])
78        plt.ylim([0, 0.1])
79        if n == n_estimators - 1:
80            plt.legend(loc=(1.1, .5))
81    plt.subplots_adjust(right=.75)
82    plt.show()
```

图 8-26　决策树回归算法与装袋回归算法对比（续）

在图 8-26 中，第 1～6 行导入相关的包并设置中文支持；第 8～16 行指定评估器为决策树回归和装袋回归，并为其设置参数；第 18～20 行定义了函数 $f(x)$，用于生成 y 值；第 21～38 行根据函数随机生成训练数据和测试数据；第 41 行开始的大循环分别对决策树回归算法和装袋回归算法的模型进行训练，计算各自的误差值，将计算结果的信息打印出来并绘制图像。运行该程序得到：

```
决策树回归 : 0.0255 (error) = 0.0003 (bias^2) + 0.0152 (var) + 0.0098 (noise)
装袋回归 : 0.0196 (error) = 0.0004 (bias^2) + 0.0092 (var) + 0.0098 (noise)
```

可以看到，装袋回归算法在原始训练集的随机子集上构建多个实例，然后把这些评估器的预测结果结合起来形成最终的预测结果。该方法通过在构建模型的过程中引入随机性，来减少基评估器的方差，因此，装袋回归算法具有更小的误差值。程序运行结果如图8-27所示，上面两个图像是函数本身、和函数及噪声的和，以及预测值和对各个预测值进行平均之后的结果，参见右边的图例；下面的两张图是对应的均方误差和对应的偏差值，方差值和噪声值。

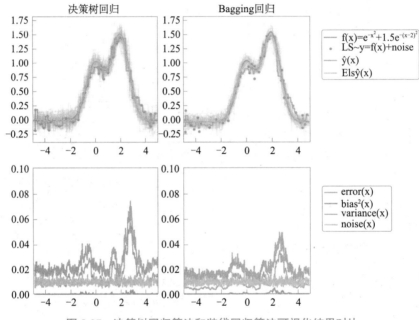

图 8-27 决策树回归算法和装袋回归算法可视化结果对比

8.5.2 随机森林算法

随机森林是非常具有代表性的装袋集成算法，它的所有基评估器都是决策树，分类树组成的森林称为随机森林分类器，回归树所集成的森林称为随机森林回归器。本节主要介绍 RandomForestClassifier 随机森林分类器。

```
    class sklearn.ensemble.RandomForestClassifier(n_estimators='10',
criterion='gini', max_depth=None, min_samples_split=2, min_samples_leaf=1, min_
weight_fraction_leaf=0.0, max_features='auto', max_leaf_nodes=None, min_impurity_
decrease=0.0, in_impurity_split=None, bootstrap=True, oob_score=False, n_jobs=None,
random_state=None, verbose=0, warm_start=False, class_weight=None)
```

随机森林分类器的参数说明：

criterion：不纯度的衡量指标，有基尼系数和信息熵两种选择。

max_depth：树的最大深度，超过最大深度的树枝都会被剪掉。

min_samples_leaf：一个节点在分枝后的每个子节点都必须包含至少 min_samples_leaf 个训练样本，否则分枝就不会发生。

min_samples_split：一个节点必须要包含至少 min_samples_split 个训练样本，这个节点才允许被分枝，否则分枝就不会发生。

max_features：限制分枝时考虑的特征个数，超过限制个数的特征都会被舍弃，默认值为总特征个数开平方取整。

min_impurity_decrease：限制信息增益的大小，信息增益小于设定数值的分枝不会发生。

单个决策树的准确率越高，随机森林的准确率也会越高，因为装袋方法是依赖于平均值或者少数服从多数原则来决定集成结果的。

案例实战 8.12 使用红酒数据集对比决策树算法与随机森林算法的分类效果。

在 decision_tree 包中，创建 wine_decision_tree_vs_random_forest_sklearn.py 文件，并在其中编写代码，具体如图 8-28 所示。

```
1    import matplotlib.pyplot as plt
2    from sklearn.datasets import load_wine
3    from sklearn.ensemble import RandomForestClassifier
4    from sklearn.model_selection import cross_val_score
5    from sklearn.model_selection import train_test_split
6    from sklearn.tree import DecisionTreeClassifier
7    plt.rcParams['font.sans-serif'] = ['SimHei']
8    plt.rcParams['axes.unicode_minus'] = False
9    wine = load_wine()
10   X, y = wine.data, wine.target
11   X_train, X_test, y_train, y_test = train_test_split(X, y, test_
     size=0.3, random_state=1)
12   model_tree = DecisionTreeClassifier(random_state=0)
13   model_forest = RandomForestClassifier(random_state=0)
14   model_tree = model_tree.fit(X_train, y_train)
15   model_forest = model_forest.fit(X_train, y_train)
16   score_c = model_tree.score(X_test, y_test)
17   score_r = model_forest.score(X_test, y_test)
18   print(f"单棵决策树：{score_c}，随机森林：{score_r}")
19   # 交叉验证：将数据集划分为 n 份，依次取每 1 份作为测试集，每 n-1 份作为训练集，多次
     训练模型以观测模型稳定性
20   rfc_l = []   # 随机森林列表
21   clf_l = []   # 决策树列表
```

图 8-28 红酒数据集的决策树算法与随机森林算法的分类效果

```
22    for i in range(10):
23      clf = DecisionTreeClassifier()
24      clf_s = cross_val_score(clf, X, y, cv=10).mean()
25      clf_l.append(clf_s)
26      rfc = RandomForestClassifier(n_estimators=25)
27      rfc_s = cross_val_score(rfc, X, y, cv=10).mean()
28      rfc_l.append(rfc_s)
29    plt.plot(range(1, 11), rfc_l, label=" 随机森林 ")
30    plt.plot(range(1, 11), clf_l, label=" 决策树 ")
31    plt.xlabel(' 比较次数 ')
32    plt.ylabel(' 对应分数 ')
33    plt.legend()
34    plt.show()
35    scores = []
36    for i in range(50):
37      rfc = RandomForestClassifier(n_estimators=i + 1, n_jobs=-1)
38      rfc_s = cross_val_score(rfc, X, y, cv=10).mean()
39      scores.append(rfc_s)
40    print(max(scores), scores.index(max(scores)))
41    plt.plot(range(1, 51), scores)
42    plt.xlabel(' 森林中树的数量 ')
43    plt.ylabel(' 对应分数 ')
44    plt.show()
```

图 8-28   红酒数据集的决策树算法与随机森林算法的分类效果（续）

在图 8-28 中，第 1～8 行导入相关的包并设置图形的中文支持；第 9～11 行加载红酒数据集并对数据集进行训练集和测试集分离；第 12～18 行分别调用单棵决策树和随机森林使用训练集训练模型，再打印训练后模型在测试集中的表现成绩，为了得到模型的稳定表现，使用了交叉验证。第 21～35 行，分别使用了决策树和具有 25 棵树的随机森林进行对比，分别将它们的模型在同一个图像中进行可视化展现。

第 36～43 行，循环修改参数 n_estimators，观察模型随着随机森林中树的数量变化，模型的变化。通常数量越大，效果越好，但是计算时间也会随之增加。此外要注意，当树的数量超过一个临界值之后，算法的效果并不会显著变好。运行上述程序，在本次运行中，结果为：单棵决策树：0.9444444444444444，随机森林：0.9814814814814815。说明随机森林的效果要比单棵决策树的效果更好。由图 8-29（左）所示，在单棵决策树和由 25 棵树组成的森林的 10 次比较中，随机森林的效果总要比单棵决策树要强。图 8-29（右）展示了模型中随着森林中包含的树的数量变化，模型的变化。可以看到随着森林中树的数目变化，模型效果趋于变好，但存在波动。在本次运行中，最好的是第 37 次循环时，结果为：0.988888888888888937。

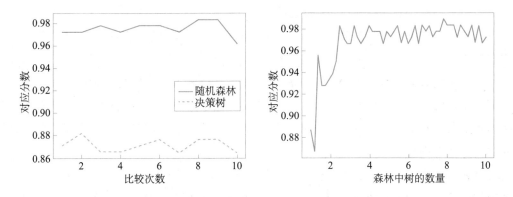

图 8-29 决策树和随机森林对比及随机森林随树的数量变化的效果

Sklearn 中的随机森林评估器提供了众多的参数（参见该类的构造方法）。这些参数与模型的复杂度有关。对树模型来说，树越茂盛，深度越深，分枝越多，模型就越复杂。随机森林是以树模型为基础，是天生复杂度高的模型。需要进行适当地调参才能得到更好的效果。通过画学习曲线［如图 8-29（右）所示］，或者网格搜索，我们能够探索到调参边界值（非常耗时），在现实中，调参多依赖经验：

（1）正确的调参思路和方法；

（2）对模型评估指标的理解；

（3）对数据的感觉和经验；

（4）不断地尝试。

在这里就不再展开阐述。但要记住这 4 点：

（1）模型太复杂或者太简单，都会让泛化误差高，目标是位于中间的平衡点；

（2）模型太复杂就会过度拟合，模型太简单就会欠拟合；

（3）对树模型和树的集成模型来说，树的深度越深，分枝越多，模型越复杂；

（4）树模型和树的集成模型的目标，都是降低模型复杂度。

8.5.3 AdaBoost 提升

AdaBoost，是英文 "Adaptive Boosting"（自适应提升）的缩写，是一种迭代算法，其核心思想是针对同一个训练集训练不同的分类器（弱分类器），然后把这些弱分类器集合起来，构成一个更强的最终分类器（强分类器）。其算法本身是通过改变数据分布来实现的，它根据每次训练集中每个样本的分类是否正确，以及上次的总体分类的准确率，来确定每个样本的权值。将修改过权值的新数据集送给下层分类器进行训练，最后将每次训练得到的分类器融合起来，作为最后的决策分类器。

AdaBoost 的自适应在于：前一个基本分类器分错的样本会得到加强，加权后的全体样本再次被用来训练下一个基本分类器。同时，在每轮中加入一个新的弱分类器，直到达到某个预定的足够小的错误率或达到预先指定的最大迭代次数为止。

具体说来，整个 AdaBoost 迭代算法就 3 步。

（1）初始化训练数据的权值分布。若有 N 个样本，则每个训练样本最开始时都被赋予相同的权重：$1/N$。

（2）训练弱分类器。在具体训练过程中，如果某个样本点已经被准确地分类，那么在构造下一个训练集时，它的权重就被降低；相反，如果某个样本点没有被准确地分类，那么它的权重就得到提高。然后，权重更新过的样本集被用于训练下一个分类器，整个训练过程如此迭代地进行下去。

（3）将各个训练得到的弱分类器组合成强分类器。各个弱分类器的训练过程结束后，加大分类误差率小的弱分类器的权重，使其在最终的分类函数中起到较大的决定作用，而降低分类误差率大的弱分类器的权重，使其在最终的分类函数中起到较小的决定作用。换言之，误差率低的弱分类器在最终分类器中占的权重较大，否则较小。

Sklearn 中 AdaBoost 类库比较少，就只有 AdaBoostClassifier 和 AdaBoostRegressor 两个，AdaBoostClassifier 用于分类问题，AdaBoostRegressor 用于回归问题。

AdaBoostClassifier 使用了两种 AdaBoost 分类算法，SAMME 和 SAMME.R。而 AdaBoostRegressor 则使用了 AdaBoost 回归算法，即 Adaboost.R2。

对 AdaBoost 调参时，主要对两部分内容进行调参，第一部分是对 AdaBoost 的框架进行调参，第二部分是对选择的弱分类器进行调参。两者相辅相成。下面就对 AdaBoost 的两个类 AdaBoostClassifier 和 AdaBoostRegressor 进行介绍。

AdaBoostClassifier 和 AdaBoostRegressor 框架参数：

```
  class sklearn.ensemble.AdaBoostClassifier(base_estimator=None, n_estimators=50,
learning_rate=1.0, algorithm='SAMME.R', random_state=None)
  class sklearn.ensemble.AdaBoostRegressor(base_estimator=None, *, n_
estimators=50, learning_rate=1.0, loss='linear', random_state=None)
```

这两个类的大部分框架参数相同，下面讨论这些参数：

```
  base_estimator: AdaBoostClassifier 和 AdaBoostRegressor 都有，即弱分类学习器或者弱回
归学习器。理论上可以选择任何一个，不过需要支持样本权重。AdaBoostClassifier 默认使用 CART 分类树
DecisionTreeClassifier，而 AdaBoostRegressor 默认使用 CART 回归树 DecisionTreeRegressor。
  algorithm: 这个参数只有 AdaBoostClassifier 有。有两种选择: SAMME 和 SAMME.R。默认是
SAMME.R。这两者之间的区别在于对弱分类权重的计算方式不同。
  loss: 这个参数只有 AdaBoostRegressor 有，Adaboost.R2 算法会用到。有线性 'linear', 平
方 'square' 和指数 'exponential' 三种选择，默认是线性。
  n_estimators: AdaBoostClassifier 和 AdaBoostRegressor 都有，就是弱学习器的最大迭代次数，
或者说最大的弱学习器的个数。一般来说 n_estimators 太小，容易欠拟合; n_estimators 太大，又容易过
度拟合，一般选择一个适中的数值。默认是 50。
  learning_rate: AdaBoostClassifier 和 AdaBoostRegressor 都有，代表学习率，取值在 0～1
之间，默认是 1.0。如果学习率较小，就需要比较多的迭代次数才能收敛，也就是说学习率和迭代次数是有相关
性的。当调整 learning_rate 的时候，往往也需要调整 n_estimators 这个参数。
```

> random_state：代表随机数种子的设置，默认是 None。随机种子是用来控制随机模式的，当随机种子取了一个值，也就确定了一种随机规则，其他人取这个值可以得到同样的结果。如果不设置随机种子，每次得到的随机数也就不同。

案例实战 8.13　AdaBoost 提升决策树分类。

使用高斯分位数生成分类数据集，并绘制决策边界和决策分数。这个例子里面拟合了一个 AdaBoost 的决策树，使用的数据集是由两个高斯分位数（参看 sklearn.datasets.make_gaussian_quantiles）组成的非线性可分的分类数据集，并绘制决策边界和决策分数。对于 A 类和 B 类样本，分别给出了决策分数的分布。每个样本的预测类别标签是由决策分数的符号决定的。决策分数大于 0 的样本被分类为 B，否则被分类为 A。决策分数的多少决定了与预测的类标签相似的程度。

在 decision_tree 包中，创建 two_adaboosted_desicion_tree_sklearn.py 文件，并在其中编写代码如图 8-30 所示。

```python
1   import numpy as np
2   import matplotlib.pyplot as plt
3   from sklearn.ensemble import AdaBoostClassifier
4   from sklearn.tree import DecisionTreeClassifier
5   from sklearn.datasets import make_gaussian_quantiles
6   plt.rcParams['font.sans-serif'] = ['SimHei']
7   plt.rcParams['axes.unicode_minus'] = False
8
9   # 构建测试数据集
10  X1, y1 = make_gaussian_quantiles(cov=2., n_samples=300, n_features=2,
    n_classes=2, random_state=1)
11  X2, y2 = make_gaussian_quantiles(mean=(3, 3), cov=1.5, n_samples=400,
    n_features=2, n_classes=2, random_state=1)
12  X = np.concatenate((X1, X2))
13  y = np.concatenate((y1, - y2 + 1))
14
15  # 创建并拟合一棵 AdaBoost 提升的决策树
16  model = DecisionTreeClassifier(max_depth=2)
17  bdt = AdaBoostClassifier(model, algorithm="SAMME", n_estimators=200,
    learning_rate=0.5)
18  bdt.fit(X, y)
19  print(f" 分数：{bdt.score(X, y)}")
20
21  plot_colors = "br"
22  plot_step = 0.02
23  class_names = "AB"
```

图 8-30　对由高斯分位数产生的数据集进行分类

```
24    plt.figure(figsize=(10, 5))
25    # 绘制决策边界
26    plt.subplot(121)
27    x_min, x_max = X[:, 0].min() - 1, X[:, 0].max() + 1
28    y_min, y_max = X[:, 1].min() - 1, X[:, 1].max() + 1
29    xx, yy = np.meshgrid(np.arange(x_min, x_max, plot_step), np.arange(y_
      min, y_max, plot_step))
30    Z = bdt.predict(np.c_[xx.ravel(), yy.ravel()])
31    Z = Z.reshape(xx.shape)
32    cs = plt.contourf(xx, yy, Z, cmap=plt.cm.Paired)
33    plt.axis("tight")
34    # 绘制训练样本点
35    for i, n, c in zip(range(2), class_names, plot_colors):
36      idx = np.where(y == i)
37      plt.scatter(X[idx, 0], X[idx, 1], c=c, cmap=plt.cm.Paired, s=20,
      edgecolor='k', label="类别 %s" % n)
38    plt.xlim(x_min, x_max)
39    plt.ylim(y_min, y_max)
40    plt.legend(loc='upper right')
41    plt.xlabel('x')
42    plt.ylabel('y')
43    plt.title(' 决策边界 ')
44    # 绘制两类决策的分数
45    twoclass_output = bdt.decision_function(X)
46    plot_range = (twoclass_output.min(), twoclass_output.max())
47    plt.subplot(122)
48    for i, n, c in zip(range(2), class_names, plot_colors):
49      plt.hist(twoclass_output[y == i], bins=10, range=plot_range,
      facecolor=c,
50        label=' 类别 %s' % n, alpha=.5, edgecolor='k')
51    x1, x2, y1, y2 = plt.axis()
52    plt.axis((x1, x2, y1, y2 * 1.2))
53    plt.legend(loc='upper right')
54    plt.ylabel(' 样本 ')
55    plt.xlabel(' 分数 ')
56    plt.title(' 决策分数 ')
57    plt.tight_layout()
58    plt.subplots_adjust(wspace=0.35)
59    plt.show()
```

图 8-30　对由高斯分位数产生的数据集进行分类（续）

　　图 8-30 中的代码并不难理解，程序结构与前面类似。第 1～7 行导入相关的包；第
10～13 行由高斯分位数函数产生两类数据，生成二维正态分布，生成的数据按分位数分

为两类，分别是 300 和 400 个样本，2 个样本特征，协方差系数分别为 2 和 1.5，均值分别为 (0,0) 和 (3,3)，然后将其拼接在一起；第 16 行实例化决策树模型（弱模型），第 17 行将 AdaBoost 提升分类器应用于决策树模型，指定所使用的算法为 SAMME，决策树弱模型的数量为 200 个，学习率为 0.5。第 18 行训练模型，第 19 行计算出分数并打印；第 21～59 行都是绘制图像相关设置。运行该程序，得到结果：分数：0.9114285714285715，同时生成图 8-31。

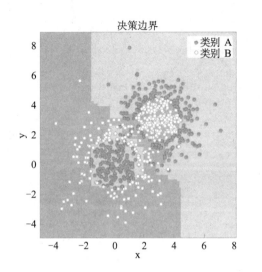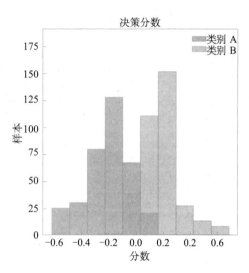

图 8-31　高斯分位数产生两类数据的分类可视化结果

由运行结果的分数以及可视化结果可以看到 AdaBoost 提升效果相当理想，读者可以通过调整 AdaBoost 分类器的各个参数，如弱分类器的个数 n_estimators 和学习率，观察模型的效果变化，以找到最佳的参数组合，进行分类。

案例实战 8.14　使用 AdaBoost 提升决策树。

首先随机生成带有高斯噪声的一维正弦数据集，在该数据集上使用 AdaBoost 提升决策树来拟合正弦函数曲线。该实例对比了由一棵决策树（一个弱回归学习器、评估器）和相当于共有 10 棵决策树、10 个弱回归学习器构成的强评估器的拟合效果，然后继续加大弱回归学习器的数量，将其增加至 300 个弱回归学习器，再对比其拟合效果，结果如图 8-33 所示，可以看出，随着提升次数的增加，回归器可以拟合出更多的细节。

在 decision_tree 包中，创建 sin_sin6_adaboost_decision_tree_regressor_sklearn.py 文件，并在其中编写代码如图 8-32 所示。

```
1    import numpy as np
2    import matplotlib.pyplot as plt
3    from sklearn.tree import DecisionTreeRegressor
4    from sklearn.ensemble import AdaBoostRegressor
```

图 8-32　正弦函数的单棵决策树和使用 AdaBoost 提升决策树的比较

```
5    plt.rcParams['font.sans-serif'] = ['SimHei']
6    plt.rcParams['axes.unicode_minus'] = False
7    #  创建数据集
8    rng = np.random.RandomState(1)
9    X = np.linspace(0, 6, 100)[:, np.newaxis]
10   y = np.sin(X).ravel() + np.sin(6 * X).ravel() + rng.normal(0, 0.1,
     X.shape[0])
11   #  拟合模型
12   regr_1 = DecisionTreeRegressor(max_depth=4)
13   regr_2 = AdaBoostRegressor(DecisionTreeRegressor(max_depth=4), n_
     estimators=10, random_state=rng)
14   regr_3 = AdaBoostRegressor(DecisionTreeRegressor(max_depth=4), n_
     estimators=300, random_state=rng)
15   #  绘制图像
16   plt.scatter(X, y, c="k", label=" 训练样本 ")
17   regr_l = [regr_1, regr_2, regr_3]
18   cs = ['r', 'g', 'b']
19   labels = ['n_estimators=1', 'n_estimators=10', 'n_estimators=100']
20   linestyles = ['-', '--', '-.']
21   for regr, c, label, linestyle in zip(regr_l, cs, labels, linestyles):
22       regr.fit(X, y)
23       y_ = regr.predict(X)
24       plt.plot(X, y_, c, label=label, linewidth=2, linestyle=linestyle)
25   plt.xlabel("X")
26   plt.ylabel("y")
27   plt.title(" 提升的决策树回归 ")
28   plt.legend()
29   plt.show()
```

图 8-32　正弦函数的单棵决策树和使用 AdaBoost 提升决策树的比较（续）

图 8-32 中的代码比较简单，主要功能是通过产生随机数 X 以及由随机数产生的正弦函数组合叠加高斯噪声构成 y，接着构建 3 个模型，分别是单棵的决策树回归算法模型，以及由单棵决策树为弱模型，构建 10、300 棵树的 AdaBoost 提升回归算法模型，然后用相同的训练样本分别对这 3 个模型进行训练，并以 X 作为样本预测出结果 y_，然后将 (X, y_) 绘制出来，进行可视化结果的对比。运行该程序，得到图 8-33。

在图 8-33 中，圆点是训练样本，深蓝色线是单棵决策树回归算法，浅蓝色线是由 10 棵树构成的算法，灰色线是由 300 棵树构成的算法。可以看出随着决策树数量的增加，模型越来越接近训练样本，说明拟合效果越来越好，这就是 AdaBoost 提升的效果。

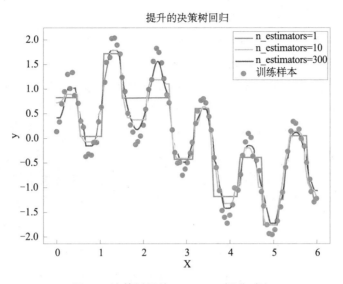

图 8-33 决策树及其 AdaBoost 提升对比

8.5.4　梯度提升决策树

梯度提升回归树（GBRT）（梯度提升决策树中的一种）是对任意的可微损失函数的提升算法的泛化。GBRT 是一个准确、高效的现有程序，它既能用于分类问题也可以用于回归问题。在 scikit-learn 中，GradientBoostingClassifier 为分类类，而 GradientBoostingRegressor 为回归类。两者的参数类型完全相同，当然有些参数如损失函数 loss 的可选项并不相同。在这些参数中，类似 AdaBoost，我们把重要参数分为两类，第一类是 Boosting 框架的重要参数，第二类是弱学习器，即 CART 回归树的重要参数。

```
class sklearn.ensemble.GradientBoostingClassifier(*, loss='deviance', learning_
rate=0.1, n_estimators=100, subsample=1.0, criterion='friedman_mse', min_samples_
split=2, min_samples_leaf=1, min_weight_fraction_leaf=0.0, max_depth=3, min_
impurity_decrease=0.0, min_impurity_split=None, init=None, random_state=None,
max_features=None, verbose=0, max_leaf_nodes=None, warm_start=False, validation_
fraction=0.1, n_iter_no_change=None, tol=0.0001, ccp_alpha=0.0)
```

框架参数：弱学习器（如回归树）的数量由参数 n_estimators 控制；每棵树的大小可以由参数 max_depth 设置树的深度，或者由参数 max_leaf_nodes 设置叶子节点数目来控制。learning_rate 是一个在 (0,1] 之间的超参数，这个参数通过 shrinkage（缩减步长）来控制过度拟合。参数 subsample 为子采样，取值为 (0,1]。注意这里子采样是不放回抽样。若取值为 1，则全部样本都使用，等于没有使用子采样。参数 init 为初始化时的弱学习器。参数 loss 为损失函数，有对数似然损失函数 "deviance" 和指数损失函数 "exponential" 两种选择。默认是对数似然损失函数 "deviance"。

弱学习器参数：划分时考虑的最大特征数 max_features，可以使用多种类型的值，默

认是 "None"，意味着划分时考虑所有的特征数；决策树最大深度 max_depth，可以不输入，如果不输入，默认值是 3。内部节点再划分所需最小样本数 min_samples_split，限制子树继续划分的条件。叶子节点最少样本数 min_samples_leaf，限制叶子节点最少的样本数，若某叶子节点数目小于样本数，则会和兄弟节点一起被剪枝。叶子节点最小的样本权重和 min_weight_fraction_leaf，限制叶子节点所有样本权重和的最小值，若小于这个值，则会和兄弟节点一起被剪枝。默认是 0，即不考虑权重问题。最大叶子节点数 max_leaf_nodes：通过限制最大叶子节点数，可以防止过度拟合，默认是 "None"，即不限制最大的叶子节点数。节点划分最小不纯度 min_impurity_split，限制决策树的增长，若某节点的不纯度（基于基尼系数或均方差）小于这个阈值，则该节点不再生成子节点，即为叶子节点。

案例实战 8.15 手写数字数据集分类。

在 decision_tree 包中，创建 digits_gradient_boost_classifier_sklearn.py 文件，并在其中编写代码如图 8-34 所示。

```
1    import matplotlib.pyplot as plt
2    import numpy as np
3    from sklearn import datasets
4    from sklearn.ensemble import GradientBoostingClassifier
5    from sklearn.model_selection import train_test_split
6    plt.rcParams['font.sans-serif'] = ['SimHei']
7    plt.rcParams['axes.unicode_minus'] = False
8
9    digits = datasets.load_digits()
10   X, y = digits.data, digits.target
11   X_train, X_test, y_train, y_test = train_test_split(X, y, test_
     size=0.3, random_state=0)
12
13   train_scores, test_scores = [], []
14   ns = np.arange(1, 100, 5)
15   for n in ns:
16       model = GradientBoostingClassifier(n_estimators=n, learning_
     rate=0.2, max_depth=3, random_state=0)
17     model.fit(X_train, y_train)
18     train_scores.append(model.score(X_train, y_train))
19     test_scores.append(model.score(X_test, y_test))
20   plt.plot(ns, train_scores, label=' 训练样本分数 ')
21   plt.plot(ns, test_scores, label=' 测试样本分数 ')
22   plt.ylim([0.7, 1.05])
23   plt.xlabel(" 弱学习器个数 ")
```

图 8-34 梯度提升的手写数字数据集分类

```
24    plt.ylabel("分数")
25    plt.title('梯度提升分类器')
26    plt.legend(loc='lower right')
27    plt.show()
```

图 8-34　梯度提升的手写数字数据集分类（续）

在图 8-34 中，第 1～7 行导入相关的包并设置绘图的中文支持；第 9～11 行加载手写数字数据集并进行训练集和测试集分离；第 15 行开始的 for 循环，遍历列表 ns 中的值，这些值传递给循环里面的梯度提升分类器；在循环中，第 16 行实例化分类器，并设置相关的参数，如迭代次数（分类器中树的数量）、学习率、决策树的深度等参数，通过不断地调整这些参数的取值，可以获得最佳的参数组合；第 17 行训练模型；第 18～19 行分别计算模型在训练集和测试集上的得分；第 20～27 行绘制在不同的分类器下（迭代次数不同），模型在训练集和测试集上的得分曲线。对于其他参数，也可进行类似计算，感兴趣的读者可以实际验证一下。运行该程序，得到结果如图 8-35 所示。

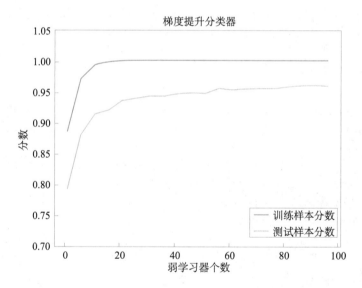

图 8-35　手写数字数据集得分随弱学习器数目变化而出现的变化

GradientBoostingRegressor 的参数与 GradientBoostingClassifier 基本相同。

```
class sklearn.ensemble.GradientBoostingRegressor(*, loss='ls', learning_
rate=0.1, n_estimators=100, subsample=1.0, criterion='friedman_mse', min_samples_
split=2, min_samples_leaf=1, min_weight_fraction_leaf=0.0, max_depth=3, min_
impurity_decrease=0.0, min_impurity_split=None, init=None, random_state=None,
max_features=None, alpha=0.9, verbose=0, max_leaf_nodes=None, warm_start=False,
validation_fraction=0.1, n_iter_no_change=None, tol=0.0001, ccp_alpha=0.0)
```

对于回归模型，参数 loss 默认值为"ls"，此时损失函数为平方损失函数，使用最小二乘回归。"lad"：此时使用指数绝对值损失函数。"huber"：此时损失函数为上述两者的综合，即误差较小时，采用平方损失，在误差较大时，采用绝对值损失。"quantile"：分位数回归（分位数指的是百分之几），采用绝对值损失。

参数 criterion：默认值为"friedman_mse"，是衡量回归效果的指标。"friedman_mse"：改进型的均方误差；"mse"：标准的均方误差；"mae"：平均绝对误差。除了这两个参数，其他参数、属性、方法的含义与用法与上文提到的分类器的参数基本一致。

案例实战 8.16 糖尿病数据集梯度提升回归。

在 decision_tree 包中，创建 diabetes_gradient_boost_regressor_sklearn.py 文件并在其中编写代码如图 8-36 所示。

```
1   import matplotlib.pyplot as plt
2   import numpy as np
3   from sklearn import datasets, ensemble
4   from sklearn.metrics import mean_squared_error
5   from sklearn.model_selection import train_test_split
6   plt.rcParams['font.sans-serif'] = ['SimHei']
7   plt.rcParams['axes.unicode_minus'] = False
8
9   # 加载糖尿病数据集
10  diabetes = datasets.load_diabetes()
11  X, y = diabetes.data, diabetes.target
12  X_train, X_test, y_train, y_test = train_test_split(X, y, test_
    size=0.1, random_state=13)
13  params = {'n_estimators': 500, 'max_depth': 4, 'min_samples_split':
    5, 'learning_rate': 0.01, 'loss': 'ls'}
14  model = ensemble.GradientBoostingRegressor(**params)
15  model.fit(X_train, y_train)
16  mse = mean_squared_error(y_test, model.predict(X_test))
17  print(f" 测试集上的最小均方误差 MSE 为 {mse:.4f}")
18  # 绘制训练集偏差
19  test_score = np.zeros((params['n_estimators'],), dtype=np.float64)
20  for i, y_pred in enumerate(model.staged_predict(X_test)):
21      test_score[i] = model.loss_(y_test, y_pred)
22
23  plt.title(' 偏差 ')
24  plt.plot(np.arange(params['n_estimators']) + 1, model.train_score_,
    'b-', label=' 训练集偏差 ')
25  plt.plot(np.arange(params['n_estimators']) + 1, test_score, 'r-',
    label=' 测试集偏差 ')
26  plt.legend(loc='upper right')
```

图 8-36　糖尿病数据集的梯度提升回归

```
27    plt.xlabel(' 提升迭代次数 ')
28    plt.ylabel(' 偏差 ')
29    plt.tight_layout()
30    plt.show()
```

图 8-36　糖尿病数据集的梯度提升回归（续）

在图 8-36 中，第 1～7 行导入相关的包并设置绘制图形的中文支持；第 10～12 行加载糖尿病数据集并进行训练集和测试集分离；第 13 行定义了一个词典，主要是为了第 14 行梯度提升回归类的实例写得简洁一点而做的处理。读者仍然可以改回之前的写法，不影响程序的运行。第 14～15 行训练模型，第 16 行计算最小均方误差；第 20～21 行的 for 循环计算模型在各个阶段中的预测值及计算模型的损失，并保存下来。第 23～30 行分别绘制出模型在训练集和测试集上的偏差图像。运行该程序，得到：测试集上的最小均方误差 MSE 为 3052.6969，同时得到了如图 8-37 所示的图像。可以看出，随着迭代次数的增加，对于训练集，模型对数据集的偏差越来越小，说明拟合越来越好，但对测试集来说，模型的偏差一开始迅速下降，随后就稳定在一个范围内，说明并非迭代次数越多就越好，因为可能会出现过度拟合的现象，这需要我们根据具体问题，对参数组合进行适当调参。

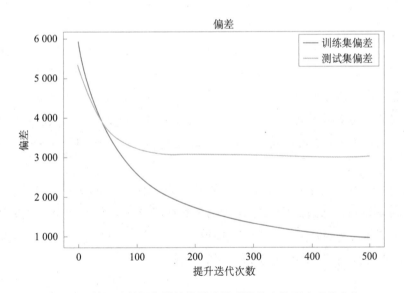

图 8-37　糖尿病数据集的偏差随迭代次数的变化而出现的变化

到目前为止，decision_tree 包的结构大致如图 8-38 所示。

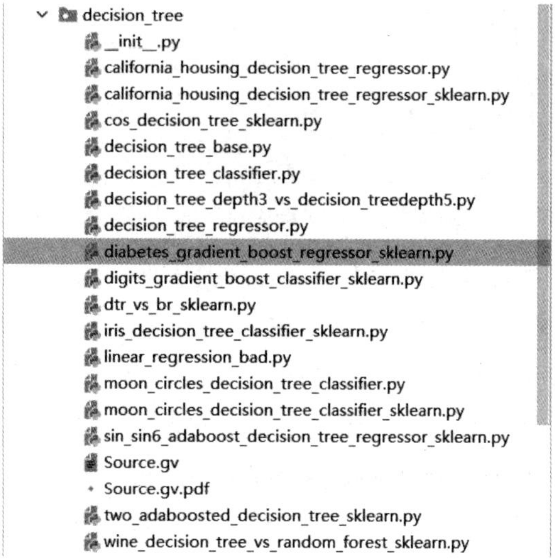

图 8-38　本章程序文件目录结构

🤖 8.6　本章小结

本章对决策树做了较为详细的介绍，决策树算法不仅适用于回归问题，还适用于分类问题。对于回归问题，决策树回归算法更适合于标签分布与特征之间是局部关系的数据。对于分类问题，决策树分类算法适用于类别边界是非线性且能用矩形来划分特征空间的问题。决策树因其不能使用正则化算法处理过度拟合问题，因此主要靠限制树的深度来防止过度拟合。CART 算法是决策树模型的最常用算法之一，既能应用于分类也能应用于回归问题。

本章还介绍了基于决策树的集成学习算法，如装袋、随机森林、AdaBoost 提升和梯度提升决策树等算法，通过组合一组决策树，集成算法能获得比单个模型更好的预测效果。通过多个实际案例的介绍，读者应该能够掌握该部分知识。但集成学习的思想适用于机器学习中的多种模型，并不仅限于决策树的集成。

思考与练习

1. 重现本章所有案例实战。

2. 请基于下面的数据集，分别用决策树算法与梯度提升决策树算法完成波士顿房价预测问题。

from sklearn.datasets import load_boston

X, y = load_boston(return_X_y=True)

第 9 章　聚类算法

聚类分析（Cluster Analysis）是一组将研究对象分为相对同质的群组（Clusters）的统计分析技术。依据研究对象（样本或指标）的特征，对其进行分类以减少研究对象的数目。聚类分析是一种典型的无监督学习，用于对未知类别的对象进行划分，根据在数据中发现的描述对象及其关系的信息，将数据对象分组。组内的对象相互之间是相似的（相关的），而不同组中的对象是不同的（不相关的）。组内相似度越大，组间差距越大，说明聚类效果越好。也就是说，聚类的目标是得到较高的群组内相似度和较低的群组间相似度，使得群组间的距离尽可能大，群组内样本与群组中心的距离尽可能小。

聚类得到的群组可以用聚类中心、群组大小、群组密度和群组描述等表示。聚类中心是一个群组中所有样本点的均值（质心），群组大小表示群组中所含样本的数量，群组密度表示群组中样本点的紧密程度，群组描述是群组中样本的业务特征。常见的聚类有：基于划分的聚类，如 K 均值算法、k-medoids 算法、k-prototype 算法；基于层次的聚类，如合并聚类算法；基于密度的聚类，如 DBSCAN 算法、OPTICS 算法、DENCLUE 算法；基于网格的聚类以及基于模型的聚类，如模糊聚类、Kohonen 神经网络聚类。

9.1　K 均值算法

K 均值算法是基于划分的聚类算法，计算样本点与群组质心的距离，与群组质心相近的样本点划分为同一群组。K 均值通过样本间的距离来衡量它们之间的相似度，两个样本距离越远，则相似度越低，否则相似度越高。

给定 m 个数据样本 $x^{(1)},x^{(2)},\cdots,x^{(m)} \in \mathbf{R}^n$。每个数据样本可看成 n 维空间中的一个点。假设需要将 m 个数据样本聚成 k 个类。K 均值算法的基本思想是：选取 $\mathbf{R}^n$ 中的 k 个点 $c^{(1)},c^{(2)},\cdots,c^{(k)}$ 作为中心，并将每个数据样本分配至与其距离最近的中心，使得所有样本到被分配到的中心的距离之和最小。这样，被分配到同一中心的样本就聚成一类，采用这种方法，就可以将 m 个样本聚成 k 个类。

K 均值算法：先随机选取 k 个点（不一定是样本点）作为初始中心（质心），并以它们为基础进行样本的初始分类，每个质心为一个类；对每个样本点，计算它们到各个质心的距离，并将其归入到相互间距离最小的质心所在的群组。计算各个新群组的质心。在所有样本点都划分完毕后，根据划分情况重新计算各个群组的质心所在位置，然后迭代计算各个样本点到各个群组质心的距离，对所有样本点重新进行划分，重复此过程直到质心不再发生变化或者到达最大迭代次数。K 均值算法描述如图 9-1 所示。

随机选择 $c^{(1)}, c^{(2)}, \cdots, c^{(k)}$ 作为聚类的初始中心点

for t=1,2,⋯,N

    1.设置质心集合 $C_1, C_1, \cdots, C_k = \varnothing$

    for i=1,2,⋯,m:

$$j^* = \arg \min_{1 \le j \le k} \left\| x^{(i)} - c^{(j)} \right\|$$

$$C_{j^*} \leftarrow C_{j^*} \cup \{x^{(i)}\}$$

    2.调整质心

    for j=1,2,⋯,k:

$$c^{(j)} \leftarrow \frac{1}{|C_j|} \sum_{x \in C_j} x$$

Return $c^{(1)}, c^{(2)}, \cdots, c^{(k)}$

图 9-1　K 均值算法描述

在图 9-1 所示的算法中，在每轮循环中，样本归类的计算样本数为 m 个，每个样本有 n 个特征，要计算样本到 k 个质心的距离并挑出最小的，因此时间复杂度为 $O(mnk)$，中心调整时间为 $O(mnk)$，所以 K 均值算法的整体时间复杂度为 $O(mnkN)$，其中 N 为迭代的次数。

在 mlbook 目录下，创建 clustering 包，在该包中创建 k_means.py 文件，实现图 9-1 的 K 均值算法，具体代码如图 9-2 所示。

```python
1    import numpy as np
2    class KMeans:
3      def __init__(self, n_clusters=1, max_iter=50, random_state=0):
4        self.k = n_clusters
5        self.N = max_iter
6        np.random.seed(random_state)
7      def assign_to_centers(self, centers, X):
8        assignments = []   # assignments[i] 记录样本 X[i] 被归入类的中心的编号，在循环中调用 assignments.append
9          # 一直往后追加，刚好跟 i 的下标一致
10       for i in range(len(X)):  # X[i] 到各个中心 centers[j] 的距离 distances
11           # 然后找出最小距离的编号 np.argmin(distance)，将其加入 assignments 数组中
12           distances = [np.linalg.norm(X[i] - centers[j], 2) for j in range(self.k)]
```

图 9-2　K 均值算法实现

```
13        assignments.append(np.argmin(distances))    # assignments[i] 的值
     为 X[i] 所属的某一个类
14     return assignments
15   def adjust_centers(self, assignments, X):
16     new_centers = []
17     for j in range(self.k):
18       # cluster_j 是一个列表，保存了所有中心为类 j 的样本 X[i]
19       cluster_j = [X[i] for i in range(len(X)) if assignments[i] == j]
20       # 求出新的类 j 的中心坐标
21       new_centers.append(np.mean(cluster_j, axis=0))
22     return new_centers
23   def fit_transform(self, X):
24     idx = np.random.randint(0, len(X), self.k)
25     centers = [X[i] for i in idx]  # 初始化，生成 k 个中心坐标
26     for iter in range(self.N):
27       assignments = self.assign_to_centers(centers, X)    # 样本归类
28       centers = self.adjust_centers(assignments, X)    # 调整中心坐标
29     return np.array(centers), np.array(assignments)
```

图 9-2　K 均值算法实现（续）

在图 9-2 中，定义了 KMeans 类，在该类的构造方法中，指定了要聚成的类别数 k，同时指定了最大的迭代次数 N，还指定了默认的随机种子。在第 7～14 行中，定义了 assign_to_centers() 函数，用于实现样本归类，对每个样本 $X[i]$，计算其与各个中心（质心）的距离，找出最小距离所属的类别，将该类别记录在 assignments[i] 中。这样就完成了归类步骤。第 15～22 行，定义了中心调整函数 adjust_centers()，其中，第 19 行 cluster_j 是一个列表，保存了所有中心为类 j 的样本 $X[i]$。第 23～29 行，实现算法的主体功能，第 24～25 行随机选取 k 个样本点作为初始中心，第 26～28 行执行了 N 次循环（迭代），在该循环体中，执行样本归类和中心调整，第 29 行返回各类的中心点和对应的类别。

案例实战 9.1　墨渍数据的聚类。

在 clustering 包中，创建 blobs_4means.py 文件，并在其中编写代码如图 9-3 所示。

```
1    import matplotlib.pyplot as plt
2    import numpy as np
3    from sklearn.datasets import make_blobs
4    from clustering.k_means import KMeans
5    plt.rcParams['font.sans-serif'] = ['SimHei']
6    plt.rcParams['axes.unicode_minus'] = False
7    N_clusters = 4
8    X, y = make_blobs(n_samples=400, centers=N_clusters, random_state=0,
     cluster_std=0.8)
```

图 9-3　墨渍数据的 K 均值聚类

```
9    plt.subplot(1, 2, 1)
10   plt.scatter(X[:, 0], X[:, 1])
11   plt.title(" 原始数据 ")
12   model = KMeans(n_clusters=N_clusters, max_iter=100)
13   centers, assignments = model.fit_transform(X)
14   plt.subplot(1, 2, 2)
15   plt.scatter(X[:, 0], X[:, 1], c=assignments)
16   plt.scatter(np.array(centers)[:, 0], np.array(centers)[:, 1], c='b',
     s=180, marker='*')
17   plt.title(" 聚类的结果 ")
18   plt.show()
```

图 9-3　墨渍数据的 K 均值聚类（续）

在图 9-3 中，第 1～6 行导入了相关的包并设置绘图的中文支持。第 8 行由函数 make_blobs() 生成 400 个样本，以及具有 4 个中心的数据。第 9～11 行绘制图 9-4（左），原始数据的散点图；第 12 行调用了 KMeans 类，指定 4 个中心，最大迭代次数为 100 次，第 13 行执行聚类算法，最后再将聚类结果绘制到图 9-4（右）中，不同的类（群组）使用了不同的颜色，同时，聚类的中心点以蓝色的五角星（★）展示出来。运行该程序，得到图 9-4。

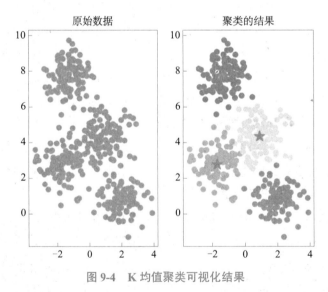

图 9-4　K 均值聚类可视化结果

K 均值算法并不适用于所有的聚类问题。若数据集是由凸集构成的，则 K 均值算法能有较好的效果，收敛速度也比较快，但若数据分布不满足以上条件，则 K 均值算法可能无法取得理想的结果。此外，K 均值算法要求预先确定聚类的类别数 K，这也是它的一个不足之处。

案例实战 9.2　使用 K 均值算法对鸢尾花数据集进行聚类。

在 clustering 包中，创建 iris_3means.py 文件，并在其中编写代码如图 9-5 所示。

```
1    import matplotlib.pyplot as plt
2    import numpy as np
3    from sklearn import datasets
4    from clustering.k_means import KMeans
5    plt.rcParams['font.sans-serif'] = ['SimHei']
6    plt.rcParams['axes.unicode_minus'] = False
7    iris = datasets.load_iris()
8    X = iris.data
9    y = iris.target
10   N_clusters = 3
11   plt.subplot(1, 2, 1)
12   plt.scatter(X[:, 0][y[:] == 0], X[:, 1][y[:] == 0], c='b')
13   plt.scatter(X[:, 0][y[:] == 1], X[:, 1][y[:] == 1], c='y')
14   plt.scatter(X[:, 0][y[:] == 2], X[:, 1][y[:] == 2], c='k')
15   plt.title("原始数据")
16   model = KMeans(n_clusters=N_clusters, max_iter=100)
17   centers, assignments = model.fit_transform(X)
18   plt.subplot(1, 2, 2)
19   # 具有相同的 assignments 是同一类，颜色一样
20   plt.scatter(X[:, 0], X[:, 1], c=assignments)
21   # 绘制出 3 个聚类的中心点（质心）
22   plt.scatter(np.array(centers)[:, 0], np.array(centers)[:, 1], c='b',
     s=180, marker='*')
23   plt.title("聚类的结果")
24   plt.show()
```

图 9-5　鸢尾花数据集的 K 均值聚类

在图 9-5 中，第 1～6 行导入了相关的包并设置绘图的中文支持；第 7～9 行加载鸢尾花数据集；第 10 行设置聚类的类别数；第 11～15 行，根据标签值的不同，绘制鸢尾花原始数据的散点图，这是正确的分类情况；第 16～17 行调用了 KMeans 类，指定 3 个中心，最大迭代次数为 100 次，运行聚类算法；第 18～20 行绘制聚类的结果（由变量 assignments 给出），将相同类型的数据绘制为同一种颜色；第 22 行绘制聚类结果的中心点。运行该程序，得到结果如图 9-6 所示。

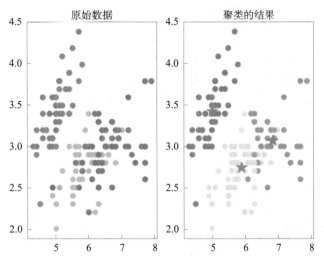

图 9-6　鸢尾花数据集 K 均值聚类结果与真实分类对比

9.2　合并聚类算法

层次聚类是一种通过连续合并或拆分内置聚类来构建最终聚类的聚类算法。聚类的层次结构表示树。树的根是所有的样本中唯一的聚类，叶子是只有一个样本的集群。

合并聚类算法是一种经典的层次聚类算法，它的思想有点类似哈夫曼树的合并过程。假设有 m 个数据样本聚为 k 个类。用合并聚类算法时，先将每个数据样本看成一个独立的类，然后每次合并距离最小的两个类成为一个新的类，并在后面的合并中，将原来的两个类排除，直至 m 个数据样本聚成 k 个类为止。我们通过图 9-7 来展示聚类的过程。假设 $m = 6$ 个样本，想要聚类成 $k = 3$ 个类，初始状态如图 9-7（a）所示，把 6 个样本中的每个样本都看成一个类别，然后计算任意两个类之间的距离，类间距离定义为两类的中心之间的欧几里得空间距离，类中心定义为类中样本的平均值。由图 9-7（a）可以看出类（样本）1 和类（样本）2 的距离最近，因此将其聚为一类，这里称其为类 7，这时得到图 9-7（b），样本由原来的 6 类减少为 5 类。紧接着再次计算这 5 类中任意两类的距离，类 3 和类 4 的距离最短，因此将其聚为一类，称为类 8，这时得到了图 9-7（c），样本由原来的 5 类减少为 4 类，重复这个过程，类 8 和类 5 距离最近，将其聚为类 9（包含样本 3、4、5），这时只剩下 3 个不同的类，即类 7、类 9 和类 6，已经达成 3 个类的目标，算法就停止计算，结果如图 9-7（d）所示。

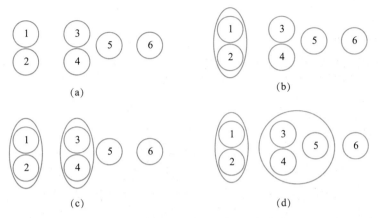

图 9-7 使用合并聚类算法聚为 3 类的过程

假设算法的输入为 m 个样本 $x^{(1)}, x^{(2)}, \cdots, x^{(m)} \in \mathbf{R}^n$，聚类的类数 k 是算法的一个参数，用 C 表示当前聚成的类组成的集合，初始时每个样本 $x^{(i)}$ 自成一类 C_i，算法以迭代的方式合并 C 中的类，在每次迭代循环中，算法选取 C 中类间距离最小的两个类 C_{i_1} 和 C_{i_2} 进行合并，在循环过程中，用 new_id 表示当前未被使用的最小可用的类编号，生成新类之后，算法将进行合并操作的两个类 C_{i_1} 和 C_{i_2} 删除，并将生成的新类 $C_{\text{new\_id}}$ 合并进 C 中，因此，每循环一次，C 中的类别数减 1，以此类推，经过 $m-k$ 次循环之后，C 中就只含 k 个类，这时算法计算结束。合并聚类算法描述如图 9-8 所示。

```
for i=1,2,…,m:
    C_i={x^(i)}
    C={C_1,C_2,…,C_m}
new_id=m+1
while |C|>k:
    选择两个类距离最小的类 C_i_1,C_i_2 ∈ C
    C_new_id=C_i_1∪C_i_2
    C ← C-C_i_1-C_i_2+C_new_id
    new_id ← new_id+1
return C
```

图 9-8 合并聚类算法描述

为了更高效地实现图 9-8 中的算法，将各个类对 $\left(C_i, C_j\right)$（初始时为 $\binom{m}{2}$ 对）存进一个优先队列中，类对 $\left(C_i, C_j\right)$ 的值为这两个类之间的距离，则优先队列的队首元素就是 C 中类间距离最小的类对 $\left(C_{i_1}, C_{i_2}\right)$。

在 clustering 包中，创建 agglomerative_clustering.py 文件，并根据图 9-8 中的算法描述编写代码，具体代码如图 9-9 所示。

```
1    import heapq
2    import numpy as np
3    class AgglomerativeClustering:
4      def __init__(self, n_clusters=1):
5        self.k = n_clusters
6      def fit_transform(self, X):
7        m, n = X.shape
8        # C 是一个字典，记录当前聚成的所有类，初始时为 m 个类 cluster
9        # C 的键 id 为类的编号，对应的值是该类中的全体样本的编号，为一个列表
10       C, centers = {}, {}   # centers 字典，键为类 cluster，值为属于该类的中心
坐标
11       assignments = np.zeros(m)   # 用于记录每个样本所属类的编号，初始化为每个
样本编号 i，0≤i＜m，都属于第 0 类。下面 for 循环对各个变量进行初始化
12       for id in range(m):
13         C[id] = [id]
14         centers[id] = X[id]
15         assignments[id] = id
16       H = []    # 用作优先队列的数组 H，其元素为一个元组 (d,[i,j])，d 表示样本编号
i 和 j 的距离
17       for i in range(m):    # 计算任意两个样本之间的距离，并将其加入优先队列中
18         for j in range(i + 1, m):
19           d = np.linalg.norm(X[i] - X[j], 2)
20           heapq.heappush(H, (d, [i, j]))
21       new_id = m
22       while len(C) > self.k:
23         distance, [id1, id2] = heapq.heappop(H)
24         if id1 not in C or id2 not in C:
25           continue
26         # C 是一个字典，C[id1] 是属于 id1 类的样本集编号，将这些编号拼接起来，即
C[id1] 是样本 X[i] 的编号的集合
27         C[new_id] = C[id1] + C[id2]
28  # 将归并为同一个类的样本的下标 i 都设置为它们属于新类 new_id，即样本 i 的类
cluster 为 new_id
29         for i in C[new_id]:
30           assignments[i] = new_id
31         del C[id1], C[id2], centers[id1], centers[id2] # 删除已经被合并的
类及其中心
32         new_center = sum(X[C[new_id]]) / len(C[new_id])    # 计算出新类
cluster 的中心坐标
33         for id in centers:
34           center = centers[id]   # 类 cluster 为 id 的中心坐标为 center (同一个
类的多个样本的中心坐标 )
```

图 9-9 实现合并聚类算法的类

```
35          d = np.linalg.norm(new_center - center, 2)  # 计算（调整）新加
    入的中心坐标与原来的那些中心的距离
36          heapq.heappush(H, (d, [id, new_id]))
37      centers[new_id] = new_center
38      new_id += 1
39    return np.array(list(centers.values())), assignments
```

图 9-9　实现合并聚类算法的类（续）

图 9-9 中定义了类 AgglomerativeClustering，在该类的构造方法中指定了合并的目标
类别数 *k*，该类的核心是 fit_transform() 方法，其实现完全是根据图 9-8 所描述的算法思想
设计的，在代码旁边都对其含义做了比较详细的注释。

案例实战 9.3　使用合并聚类算法对鸢尾花数据集进行聚类。

在 clustering 包中，创建 iris_agglomerative_clustering.py 文件，并在其中编写代码实现
对鸢尾花数据集的合并聚类，具体代码如图 9-10 所示。

```
1   import numpy as np
2   import matplotlib.pyplot as plt
3   from sklearn import datasets
4   from sklearn.decomposition import PCA
5   from agglomerative_clustering import AgglomerativeClustering
6   plt.rcParams['font.sans-serif'] = ['SimHei']
7   plt.rcParams['axes.unicode_minus'] = False
8   iris = datasets.load_iris()
9   X = iris["data"]
10  y = iris["target"]
11  plt.subplot(1,2,1)
12  plt.scatter(X[:, 0], X[:, 1], c=y)
13  plt.title(" 鸢尾花数据集的真实分类 ")
14  plt.xticks([])
15  plt.yticks([])
16  model = AgglomerativeClustering(n_clusters=3)
17  centers, assignments = model.fit_transform(X)
18  plt.subplot(1, 2, 2)
19  plt.scatter(X[:, 0], X[:, 1], c=assignments)
20  plt.scatter(np.array(centers)[:, 0], np.array(centers)[:, 1], c='b',
    s=180, marker='*')
21  plt.title(" 鸢尾花数据集经过合并聚类算法进行分类 ")
22  plt.xticks([])
23  plt.yticks([])
24  plt.show()
```

图 9-10　鸢尾花数据集真实分类与合并聚类算法实现

在图 9-10 中，第 1～7 行导入了相关的包并设置绘制图像的中文支持。第 8～10 行加

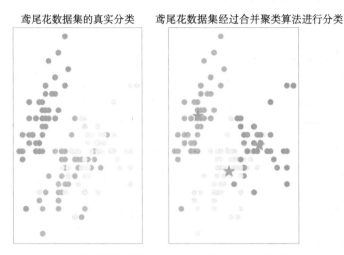

载鸢尾花数据集，第 11～15 行绘制鸢尾花数据集的真实分类散点图，第 16～17 行实例化合并聚类算法模型进行聚类，指定聚为 3 类。第 18～24 行根据聚类的结果，根据数据集绘制散点图，对不同的分类结果指定不同的颜色（参数 c=assignments）进行区分，蓝色五角星（★）为 3 个不同的聚类的中心。运行该程序的结果如图 9-11 所示，可以看出，聚类效果非常不错。

鸢尾花数据集的真实分类　　　鸢尾花数据集经过合并聚类算法进行分类

图 9-11　鸢尾花数据集真实分类与利用合并聚类算法分类

案例实战 9.4　也可将案例实战 9.3 的分类结果绘制成三维图像，只需将代码稍微修改，创建文件 iris_agglomerative_clustering_3d.py，实现代码如图 9-12 所示。

```
1    import matplotlib.pyplot as plt
2    import numpy as np
3    from sklearn import datasets
4    from clustering.agglomerative_clustering import AgglomerativeClustering
5    plt.rcParams['font.sans-serif'] = ['SimHei']
6    plt.rcParams['axes.unicode_minus'] = False
7    def plt3D(X, centers, c, title):
8      ax = plt.axes(projection='3d', elev=48, azim=134)
9      ax.scatter3D(X[:, 0], X[:, 1], X[:, 2], c=c, cmap='plasma')
10     if centers is not None:
11       ax.scatter3D(np.array(centers)[:, 0], np.array(centers)[:, 1],
     np.array(centers)[:, 2], c='b', s=180,
12             marker='*')
13     plt.title(title)
14     ax.set_xticks([])
15     ax.set_yticks([])
16     ax.set_zticks([])
17   iris = datasets.load_iris()
```

图 9-12 鸢尾花数据集真实分类与合并聚类算法实现（三维）

```
18    X = iris["data"]
19    y = iris["target"]
20    plt.figure(1)
21    plt3D(X, None, y, " 鸢尾花数据集的真实分类 ")
22    model = AgglomerativeClustering(n_clusters=3)
23    centers, assignments = model.fit_transform(X)
24    plt.figure(2)
25    plt3D(X, centers, assignments, " 鸢尾花数据集经过合并聚类算法进行分类 ")
26    plt.show()
```

图 9-12 鸢尾花数据集真实分类与合并聚类算法实现（三维）（续）

在图 9-12 中，程序逻辑与图 9-9 相同，只是多了一个维度 z 轴的信息，即多了一个特征，并且将分类结果绘制成三维图像。运行该程序，得到结果如图 9-13 所示，可以看到在三维图像中展示更为清晰。

鸢尾花数据集的真实分类

鸢尾花数据集经过合并聚类算法进行分类

图 9-13　鸢尾花数据集真实分类与合并聚类算法分类三维图像

案例实战 9.5　K 均值聚类和合并聚类的对比。

在 clustering 包中，创建 kmeans_vs_agglomerative.py 文件，并在其中编写代码如图 9-14 所示。

```
1    import matplotlib.pyplot as plt
2    import numpy as np
3    from clustering.agglomerative_clustering import AgglomerativeClustering
4    from clustering.k_means import KMeans
5    plt.rcParams['font.sans-serif'] = ['SimHei']
6    plt.rcParams['axes.unicode_minus'] = False
7
8    def generate_ball(x, radius, m):
9      r = radius * np.random.rand(m)
10     pi = 3.14
11     theta = 2 * pi * np.random.rand(m)
```

图 9-14　K 均值聚类和合并聚类对比

```
12      B = np.zeros((m, 2))
13      for i in range(m):
14        B[i][0] = x[0] + r[i] * np.cos(theta[i])
15        B[i][1] = x[1] + r[i] * np.sin(theta[i])
16      return B
17
18   B1 = generate_ball([0, 0], 1, 100)
19   B2 = generate_ball([0, 2], 1, 100)
20   B3 = generate_ball([5, 1], 0.5, 10)
21   X = np.concatenate((B1, B2, B3), axis=0)
22
23   # kmeans = KMeans(n_clusters=2)
24   kmeans = KMeans(n_clusters=3)
25   km_centers, km_assignments = np.array(kmeans.fit_transform(X),
     dtype=object)
26
27   # agg = AgglomerativeClustering(n_clusters=2)
28   agg = AgglomerativeClustering(n_clusters=3)
29   agg_centers, agg_assignments = agg.fit_transform(X)
30
31   plt.figure(figsize=(10, 3))
32   ax = plt.gca()
33   ax.set_aspect(1)
34   plt.subplot(1, 3, 1)
35   plt.scatter(X[:, 0], X[:, 1], c='y')
36   plt.title(' 原始数据 ')
37   plt.text(1.5, 0, 'B1')
38   plt.text(1.5, 2, 'B2')
39   plt.text(4, 1, 'B3')
40
41   plt.subplot(1, 3, 2)
42   plt.scatter(X[:, 0], X[:, 1], c=km_assignments)
43   plt.scatter(km_centers[:, 0], km_centers[:, 1], c='r', marker='*',
     s=300)
44   plt.title('K 均值聚类 ')
45   plt.text(1.5, 0, 'B1')
46   plt.text(1.5, 2, 'B2')
47   plt.text(4, 1, 'B3')
48
49   plt.subplot(1, 3, 3)
50   plt.scatter(X[:, 0], X[:, 1], c=agg_assignments)
51   plt.scatter(agg_centers[:, 0], agg_centers[:, 1], c='r', marker='*',
     s=300)
```

图 9-14　K 均值聚类和合并聚类对比（续）

```
52    plt.title(' 合并聚类 ')
53    plt.text(1.5, 0, 'B1')
54    plt.text(1.5, 2, 'B2')
55    plt.text(4, 1, 'B3')
56    plt.show()
```

图 9-14　K 均值聚类和合并聚类对比（续）

在图 9-14 中，第 1～6 行导入了相关的包并设置绘图的中文支持。第 8～16 行定义了 generate_ball() 函数，生成以 x 为圆心，以 radius 为半径的圆中的 m 个均匀分布的采样点，其中，第 13～15 行使用了圆的参数方程的形式，返回生成的点集 B。第 18～20 行调用函数 generate_ball() 生成了 3 个点集，第 21 行将它们拼接起来。第 24～25 行和第 28～29 行分别调用了 K 均值算法和合并聚类算法的类进行分类，指定了聚类的类别数为 3。第 31～39 行设置图像的参数并绘制第一个子图 ［图 9-15（左）］，原始数据的散点图。第 41～47 行利用 K 均值分类的结果，作为颜色区分，把 3 个不同类别的数据点以散点图的形式绘制出来，同时也将中心点以五角星（★）绘制到第二个子图 ［图 9-15（中）］中，类似地，第 49～56 行将合并聚类算法的执行结果绘制到第三个子图 ［图 9-15（右）］中。运行该程序，得到图 9-15。可以看到，对给定的数据集，本例进行了 3 个类别的聚类，两种算法的结果基本相同，原来的 $B1$、$B2$、$B3$ 分别各自聚为一类。

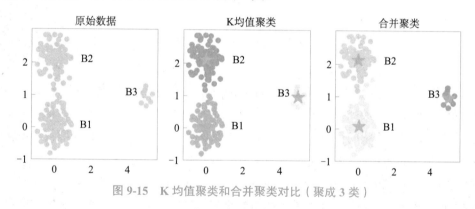

图 9-15　K 均值聚类和合并聚类对比（聚成 3 类）

取消图 9-14 中第 23、27 行的注释，注释第 24、28 行，即将该程序的聚类指定为 2 个类别，然后重新运行该程序，得到图 9-16。

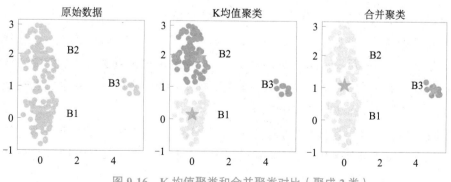

图 9-16　K 均值聚类和合并聚类对比（聚成 2 类）

由图 9-16 中可以看到，这个时候 K 均值算法将原来以（0,2）为圆心、半径为 1 的圆 B2 和以（5,1）为圆心、半径为 1 的圆 B3 聚为同一类。而以（0,0）为圆心、半径为 1 的圆 B1 聚为一类。这与用合并聚类算法的结果不同，合并聚类算法将圆心为（0,0）和（0,2）的两个半径为 1 的圆 B1、B2 聚为一类，而将远处的圆心为（5,1）、半径为 1 的圆 B3 聚为一类。五角星（★）是聚类结果的中心。

对比这两种算法的结果可以看出，K 均值算法的出发点是优化样本到中心的距离总和，因此，算法致力于区分样本数较多的 B1 和 B2 这两部分，这是因为 B1、B2 是影响样本到中心距离总和的主要部分（若 B1 和 B2 聚为同一类，以两者的边界为中心，则 B1、B2 聚类后的中心到两个圆中的点的距离就会很大）。而 B3 部分的样本数较少，不足以对距离总和造成实质性影响。合并聚类算法的出发点是最大化两个中心之间的距离，使两类尽可能地被区分开，所以，算法选择将两个圆心（0,0）和（0,1）构成的圆 B1、B2 聚为同一类，而将较远的 B3 聚为另一类。

在一般情况下，这两种聚类算法都可以应用于数据样本的聚类，如本例中聚成 3 类的情况。但是，当数据样本中存在异常数据时，若不希望小部分异常数据影响聚类结果，则可以采用 K 均值算法（分类出 B1 和 B2）；若聚类的目的是发现异常值，则采用合并聚类算法可能更为合适（分类出 B3 这部分异常数据）。

🤖 9.3　DBSCAN 算法

扫一扫
看微课

基于距离的聚类算法的聚类结果是球状的类别，当数据集中的聚类结果是非球状时，基于距离的聚类算法的聚类效果并不好。与基于距离的聚类算法不同的是，基于密度的聚类算法可以发现任意形状的聚类。在基于密度的聚类算法中，通过在数据集中寻找被低密度区域分离的高密度区域，将分离出的高密度区域作为一个独立的类别。

DBSCAN（Density-Based Spatial Clustering of Applications with Noise，带噪声的基于密度的空间聚类方法）是一种基于密度的空间聚类算法。该算法将具有足够密度的区域划分为一类，并在具有噪声的空间数据集中发现任意形状的类别，它将类别定义为密度相连的点的最大集合。

DBSCAN 算法的思想是：首先从任意一个样本开始向外扩充出一个类，算法不断地将类中样本的 ϵ 邻域内的样本加入类中，直至没有新的样本可以加入为止。一个样本的 ϵ 邻域定义为与该样本的距离不超过 ϵ 的样本集合。ϵ 的取值由算法设计者指定。这样就生成了第一个类。然后任选一个不属于第一个类的样本，重复上述过程，生成第二个类。如此重复，直到所有样本都被归类完毕为止。

在上述扩充过程中，由于可能存在噪声，算法还进一步指定了样本的 ϵ 稠密邻域，即当一个样本的 ϵ 邻域中含有多于指定数目的样本时，就是一个 ϵ 稠密邻域。DBSCAN 算法生成类时，只将稠密邻域中的样本加入类中，而忽略可能是噪声的非稠密邻域中的样本。

给定 m 个样本 $x^{(1)},x^{(2)},\cdots,x^{(m)} \in \mathbf{R}^n$，数组 assignments 用于记录每个样本所属的编号，grow_cluster (i,id,$\in$,assignments) 函数用于生成一个以当前 id 值为编号的类，其中，搜索邻域的半径 $\in$ 和稠密邻域的样本数下限 min_sample 需要由算法设计者事先根据实际问题和经验指定。DBSCAN 算法描述如图 9-17 所示。

```
for i=1,2,…,m:
    assignments[i]=0
id=1
for i=1,2,…,m:
    if assignments[i]=0 and |N(x^(i),∈)| > min_sample:
        grow_cluster(assignments[i]=0)
        id ← id+1
return assignments
```

图 9-17　DBSCAN 算法描述

初始化时，将数组 assignments[i] 设置为 0，表示样本尚未归入任何一个类中，随后算法开始循环，逐一扫描样本 $x^{(1)},x^{(2)},\cdots,x^{(m)}$。当扫描到一个未被归类的样本 $x^{(i)}$ 时，算法判断 $x^{(i)}$ 的 $\in$ 邻域是否为稠密邻域，若是，则从 $x^{(i)}$ 开始调用 grow_cluster (i,id,$\in$,assignments) 函数，生成一个以当前 id 值为编号的类，同时 id 值加 1，为下一个类做准备。函数 grow_cluster (i,id,$\in$,assignments) 的实现如图 9-18 所示。

```
grow_cluster (i,id,∈,assignments)
    assignments[i] ← id
    Q=N(x^(i),∈)
    while |Q|>0:
        j=Q.pop()
        if assignments[j]=0:
            assignments[j] ← id
            if |N(x^(j),∈)| > min_sample:
                Q.push |N(x^(j),∈)|
    return
```

图 9-18　函数 grow_cluster (i,id,$\in$,assignments) 的实现

类的生成算法先将 $x^{(i)}$ 归入以 id 为编号的类中，然后用一个先进先出的队列 Q 来扩充这个类。先将所有 $x^{(i)}$ 的 $\in$ 邻域 $N(x^{(i)},\in)$ 中的样本加入 Q 中，只要队列 Q 非空，就让队首元素 j 出队。若样本 $x^{(j)}$ 尚未被归类，则将其归入当前类中。此时，如果 $x^{(j)}$ 的 $\in$ 邻域 $N(x^{(j)},\in)$ 是稠密的，则将 $N(x^{(j)},\in)$ 中的样本加入队列 Q 中。这个循环持续到队列 Q 被清空。此时，已经没有可选择的新样本可以加入类中。至此，算法成功地生成了一个以 id

为编号的类。

从算法描述可以看出，DBSCAN算法对数据样本聚类时，不需要预先指定聚类的类别数，算法会自动地根据样本分布的密度，将数据聚类。

在clustering包中，创建dbscan.py文件，图9-17中算法的具体实现代码如图9-19所示。

```
1    import numpy as np
2    class DBSCAN:
3      def __init__(self, eps=0.5, min_sample=5):
4        self.assignments = None
5        self.eps = eps
6        self.min_sample = min_sample
7      def get_neighbors(self, X, i):   # 获取X[i]的邻域
8        m = len(X)
9        distances = [np.linalg.norm(X[i] - X[j], 2) for j in range(m)]
10       neighbors_i = [j for j in range(m) if distances[j] < self.eps]
11       return neighbors_i
12
13     def grow_cluster(self, X, i, neighbors_i, id):   # 当前的类为id
14       self.assignments[i] = id   # 将样本i归入当前类id中
15       Q = neighbors_i   # neighbors_i是前面计算出来的样本i的邻域样本下标列表，
     将其加入队列Q中
16       t = 0   # t是队首元素在Q中的下标
17       while t < len(Q):   # 这个len(Q)在循环过程中，会跟着下面neighbors_j的
     加入而变化
18         j = Q[t]   # 出队（取出队列中的元素）
19         t += 1
20         if self.assignments[j] == 0:   # 若出队元素j尚未归入某一类中，则将其
     归入当前类id中
21           self.assignments[j] = id
22           neighbors_j = self.get_neighbors(X, j)   # 计算获取样本j的邻域
     样本
23           if len(neighbors_j) > self.min_sample:   # 若j的邻域样本
     neighbors_j足够稠密，则将这些样本也加入队列中
24             Q += neighbors_j
25
26     def fit_transform(self, X):
27       self.assignments = np.zeros(len(X))
28       id = 1
29       for i in range(len(X)):
30         if self.assignments[i] != 0:   # 若样本i已分好类，就跳过
31           continue
```

图 9-19　DBSCAN 算法的实现

```
32          neighbors_i = self.get_neighbors(X, i)   # 获取样本 i 的邻域
33          if len(neighbors_i) > self.min_sample:   # 若样本 i 的邻域是稠密邻域，
     则添加新的类为 id
34              self.grow_cluster(X, i, neighbors_i, id)
35              id += 1
36      return self.assignments
```

图 9-19　DBSCAN 算法的实现（续）

在图 9-19 中定义了 DBSCAN 算法类，该类包括了 4 个方法，第 3～6 行的 __init__
() 方法指定了两个（超）参数 eps 和 min_sample 的值。第 7～11 行的 get_neighbors() 方法
获得样本的 ϵ 邻域，第 13～25 行的 grow_cluster() 方法是根据图 9-17 的算法实现的类生
成算法，最后第 26～36 行的 fit_transform() 方法则完成了整个聚类算法的过程。在图 9-19
中已经对部分语句做了详细的注释。

案例实战 9.6　环形数据集和月亮形数据集的 DBSCAN 聚类和 K 均值聚类。

在 clustering 包中，创建 circle_dbscan_vs_kmeans.py 文件，并在其中编写代码如图 9-20
所示。

```
1   import matplotlib.pyplot as plt
2   import numpy as np
3   from sklearn.datasets import make_circles
4   from sklearn.datasets import make_moons
5   import clustering.dbscan as db
6   import clustering.k_means as km
7   plt.rcParams['font.sans-serif'] = ['SimHei']
8   plt.rcParams['axes.unicode_minus'] = False
9
10  np.random.seed(0)
11  X_circles, y_circles = make_circles(n_samples=400, factor=.3,
    noise=.05)
12  X_moons, y_moons = make_moons(n_samples=400, noise=.05)
13  plt.figure(figsize=(10, 6))
14  ax = plt.gca()
15  ax.set_aspect(1)
16
17  plt.subplot(2, 3, 1)
18  plt.scatter(X_circles[:, 0], X_circles[:, 1], c=y_circles)
19  plt.title(' 原始数据 ')
20
21  dbscan = db.DBSCAN(eps=0.3, min_sample=5)
22  db_circles_assignments = dbscan.fit_transform(X_circles)
```

图 9-20　DBSCAN 聚类和 K 均值聚类对比

```
23    plt.subplot(2, 3, 2)
24    plt.scatter(X_circles[:, 0], X_circles[:, 1], c=db_circles_
      assignments)
25    plt.title('DBSCAN 聚类 ')
26
27    kmeans = km.KMeans(n_clusters=2)
28    km_centers, km_circles_assignments = kmeans.fit_transform(X_circles)
29    plt.subplot(2, 3, 3)
30    plt.scatter(X_circles[:, 0], X_circles[:, 1], c=km_circles_
      assignments)
31    plt.scatter(km_centers[:, 0], km_centers[:, 1], c='r', marker='*',
      s=300)
32    plt.title('K 均值聚类 ')
33
34    plt.subplot(2, 3, 4)
35    plt.scatter(X_moons[:, 0], X_moons[:, 1], c=y_moons)
36
37    db_moons_assignments = dbscan.fit_transform(X_moons)
38    plt.subplot(2, 3, 5)
39    plt.scatter(X_moons[:, 0], X_moons[:, 1], c=db_moons_assignments)
40
41    km_centers, km_moons_assignments = kmeans.fit_transform(X_moons)
42    plt.subplot(2, 3, 6)
43    plt.scatter(X_moons[:, 0], X_moons[:, 1], c=km_moons_assignments)
44    plt.scatter(km_centers[:, 0], km_centers[:, 1], c='r', marker='*',
      s=300)
45    plt.show()
```

图 9-20　DBSCAN 聚类和 K 均值聚类对比（续）

在图 9-20 中，第 1~8 行导入了相关的包并设置绘图的中文支持。第 11 行利用 Sklearn 的 make_circles() 函数生成环形数据集，在环形数据集中，每条数据表示平面上的一个点。数据集中共包含两类数据，一类数据的分布形成平面上的一个大圆，另一类数据的分布形成平面上的一个小圆，大圆和小圆同心。

函数 make_circles() 的原型如下：

```
sklearn.datasets.make_circles(n_samples=100,shuffle=True,noise=None,random_
state=None, factor=0.8)
参数 n_samples: 设置样本数量。
noise: 设置噪声。
factor: 0 < double < 1 默认值为 0.8，内外圆之间的比例因子。
random_state: 设置随机参数。
```

第 12 行利用 Sklearn 的 make_moons() 函数生成月亮形数据集，其函数原型如下：

```
sklearn.datasets.make_moons(n_samples=100,shuffle=True,noise=None, random_
state=None)
    参数 n_samples: 设置样本数量。
    shuffle: 设置是否打乱样本。
    noise: 设置噪声。
    random_state: 设置随机参数。
```

第 13～15 行设置绘制图形的大小和坐标比例，第 17～19 行绘制原始数据生成的散点图，第 21～25 行实例化 DBSCAN 算法并绘制使用该算法对环形数据的分类，再以散点图的形式进行可视化。第 27～32 行使用 K 均值算法对环形数据集进行分类，同样以散点图的形式进行可视化。第 34～45 行的做法与前面相同，只是把环形数据集换成了月亮形数据集而已，对于 K 均值算法来说，它有聚类的中心，将其用五角星（★）标记出来。运行该程序的结果如图 9-21 所示。

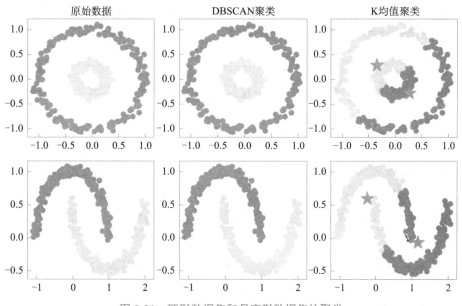

图 9-21　环形数据集和月亮形数据集的聚类

在图 9-21 中，生成的原始数据是带标签的，展示了其真实的分类；中间的 DBSCAN 聚类运行结果表明该算法成功地区分了环形数据集和月亮形数据集，但右边的 K 均值聚类却无法区分这两类数据集。当然，这与选择适合的算法（超）参数 eps 和 min_sample 也有关系［读者可修改这两个（超）参数的值观察结果］。

这个例子说明，当每个类中的数据都不是凸集时，K 均值算法不能保证能有合理的聚类结果，而 DBSCAN 算法则不同，它可以处理任何不规则的数据分布情况。与传统的 K 均值聚类相比，DBSCAN 聚类最大的不同就是不需要输入类别数 k，当然它最大的优势是可以发现任意形状的群组，而不是像 K 均值算法，一般仅仅适用于凸的样本集进行聚类，同时它在聚类时还可以找出异常点。

那么什么时候需要使用 DBSCAN 聚类呢？一般来说，如果数据集是稠密的，并且数据集不是凸的，那么用 DBSCAN 聚类会比 K 均值聚类效果好很多。若数据集不是稠密的，则不推荐使用 DBSCAN 聚类。

下面对 DBSCAN 算法的优缺点做一个总结，DBSCAN 算法的主要优点有：

（1）可以对任意形状的稠密数据集进行聚类，而 K 均值聚类等一般只适用于凸数据集；

（2）不需要预先指定聚类的类别数，它可以根据数据分布的密度自行决定；

（3）可以在聚类的同时发现异常点，但对数据集中的异常点不敏感；

（4）聚类结果没有偏倚，而 K 均值聚类的初始值对聚类结果有很大影响。

DBSCAN 算法的主要缺点有：

（1）如果样本集的密度不均匀、聚类间距相差很大时，聚类质量较差，这时用 DBSCAN 聚类一般不合适；

（2）如果样本集较大时，聚类收敛时间较长，此时需要对算法进行一些改进；

（3）调参对于传统的 K 均值聚类稍复杂，因为需要对邻域阈值 eps、邻域样本数 min_sample 联合调参，不同的参数组合对最后的聚类效果有较大影响。

9.4 Sklearn 的聚类算法

Sklearn 提供了多种聚类算法，功能也更加丰富和强大。未标记的数据聚类可以使用模块 sklearn.cluster 来实现。例如，Kmeans（K 均值算法）、Affinity Propagation（近邻传播算法或亲和力传播算法）、Mean-shift（均值漂移算法）、Spectral Clustering（谱聚类算法）、Agglomerative Clustering（合并聚类算法）和 DBSCAN（带噪声的基于密度的空间聚类算法）等。

每个聚类算法都有两个变体：一个是类，它实现了用 fit() 方法来学习训练数据的群组；另一个是函数，当给定训练数据时，返回与不同类别对应的整数标签数组。对类来说，训练数据的标签可以在 labels_ 属性中找到。

9.4.1 K 均值算法（Kmeans）

Kmeans 算法通过把样本分离成 n 个具有相同方差的类的方式来聚集数据，该算法需要指定类别的数量。它可以很好地扩展到大量样本，并已经被广泛应用于许多不同领域的应用领域。

Sklearn 提供了 K 均值算法类：

```
   class sklearn.cluster.KMeans(n_clusters=8, *, init='k-means++', n_init=10,
max_iter=300, tol=0.0001, precompute_distances='deprecated', verbose=0, random_
state=None, copy_x=True, n_jobs='deprecated', algorithm='auto')
```

参数说明：

> n_clusters：生成的聚类数。
>
> init：此参数指定初始化方法。有三个可选值：'k-means++'，'random'，或者传递一个 ndarray 向量。默认值为 'k-means++'。
>
> （1）'k-means++' 用一种智能的方式选择初始化时的聚类中心进行聚类，从而能加速迭代过程的收敛。
>
> （2）'random' 随机从训练数据中选取初始质心。
>
> （3）若传递 ndarray，则应该形如 (n_clusters, n_features)，并给出初始质心。
>
> n_init：用不同的质心初始化值运行算法的次数，最终解是在 inertia 意义下选出的最优结果。
>
> max_iter：一次运行 Kmeans 算法的最大迭代次数。
>
> algorithm：选择使用的 Kmeans 算法，有三种选择，{'auto', 'full', 'elkan'}，默认为 "auto"，full 使用典型的 EM 风格算法，elkan 算法变种通过使用三角不等式，在良定数据集上更高效，但是需要消耗更多的内存空间。为了向后兼容，目前使用 auto 会自动选择 elkan。

属性说明：

> cluster_centers_：形状为 (n_clusters, n_features) 的数组。聚类中心的坐标，如果算法在完全收敛前就停止下来，那么其值与 labels_ 不一致。
>
> labels_：形状为 (n_samples,) 的元组，表示每个点的标签。
>
> inertia_：每个点到其聚类的质心的距离之和。
>
> n_iter_：运行的迭代次数。

案例实战 9.7　使用 Kmeans 算法聚类手写数字数据集。

在 clustering 包中，创建 digits_kmeans_sklearn.py 文件，并在其中编写代码如图 9-22 所示。

```
1    import matplotlib.pyplot as plt
2    import numpy as np
3    from sklearn.cluster import KMeans
4    from sklearn.datasets import load_digits
5    from sklearn.decomposition import PCA
6    plt.rcParams['font.sans-serif'] = ['SimHei']
7    plt.rcParams['axes.unicode_minus'] = False
8    # 加载手写数字数据集
9    data, labels = load_digits(return_X_y=True)
10   (n_samples, n_features), n_digits = data.shape, np.unique(labels).
     size
11   # 为了便于可视化，将手写数字数据集的 8×8=64 个特征使用 PCA 算法降为 2 维数据
12   reduced_data = PCA(n_components=2).fit_transform(data)
13   kmeans = KMeans(init="k-means++", n_clusters=n_digits, n_init=4)
14   kmeans.fit(reduced_data)
15   # 设置网格图的步长大小，步长越小图的质量越高
16   h = .02  # point in the mesh [x_min, x_max]x[y_min, y_max].
17   # 绘制决策边界，给每个边界分配一种颜色
```

图 9-22　手写数字数据集的 K 均值聚类

```
18  x_min, x_max = reduced_data[:, 0].min() - 1, reduced_data[:, 0].max()
    + 1
19  y_min, y_max = reduced_data[:, 1].min() - 1, reduced_data[:, 1].max()
    + 1
20  xx, yy = np.meshgrid(np.arange(x_min, x_max, h), np.arange(y_min, y_
    max, h))
21  # 预测网格中每个点的标签
22  Z = kmeans.predict(np.c_[xx.ravel(), yy.ravel()])
23  # 将结果用带颜色的图像（色块）展示出来
24  Z = Z.reshape(xx.shape)
25  plt.imshow(Z, interpolation="nearest", extent=(xx.min(), xx.max(),
    yy.min(), yy.max()),
26          cmap=plt.cm.Paired, aspect="auto", origin="lower")
27  # 绘制经过降维的各个数据点的散点图
28  plt.scatter(reduced_data[:, 0], reduced_data[:, 1], c=kmeans.labels_,
    s=1)
29  # 以白色 × 的形状，绘制类别中心点
30  centroids = kmeans.cluster_centers_
31  plt.scatter(centroids[:, 0], centroids[:, 1], marker="x", s=169,
    linewidths=3, color="w", zorder=10)
32  plt.title(" 经 PCA 降维后的手写数字数据集用 K 均值聚类 ")
33  plt.xlim(x_min, x_max)
34  plt.ylim(y_min, y_max)
35  plt.xticks(())
36  plt.yticks(())
37  plt.show()
```

图 9-22　手写数字数据集的 K 均值聚类（续）

在图 9-22 中，第 1～7 行导入了相关的包并设置了绘图的中文支持。第 9 行加载手写数字数据集。为了方便后续的聚类绘图，第 12 行将每个数字图形的 8×8＝64 维的特征通过 PCA 主成分分析算法（第 10 章将介绍）降成 2 维数据，第 13 行实例化 KMeans 类，指定了初始化方法为 "k-mean++"，智能选择初始化时的类别中心，以提高收敛速度，同时指定了聚成 10 个类别。第 14 行对已降维的数据进行聚类计算，从而得到数据样本的类别。第 16～20 行，设置合适的网格范围（比样本的最小值和最大值都稍大）。第 22 行计算该范围内的每个样本点（以 h 的大小作为步长）的类别，从而确定网格上各个区域的类别，这样就可以确定网格上的类别边界。第 25～26 行将各个类别的边界（决策边界）以不同颜色绘制出来，第 28 行以前面计算出来的类别标签值作为样本点的颜色依据，绘制出各个样本点的散点图，第 30～31 行绘制各个类别的中心点的位置。第 32～37 行增加图像的标题，设置了坐标的范围同时又把坐标信息去掉。运行该程序的结果如图 9-23 所示，从图中可以看出，聚类效果非常好。

图 9-23　手写数字数据集降维后的 K 均值聚类结果

小批量 K 均值算法 MiniBatchKMeans 是 Kmeans 算法的一个变种，它使用小批量数据集的聚类来减少计算时间，而这多个批次的数据集仍然尝试优化相同的目标函数。小批量数据集是输入数据的子集，在每次训练迭代中随机抽样。小批量 K 均值算法大大减少了收敛到局部解所需的计算量，与其他减少 K 均值聚类收敛时间的算法不同，小批量 K 均值聚类产生的结果通常只比标准算法略差。小批量 K 均值算法类声明如下：

```
class sklearn.cluster.MiniBatchKMeans(n_clusters=8, *, init='k-means++', max_
iter=100, batch_size=100, verbose=0, compute_labels=True, random_state=None,
tol=0.0, max_no_improvement=10, init_size=None, n_init=3, reassignment_ratio=0.01)
```

该算法在两个步骤之间进行迭代。第一步，batch_size 样本是从数据集中随机抽取的，形成一个小批量数据集，然后将它们分配到最近的质心。第二步，质心被更新。与 K 均值聚类不同，该变种算法是基于每个样本的。对于小批量数据集中的每个样本，通过取样本的流平均值和分配给该质心的所有先前样本来更新分配的质心。这具有随时间降低质心的变化率的效果。执行这些步骤直到达到收敛或达到预定次数的迭代。MiniBatchKMeans 收敛速度比 K 均值聚类快，但是结果的质量会降低。在实践中，这种质量差异可能相当小。

案例实战 9.8　Kmeans 与 MiniBatchKMeans 算法对比。

在 clustering 包中，创建 kmeans_vs_minibatchkmeans.py 文件，并在其中编写代码如图 9-24 所示。

```
1    import time
2    import matplotlib.pyplot as plt
3    import numpy as np
4    from sklearn.cluster import KMeans
5    from sklearn.cluster import MiniBatchKMeans
```

图 9-24　Kmeans 与 MiniBatchKMeans 算法对比

```
6    from sklearn.datasets import make_blobs
7    from sklearn.metrics.pairwise import pairwise_distances_argmin
8    plt.rcParams['font.sans-serif'] = ['SimHei']
9    plt.rcParams['axes.unicode_minus'] = False
10   # 固定种子，生成样本数据
11   np.random.seed(0)
12   batch_size = 45
13   centers = [[1, 1], [-1, -1], [1, -1]]
14   n_clusters = len(centers)
15   X, labels_true = make_blobs(n_samples=3000, centers=centers, cluster_
     std=0.7)
16   # 用 Kmeans 算法计算 X 聚类的结果
17   k_means = KMeans(init='k-means++', n_clusters=3, n_init=10)
18   t0 = time.time()
19   k_means.fit(X)
20   t_batch = time.time() - t0
21   # 用 MiniBatchKMeans 算法计算 X 聚类的结果
22   mbk = MiniBatchKMeans(init='k-means++', n_clusters=3, batch_
     size=batch_size, n_init=10, max_no_improvement=10, verbose=0)
23   t0 = time.time()
24   mbk.fit(X)
25   t_mini_batch = time.time() - t0
26   fig = plt.figure(figsize=(8, 3))
27   fig.subplots_adjust(left=0.02, right=0.98, bottom=0.05, top=0.9)
28   colors = ['#4EACC5', '#FF9C34', '#4E9A06']
29   # 为了使同一个类别的数据具有相同的颜色，做下面的操作：计算 MiniBatchKMeans 算法
     的 3 个质心与 Kmeans 算法的质心，两两之间，哪些才是距离最近的，order=[1 2 0] 表示
     Kmeans 的第 0 个与 MiniBatchKMeans 的第 1 个距离最近，第 1 个与第 2 个距离最近，第
     2 个与第 0 个距离最近
30   k_means_cluster_centers = k_means.cluster_centers_
31   order = pairwise_distances_argmin(k_means.cluster_centers_, mbk.
     cluster_centers_)
32   # 按 order 排序得到的 mkb_means_cluster_centers，它的质心与 k_means_
     clusters_centers 相同下标取出的质心就是距离最小的
33   mbk_means_cluster_centers = mbk.cluster_centers_[order]
34   # 计算各个样本与质心的最小距离，从而得到各个点的类别
35   k_means_labels = pairwise_distances_argmin(X, k_means_cluster_
     centers)
36   mbk_means_labels = pairwise_distances_argmin(X, mbk_means_cluster_
     centers)
37   # Kmeans# 先利用 k_means_labels == k 取定样本中标签为 k 的有哪些（结果为 True
     的）# 将结果保存在 my_members 中，这些点就应该具有相同的颜色，就可以绘图，k 循环
     3 次，就得到了 3 种类别样本的散点图
```

图 9-24 **Kmeans** 与 **MiniBatchKMeans** 算法对比（续）

```
38  ax = fig.add_subplot(1, 3, 1)
39  for k, color in zip(range(n_clusters), colors):
40    my_members = k_means_labels == k
41    cluster_center = k_means_cluster_centers[k]   # 类别中心，即质心
42    ax.plot(X[my_members, 0], X[my_members, 1], 'w',
    markerfacecolor=color, marker='.')
43    ax.plot(cluster_center[0], cluster_center[1], 'o',
    markerfacecolor=color, markeredgecolor='k', markersize=6)
44  ax.set_title('K 均值算法 ')
45  ax.set_xticks(())
46  ax.set_yticks(())
47  print(f' 训练时间：{t_batch:.2f} 秒 \n 惯量：{k_means.inertia_}')
48  # MiniBatchKMeans  下面的处理与 Kmeans 完全相同
49  ax = fig.add_subplot(1, 3, 2)
50  for k, color in zip(range(n_clusters), colors):
51    my_members = mbk_means_labels == k
52    cluster_center = mbk_means_cluster_centers[k]
53    ax.plot(X[my_members, 0], X[my_members, 1], 'w', markerfacecolor=
    color, marker='.')
54    ax.plot(cluster_center[0], cluster_center[1], 'o', markerfacecolor=
    color, markeredgecolor='k', markersize=6)
55  ax.set_title(' 小批量 K 均值算法 ')
56  ax.set_xticks(())
57  ax.set_yticks(())
58  print(f' 训练时间：{t_mini_batch:.2f} 秒 ,\n 惯量：{mbk.inertia_}')
59  # 初始化不同样本点为全 0（数组长度与 mbk_means_labels 一样，所以利用它来赋值就好）
60  different = (mbk_means_labels == 4)
61  ax = fig.add_subplot(1, 3, 3)
62  # 通过循环，分别获得与相同类别在两种不同聚类算法下的不同样本，将对比结果存放在
    different 中
63  for k in range(n_clusters):
64    different += ((k_means_labels == k) != (mbk_means_labels == k))
65  # 逻辑取反，得到的就是相同的点，从而下面可以将相同和不同类别的点，以不同的颜色绘制
    出来
66  identic = np.logical_not(different)
67  ax.plot(X[identic, 0], X[identic, 1], 'w', markerfacecolor='#bbbbbb',
    marker='.')
68  ax.plot(X[different, 0], X[different, 1], 'w', markerfacecolor='m',
    marker='.')
69  ax.set_title(' 不同处的地方为深颜色的点 ')
70  ax.set_xticks(())
71  ax.set_yticks(())
72  plt.show()
```

图 9-24　Kmeans 与 MiniBatchKMeans 算法对比（续）

图 9-24 中的代码主要完成 K 均值算法和小批量 K 均值算法的比较，代码的含义已经详细注释在代码旁。运行该程序，输出：训练时间：0.09 秒，惯量：2470.5848488268393；训练时间：0.20 秒，惯量：2476.644432207478，在编者本机中运行的结果是小批量 K 均值算法的执行时间更长，这与算法描述有点不符，这可能与机器本身有关，也可能与数据量有关。从算法分析上看，应该是小批量 K 均值算法更为高效。同时，程序还得到了如图 9-25 所示的结果。可以看到，两种算法几乎没什么差别，聚类结果只有少数不同的点，在图 9-25 的第三个子图中以深颜色的点表示出来。

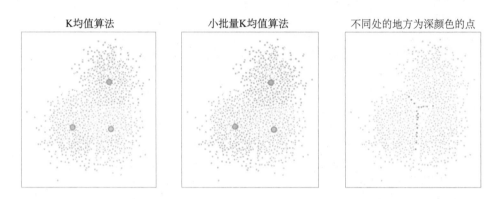

图 9-25　K 均值算法与小批量 K 均值算法对比可视化结果

9.4.2　近邻传播算法（Affinity Propagation）

近邻传播算法（简称 AP 算法）是 2007 年在 Science 杂志上提出的一种新的聚类算法。它根据 m 个数据点之间的相似度进行聚类，这些相似度可以是对称的，即两个数据点之间的相似度一样（如欧氏距离）；也可以是不对称的，即两个数据点之间的相似度不等。

AP 算法将数据点对之间的相似性作为输入度量，在数据点之间交换实值信息，直到逐渐出现一组高质量的示例和相应的集群为止。然后使用少量模范样本作为聚类中心来描述数据集，而这些模范样本可以被认为是最能代表数据集中其他数据的样本。在样本对之间发送的消息表示一个样本作为另一个样本的模范样本的适合程度，其值根据通信的反馈不断地更新，迭代直至收敛，完成聚类中心的选取，因此也给出了最终的聚类。

AP 算法比较有趣的是可以根据提供的数据决定聚类的数目。因此有两个比较重要的参数，偏好（preference）决定使用多少个模范样本，阻尼因子（Damping Factor）减少吸引信息和归属信息以减少更新这些信息时的数据振荡。

AP 算法主要的缺点是算法的复杂度，其时间复杂度是 $O(m^2T)$，其中 m 是样本的个数，T 是收敛之前迭代的次数。如果使用密集的相似性矩阵，空间复杂度是 $O(m^2)$；如果使用稀疏的相似性矩阵，空间复杂度可以降低。这使得 AP 算法最适合中小型数据集。AP 算法类声明如下：

```
class sklearn.cluster.AffinityPropagation(*, damping=0.5, max_iter=200,
convergence_iter=15, copy=True, preference=None, affinity='euclidean',
verbose=False, random_state='warn')
```

参数说明：

> damping：阻尼系数，默认值为 0.5。
> max_iter：最大迭代次数，默认值是 200。
> convergence_iter：在停止收敛的估计集群数量上没有变化的迭代次数。默认为 15。
> copy：布尔值，可选项，默认为 true，即允许对输入数据的复制。
> preference：类似数组，每个点的偏好，具有较大偏好值的点更可能被选为聚类的中心点。类别的数量，即集群的数量受输入偏好值的影响。若该项未作为参数，则选择输入相似度的中位数作为偏好。
> affinity：目前支持预计算和欧几里得距离。即点之间的负平方欧氏距离，默认值为欧氏距离。

属性说明：

> cluster_centers_indices_：形状为 (n_clusters,)，聚类的中心索引。
> cluster_centers_：形状为 (n_clusters, n_features)，聚类中心。
> labels_：形状为 (n_samples,)，每个点的标签。
> affinity_matrix_：形状为 (n_samples, n_samples)，存储拟合中使用的亲和度矩阵。
> n_iter_：收敛的迭代次数。

成员方法：

> fit(X[, y])：从特征或相似度矩阵拟合，然后应用于 AP 算法。
> fit_predict(X[,y])：在 X 上执行聚类并返回聚类标签。
> get_params(**params)：获取此估算器的参数。
> predict(X)：预测 X 中每个样本所属的最近聚类。

案例实战 9.9 AP 算法聚类示例。

在 clustering 包中，创建 affinity_propagation_sklearn.py 文件，并在其中编写代码如图 9-26 所示。

```
1    from sklearn.cluster import AffinityPropagation
2    import matplotlib.pyplot as plt
3    from sklearn.datasets import make_blobs
4    plt.rcParams['font.sans-serif'] = ['SimHei']
5    plt.rcParams['axes.unicode_minus'] = False
6    # 产生样本
7    centers = [[1, 1], [-1, -1], [1, -1]]
8    X, labels_true = make_blobs(n_samples=300, centers=centers, cluster_
     std=0.5, random_state=0)
9    # 开始使用近邻传播算法
```

图 9-26 AP 算法聚类实现

```
10   af = AffinityPropagation(preference=-50).fit(X)
11   cluster_centers_indices = af.cluster_centers_indices_   # 聚类中心下标
12   labels = af.labels_   # 聚类结果的类别
13   n_clusters_ = len(cluster_centers_indices)
14   from itertools import cycle
15   colors = cycle('bgrcmykbgrcmykbgrcmykbgrcmyk')
16   for k, color in zip(range(n_clusters_), colors):
17     class_members = labels == k # 由 labels==k 确定同类样本点
18     cluster_center = X[cluster_centers_indices[k]] # 聚类中心的样本
19     plt.plot(X[class_members, 0], X[class_members, 1], color + '.')   #
   使用相同颜色绘制同类的点
20     plt.plot(cluster_center[0], cluster_center[1], 'o', markerfacecolor=
   color,
21           markeredgecolor='k', markersize=14) # 绘制聚类中心
22     for x in X[class_members]: # 将聚类中心与相同分类的点用直线连接起来
23       plt.plot([cluster_center[0], x[0]], [cluster_center[1], x[1]],
   color)
24   plt.title(f' 预测的聚类数 :{n_clusters_}')
25   plt.show()
```

图 9-26　AP 算法聚类实现（续）

在图 9-26 中，第 1~5 行导入了相关的包并设置绘图的中文支持。第 7~8 行设置 3 个样本中心点并产生 300 个样本。第 10 行实例化 AP 算法类并计算各个样本的类别。第 11~25 行利用计算得到的各个属性值和类别标签，根据相同标签用同一种颜色绘图的原则，绘制出相关的图像，部分代码的含义已在代码附近做了详细的注释。运行程序，得到结果如图 9-27 所示。

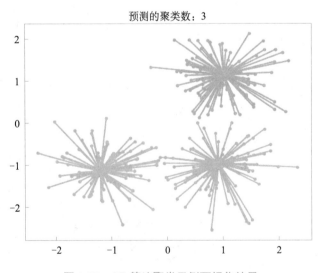

图 9-27　AP 算法聚类示例可视化结果

9.4.3　均值漂移算法（Mean-shift）

均值漂移算法旨在发现一个样本密度平滑的"斑点"。均值漂移算法是基于质心的算法，通过更新质心的候选位置，这些候选位置通常是所选定区域内点的均值。然后，这些候选位置在后处理阶段被过滤以消除近似重复的对象，从而形成最终的质心集合。

给定第 t 次迭代中的候选质心 x_i，候选质心的位置将会按照如下公式进行更新：$x_i^{t+1} = m(x_i^t)$，$m(x_i)$的表达式如下：

$$m(x_i) = \frac{\sum_{x_j \in N(x_i)} K(x_j - x_i) x_j}{\sum_{x_j \in N(x_i)} K(x_j - x_i)}$$

其中，其中 $N(x_i)$是围绕 x_i 周围一个给定距离范围内的样本邻域，m 是均值偏移向量，该向量是所有质心中指向点密度增加最多的区域的偏移向量。使用上式计算，可有效地将质心更新为其邻域内样本的平均值，K 为核函数。算法自动设定聚类的数目，而不是依赖参数带宽，带宽是决定搜索区域大小的参数。这个参数可以手动设置，但是如果没有设置，可以使用提供的函数 estimate_bandwidth() 获取一个估算值。该算法不是高度可扩展的，因为在执行算法期间需要执行多个最近邻搜索。该算法保证收敛，但是当质心的变化较小时，算法将停止迭代。通过找到给定样本的最近质心来给新样本打上标签。

均值漂移算法的类声明为：

```
class sklearn.cluster.MeanShift(*, bandwidth=None, seeds=None, bin_
seeding=False, min_bin_freq=1, cluster_all=True, n_jobs=None, max_iter=300)
```

参数说明：

bandwidth=None：高斯核函数的带宽，若没有给定，则使用 sklearn.cluster.estimate_bandwidth 自动估计带宽。

seeds=None：如果为 None 并且 bin_seeding=True，就用 clustering.get_bin_seeds 计算得到。

bin_seeding=False：在没有设置 seeds 时起作用，如果 bin_seeding=True，就用 clustering. get_bin_seeds 计算得出质心；若 bin_seeding=False，则设置所有点为质心。

min_bin_freq=1：int, clustering.get_bin_seeds 的参数，设置的最少质心个数。

cluster_all=True：boolean，如果为 True，所有的点都会被聚类，包括不在任何核内的孤立点，其会选择一个离自己最近的核；如果为 False，孤立点的类标签为-1。

属性说明：

cluster_centers_：shape (n_clusters, n_features) 类中心坐标。

labels_ ：形状为 (n_samples,)，每个点的标签。

n_iter_：在每个种子上执行的最大迭代次数。

方法说明：

```
fit(X[, y]): 执行聚类。
fit_predict(X[, y]): 对 X 执行聚类并返回标签。
get_params([deep]): 获得该估算器的参数。
predict(X): 预测 X 中每个样本属于哪个最接近类别。
set_params(**params): 设置估算器的参数。
```

案例实战 9.10 随机数据的均值漂移算法聚类示例。

在 clustering 包中，创建 mean_shift_sklearn.py 文件，并在其中编写代码如图 9-28 所示。

```
1    import numpy as np
2    from sklearn.cluster import MeanShift, estimate_bandwidth
3    from sklearn.datasets import make_blobs
4    import matplotlib.pyplot as plt
5    from itertools import cycle
6    plt.rcParams['font.sans-serif'] = ['SimHei']
7    plt.rcParams['axes.unicode_minus'] = False
8    # 生成数据
9    centers = [[1, 1], [-1, -1], [1, -1]]
10   X, _ = make_blobs(n_samples=10000, centers=centers, cluster_std=0.6)
11   # 设置 MeanShift 类要用到的带宽，计算均值漂移
12   bandwidth = estimate_bandwidth(X, quantile=0.2, n_samples=500)
13   ms = MeanShift(bandwidth=bandwidth, bin_seeding=True)
14   ms.fit(X)
15   labels = ms.labels_
16   cluster_centers = ms.cluster_centers_
17   labels_unique = np.unique(labels)
18   n_clusters_ = len(labels_unique)
19   colors = cycle('bgrcmykbgrcmykbgrcmykbgrcmyk')
20   for k, color in zip(range(n_clusters_), colors):
21       my_members = labels == k
22       cluster_center = cluster_centers[k]
23       plt.plot(X[my_members, 0], X[my_members, 1], color + '.')
24        plt.plot(cluster_center[0],cluster_center[1],'o',markerfacecolor
     =color,markeredgecolor='k',markersize=14)
25   plt.title(f"估算聚类个数: {n_clusters_}")
26   plt.show()
```

图 9-28　均值漂移算法聚类示例代码

图 9-28 中的代码相对简单，核心代码在前面的类介绍中已经解释，代码后半部分为绘图相关设置，前面的例子中也详细介绍了。运行该程序，得到图 9-29。

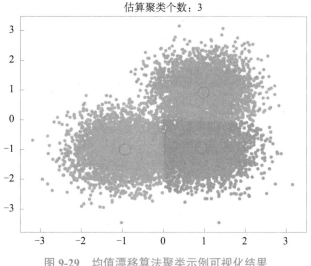

图 9-29　均值漂移算法聚类示例可视化结果

9.4.4　合并聚类算法（Agglomerative Clustering）

9.2 节介绍了合并聚类的原理。在 Sklearn 中，Agglomerative Clustering 使用自下而上的方法进行层次聚类：开始时每个对象是一个类，随后各类相继合并在一起。合并策略由连接距离决定：

参数 ward 用于最小化所有聚类内的平方差总和。这是一种方差最小化（variance-minimizing）的优化方向，这是与 Kmeans 算法的目标函数相似的优化方法，但是要用合并分层（Agglomerative Hierarchical）的方法处理。

Maximum 或 Complete Linkage 最小化聚类对（两个类）之间的最大的样本距离。

Average Linkage 最小化聚类对之间的平均样本距离值。

Single Linkage 最小化聚类对中的最近样本的距离值。

Agglomerative Clustering 在联合使用同一个连接矩阵（Connectivity Matrix）时，可以扩大到大量的样本，但是在样本之间没有添加连接约束时，计算代价很大：每步都要考虑所有可能的合并。

合并聚类算法的类声明为：

```
class sklearn.cluster.AgglomerativeClustering(n_clusters=2, *,
affinity='euclidean', memory=None, connectivity=None, compute_full_tree='auto',
linkage='ward', distance_threshold=None, compute_distances=False)
```

该类递归地以使链接距离增长最小的度量标准进行合并聚类。主要参数说明：

```
n_clusters: 要聚成的类的数量，默认为 2。
    affinity: 计算链接 linkage 的度量，可以是 'euclidean', 'l1', 'l2', 'manhattan', 'cosi
ne' 或 'precomputed'，默认值为 'euclidean'。
```

connectivity：连接矩阵，为每个样本定义遵循给定数据结构的相邻样本。默认值为 None。

compute_full_tree：提前停止树的构建，默认值为 'auto'，对于减少计算量有用。

linkage：有选项 {'ward', 'complete', 'average', 'single'}，默认值为 'ward'。
确定使用哪一种链接标准（决定两个集合间的哪种距离）来最小化，算法将使用该标准来合并两个类。

'ward'，使用最小化被合并的类的方差。

'average'，使用两个集合的平均距离。

'complete' or 'maximum'，使用两个集合的最大距离。

'single'，使用两个集合的最小距离。

distance_threshold：默认值为 None，距离超过指定阈值的，将不被合并。

主要属性说明：

n_clusters_：算法要找的类的数目，若 distance_threshold=None，该值等于给定的 n_clusters。

labels_：每个点的类别标签，形状为 (n_samples)。

n_leaves_：层次树的叶子数目。

n_connected_components_：图中连接部件的估计数目。

children_：每个非叶子节点的孩子，其值小于初始时的样本数目，形状为 (n_samples-1, 2)。

distances_：children_ 中对应位置的节点之间的距离。仅在使用 distance_threshold 或 compute_distances 设置为 True 时才计算。形状为 (n_nodes-1,)。

方法说明：

fit(X[,y])：从特征或距离矩阵拟合层次聚类。

fit_predict(X[,y])：聚类并返回聚类结果标签。

get_params([deep])：获得估计器参数。

set_params([**params])：设置估计器参数。

案例实战 9.11 在嵌入二维空间的数字数据集上进行的多种不同度量标准的合并聚类。

在 clustering 包中，创建 various_linkage_agglomerative_clustering_sklearn.py 文件，并在其中编写代码如图 9-30 所示。

```
1    import numpy as np
2    from matplotlib import pyplot as plt
3    from scipy import ndimage
4    from sklearn import datasets
5    from sklearn import manifold
6    from sklearn.cluster import AgglomerativeClustering
7    X, y = datasets.load_digits(return_X_y=True)
8    n_samples, n_features = X.shape
9    np.random.seed(0)
10   def nudge_images(X, y):
11       # shift()    # 使用请求顺序的样条插值来移动数组。根据给定的模式填充输入边界外
         的点
```

图 9-30　降维的数字数据集的合并聚类

```
12      # 第一个参数是输入，数组类型    # 第二个参数是偏移量（［行，列］）  # 第三个参
    数是填充数
13      shift = lambda x: ndimage.shift(x.reshape((8, 8)), .3 * np.random.
    normal(size=2), mode='constant',).ravel()
14
15      X = np.concatenate([X, np.apply_along_axis(shift, 1, X)])
16      Y = np.concatenate([y, y], axis=0)
17      return X, Y
18  X, y = nudge_images(X, y)
19  # 可视化聚类
20  def plot_clustering(X_red, labels, title=None):
21    x_min, x_max = np.min(X_red, axis=0), np.max(X_red, axis=0)
22    X_red = (X_red - x_min) / (x_max - x_min)
23    plt.figure(figsize=(6, 4))
24    for i in range(X_red.shape[0]):
25      plt.text(X_red[i, 0], X_red[i, 1], str(y[i]),
26            color=plt.cm.nipy_spectral(labels[i] / 10.),
27            fontdict={'weight': 'bold', 'size': 9})
28    plt.xticks([])
29    plt.yticks([])
30    if title is not None:
31      plt.title(title, size=17)
32    plt.axis('off')
33    plt.tight_layout(rect=[0, 0.03, 1, 0.95])
34  # 数字数据集的二维空间嵌入（使用 SpectralEmbedding 进行非线性降维）
35  X_red = manifold.SpectralEmbedding(n_components=2).fit_transform(X)
36  # 使用不同的 linkage 链接度量标准进行聚类
37  for linkage in ('ward', 'average', 'complete', 'single'):
38      clustering = AgglomerativeClustering(linkage=linkage, n_clusters=10)
39      clustering.fit(X_red)
40      plot_clustering(X_red, clustering.labels_, f"{linkage}")
41  plt.show()
```

图 9-30　降维的数字数据集的合并聚类（续）

在图 9-30 中，第 1～6 行导入了相关的包，第 7 行加载数字数据集，第 10～17 行定义了一个函数 nudge_images()，在该函数中，对传递进来的数字数据集转成 8×8 的图片后，进行样条插值来移动数组（移动量由第二个参数的正态分布随机数确定），在数组的边界外填充常数。再将原来的数据与经过插值移动后的数据拼接在一起，为后续的绘图做准备。第 20～27 行定义了一个绘图函数，因为后面要对比几个不同的链接标准的图像，为了代码简洁，将其定义为函数，在该函数中，先将前面步骤降维后的数据做标准化处理，然后使用 plt.text() 方法将 (X_red[i,0],X_red[i,1]) 坐标上的数据点 $y[i]$ 以字符串形式 str(y[i]) 打印出来，并根据数据的标签的不同，设置了不同的绘制颜色。第 28～33 行对图

像的格式做了简单的设置，第 35 行使用 SpectralEmbedding 谱嵌入类对原始数据进行非线性降维处理并做转换，得到降维后的二维数据 X_red。第 37~40 行通过传递不同的参数给 linkage，实例化合并聚类算法的类，指定聚类数为 10，紧接着调用 fit() 方法拟合降维之后的数据 X_red，最后将结果进行可视化展现。

合并聚类算法（Agglomerative Clustering）存在"富人越来越富"（rich get richer）的现象，导致聚类大小不均匀。这方面 Single Linkage 是最坏的策略，ward 给出了最规则（Most Regular）的大小。然而，在 ward 中 affinity 不能被改变，对于非欧氏度量（Non Euclidean Metrics）来说，Average Linkage 是一个好的选择。Single Linkage 虽然对于噪声数据的健壮性并不强，但是对规模较大的数据集提供了非常有效的层次聚类算法。Single Linkage 同样对非全局数据有很好的执行效果。

运行该程序，得到结果如图 9-31 所示，共 4 张图像。这个例子向我们展示了合并聚类算法的"富人越来越富"的行为，这种行为往往会产生不均匀的聚类大小。这种行为对平均链接策略来说是明显的，它以几个单例集群结束，而在单链接的情况下，我们得到一个单一的中心集群，所有其他集群都来自边缘周围的噪声数据。不过本例的目标是直观地展示指标的行为方式，而不是为数字找到好的集群。

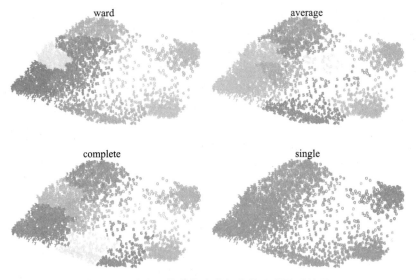

图 9-31　降为二维的数字数据集的合并聚类结果

案例实战 9.12　瑞士卷数据集的 Agglomerative Clustering（层级聚类中的一种）的连接约束。

Agglomerative Clustering 可以使用连接矩阵（Connectivity Matrix）将连接约束添加到算法中（只有相邻的聚类可以合并到一起），连接矩阵为每个样本给定了相邻的样本。在本例的瑞士卷数据集中，连接约束禁止不相邻的瑞士卷数据集合并，从而防止形成在瑞士卷数据集上重复折叠的聚类。

在 clustering 包中，创建 swiss_roll_agg_clustering_sklearn.py 文件，并在其中编写代码，

具体如图 9-32 所示。

```
1    import matplotlib.pyplot as plt
2    import mpl_toolkits.mplot3d.axes3d as p3
3    import numpy as np
4    from sklearn.cluster import AgglomerativeClustering
5    from sklearn.datasets import make_swiss_roll
6    from sklearn.neighbors import kneighbors_graph
7    # 生成瑞士卷数据集
8    n_samples = 1500
9    noise = 0.05
10   X, _ = make_swiss_roll(n_samples, noise=noise)
11   # 第 1 个维度的数值缩小为原来的 0.5 倍，瑞士卷变薄
12   X[:, 1] *= .5
13   # 计算无结构的层级聚类
14   ward = AgglomerativeClustering(n_clusters=6, linkage='ward').fit(X)
15   label = ward.labels_
16   # 绘图
17   fig = plt.figure()
18   ax = p3.Axes3D(fig, auto_add_to_figure=False)
19   fig.add_axes(ax)
20   ax.view_init(7, -80)   # 调整图像视角
21   for l in np.unique(label):   # 过滤获取标签类型并排序，根据标签绘制散点图，由
     标签值设置颜色
22       ax.scatter(X[label == l, 0], X[label == l, 1], X[label == l,
     2], color=plt.cm.jet(float(l) / np.max(label + 1)),         s=20,
     edgecolor='k')
23   # 定义数据的结构 A，最近邻域个数为 10
24   connectivity = kneighbors_graph(X, n_neighbors=10, include_
     self=False)
25   # 计算结构化的层级聚类
26   ward = AgglomerativeClustering(n_clusters=6, connectivity=
     connectivity, linkage='ward').fit(X)
27   label = ward.labels_
28   # 绘制结果
29   fig = plt.figure()
30   ax = p3.Axes3D(fig, auto_add_to_figure=False)
31   fig.add_axes(ax)
32   ax.view_init(7, -80)
33   for l in np.unique(label):
34       ax.scatter(X[label == l, 0], X[label == l, 1], X[label == l, 2],
     color=plt.cm.jet(float(l) / np.max(label + 1)),s=20, edgecolor='k')
35   plt.show()
```

图 9-32　瑞士卷数据集的层级聚类

在图 9-32 中，第 1～6 行导入了相关的包，第 8～12 行生成瑞士卷数据集，第 14 行调用无连接限制的 AgglomerativeClustering 类进行聚类，第 17～22 行绘制聚类结果，在第 21～22 行中的循环中，分别以不同的标签值设置不同的颜色，绘制散点图。第 24 行设置带结构的聚类的邻域数量，第 26～35 行代码的含义与第 17～22 行类似。运行该程序的结果如图 9-33 所示。

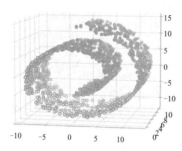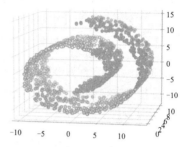

图 9-33　参数 Connectivity 的值设置不同情况下的层级聚类效果对比

观察图 9-33，左子图是不带限制的聚类结果，不同类别的点由颜色区分，可以看到不相邻的点也被聚为一类了，而右子图因为带限制，只有相邻的聚类可以合并到一起，因此就没有出现不相邻的点也被聚为一类的现象。

9.4.5　带噪声的基于密度的空间聚类算法（DBSCAN）

9.3 节介绍和实现了 DBSCAN 算法。本节使用 Sklearn 提供的 DBSCAN 算法类，该类提供的功能比 9.3 节更为强大和复杂。该类的声明为：

```
class sklearn.cluster.DBSCAN(eps=0.5, *, min_samples=5, metric='euclidean',
metric_params=None, algorithm='auto', leaf_size=30, p=None, n_jobs=None)
```

主要参数说明：

> esp：两个样本被认为是邻居的最大距离。这并不是在同一个类别中两点距离的最大界限。该参数是 DBSCAN 类的最重要的参数。
> min_samples：最小样本数，默认值为 5，一个被认为是核心样本的点的最少邻居（样本）数，包含该样本本身。
> metric：用于在特征数组中计算两个实例的距离的度量标准。默认值为 'euclidean'，该参数必须是 sklearn.metrics.pairwise_distances 允许的一个选项。
> metric_params：用于 metric() 函数的额外的关键词参数，默认值为 None。
> algorithm：被 NearestNeighbors 模块用于逐点计算点与点之间距离和找到最近邻居的算法。可取值为 {'auto', 'ball_tree', 'kd_tree', 'brute'}，默认值为 'auto'。
> leaf_size：默认值为 30，传递给 BallTree 或 cKDTree 的叶子大小。这个参数影响构建和查询的速度，以及影响存储该树所需的内存大小。其最优值取决于问题的性质。
> p：用于计算两点间的距离的 Minkowski 度量的幂次数。若为 None，则 p=2，其等价于欧氏距离，默认值为 None。
> n_jobs：并行运行的任务数，默认值为 None。

属性说明：

> core_sample_indices_: 核心样本的下标，形状为 (n_core_samples,)。
> components_: 由训练找到的每个核心样本副本，形状为 (n_core_samples, n_features)。
> labels_: 数据集中传给 fit() 函数的每个点的类别标签，噪声样本被标记为-1，形状为 (n_samples)。

DBSCAN 算法将类别视为被低密度区域分隔的高密度区域。DBSCAN 的核心概念是核心样本 core samples，即位于高密度区域的样本。因此一个类是一组核心样本，每个核心样本彼此靠近（通过某个距离来度量）和一组接近核心样本的非核心样本。算法中的两个参数 min_samples 和 eps 定义了稠密。较高的 min_samples 或者较低的 eps 都表示形成一个类所需的密度较高。核心样本是指数据集中的一个样本的 eps 距离范围内，存在 min_samples 个其他样本，这些样本被定义为核心样本的邻居。核心样本在向量空间的稠密区域。一个类是一个核心样本的集合，可以通过递归方法来构建。选取一个核心样本，查找它所有的邻居样本中的核心样本，然后查找新获取的核心样本的邻居样本中的核心样本，递归查找这个过程。同一个类中还具有一组非核心样本，它们是同类中核心样本的邻居的样本，但本身并不是核心样本。显然，这些样本处在类的边缘。

根据定义，任何核心样本都是一个类的一部分，任何不是核心样本，并且与任意一个核心样本距离都大于 eps 的样本将被视为异常值。当参数 min_samples 表示算法对噪声样本的容忍度（当处理大型噪声数据集时，需要考虑增加该参数的值）时，针对具体的数据集和距离函数，参数 eps 如何合适取值非常关键，这通常不能使用默认值。参数 eps 控制了点的邻域范围。如果取值太小，大部分的数据并不会被聚类（被标注为 -1 代表噪声样本）；如果取值太大，可能会导致相近的多个类被合并成一个，甚至整个数据集都被聚到一个类中。

案例实战 9.13 找出高密度 blobs 数据集的核心样本。在 clustering 包中，创建 blobs_DBSCAN_sklearn.py 文件，并在其中编写如图 9-34 所示的代码。

```
1    import numpy as np
2    from sklearn.cluster import DBSCAN
3    from sklearn import metrics
4    from sklearn.datasets import make_blobs
5    from sklearn.preprocessing import StandardScaler
6    import matplotlib.pyplot as plt
7    plt.rcParams['font.sans-serif'] = ['SimHei']
8    plt.rcParams['axes.unicode_minus'] = False
9    # 产生样本数据并标准化
10   centers = [[1, 1], [-1, -1], [1, -1]]
11   X, labels_true = make_blobs(n_samples=750, centers=centers, cluster_std=0.4, random_state=0)
12   X = StandardScaler().fit_transform(X)
```

图 9-34 找出高密度的核心样本并扩充聚成类

```
13    # 计算 DBSCAN，设置核心样本掩码
14    db = DBSCAN(eps=0.3, min_samples=10).fit(X)
15    core_samples_mask = np.zeros_like(db.labels_, dtype=bool)  # 产生一个
      与 db.labels_ 形状相同的全 0 数组
16    core_samples_mask[db.core_sample_indices_] = True   # 将核心样本设置为
      True
17    labels = db.labels_
18    # 因为噪声样本的标签为-1，如果存在噪声样本，聚类的类别数目要减去 1，忽略噪声样本的
      类别
19    n_clusters_ = len(set(labels)) - (1 if -1 in labels else 0)
20    n_noise_ = list(labels).count(-1)
21    # 打印各种指标信息
22    #print(f' 估计类别数目为 :{n_clusters_}')
23    #print(f' 估计噪声样本数目: {n_noise_}')
24    #print(f" 同种类 :{metrics.homogeneity_score(labels_true, labels):.3f}")
25    #print(f" 完整性: {metrics.completeness_score(labels_true, labels):.3f}")
26    #print(f"V-measure:{metrics.v_measure_score(labels_true,
      labels):.3f}")
27    #print(f" 调整兰德系数 :{metrics.adjusted_rand_score(labels_true,
      labels):.3f}")
28    #print(f" 调整的互信息: {metrics.adjusted_mutual_info_score(labels_true,
      labels):.3f}")
29    #print(f" 轮廓系数 :{metrics.silhouette_score(X, labels):.3f}")
30    # 移除黑色点 ( 算法中的部分数据用黑色点表示 )，将黑色点用于噪声样本
31    unique_labels = set(labels)
32    colors = [plt.cm.Spectral(each) for each in np.linspace(0, 1,
      len(unique_labels))]
33    for k, color in zip(unique_labels, colors):
34      if k == -1:  # k==-1 的标签就是噪声样本, # 黑色点用于噪声样本 ,rgba(0,0,0,1)
      则表示完全不透明的黑色 ,alpha 为透明度
35        color = [0, 0, 0, 1]
36      class_member_mask = (labels == k)
37      # 使用掩码，按位与，同时是核心样本，又是黑色点样本，将其画得大一点，填充颜色由
      tuple(color) 指定，边缘颜色为黑色
38      xy = X[class_member_mask & core_samples_mask]
39      plt.plot(xy[:,0], xy[:,1],'o',markerfacecolor=tuple(color), markeredgecolor=
      'k', markersize=14)
40      xy = X[class_member_mask & ~core_samples_mask]  # 不是核心样本，画小
      一点
41      plt.plot(xy[:,0], xy[:,1], 'o', markerfacecolor=tuple(color), markeredgecolor=
      'y', markersize=6)
42    plt.title(f' 估计的类别数目 :{n_clusters_}')
43    plt.show()
```

图 9-34　找出高密度的核心样本并扩充聚成类（续）

在图 9-34 中，第 1～8 行导入了相关的包并设置绘图的中文支持。第 10～12 行产生聚类数据集并标准化数据集。第 14 行使用 DBSCAN 算法进行聚类，设置参数为 eps=0.3，min_samples=10。第 15～16 行设置核心样本的掩码，为后续区分核心样本和非核心样本的绘图提供信息。第 17～29 行输出聚类相关的各种衡量标准指标信息。第 31～43 行，利用类信息和核心样本信息，绘制图像，通过颜色和大小加以区分，同时将噪声样本设置成黑色并进行可视化，更详细的解释参考代码中的注释。运行该程序得到如图 9-35 所示的结果。

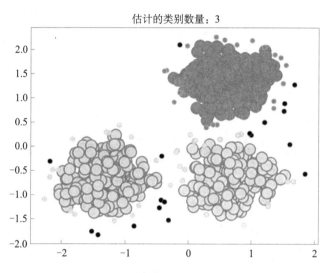

图 9-35　DBSCAN 对高密度 blobs 数据集的聚类结果

在图 9-35 中，颜色表示类成员属性，大圆圈表示算法发现的核心样本。小圆圈表示仍然是同一个类的一部分的非核心样本。此外，异常值由黑点表示。

到目前为止，clustering 包的结构大致如图 9-36 所示。

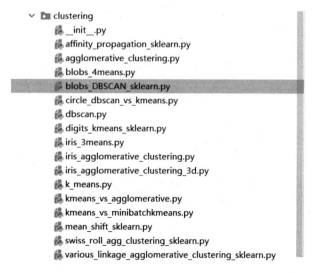

图 9-36　本章程序文件目录结构

9.5 本章小结

聚类算法是一种非常重要的无监督学习算法。本章着重介绍了 K 均值算法、合并聚类算法和 DBSCAN 算法的原理和实现，除此之外，本章还利用 Sklearn 提供的算法，介绍了近邻传播算法、均值漂移算法等。本章通过介绍算法原理，让读者理解算法的思想，同时，通过多个案例实战，使读者能快速地掌握算法的使用。从这些算法的案例实战中可以看出，每个算法都有自身的优点和缺点，在实际的聚类应用中，应当根据具体情况选择合适的聚类算法。

思考与练习

1. 重现本章所有案例实战。

2. 给定一组平面上的点：$x^{(1)} = (1,1), x^{(2)} = (0,1), x^{(3)} = (-1,1), x^{(4)} = (2,0), x^{(5)} = (-1,0)$，考察平面上的两个中心：$c^{(1)} = (0,0), c^{(2)} = (1,0)$。请用 K 均值算法将 $x^{(1)}$, $x^{(2)}$, $\cdots$, $x^{(5)}$ 分别归入距离最近的中心，并计算出新中心的位置。

3. 查阅 Sklearn 技术文档，进一步学习聚类算法相关类的使用方法。

第 10 章　降维算法

本章介绍另一种重要的无监督学习算法——降维算法，其主要任务是对高维的特征做低维近似。高维特征不仅耗费大量的存储空间，还会降低机器学习的时间和空间效率，通过降维，可提升算法的效率，也便于数据的可视化，进而帮助读者更好地理解数据。在降维过程中，如何尽可能保留原特征所携带的重要信息，是降维算法主要考虑的问题。

常见的降维算法包括有主成分分析法、主成分分析的核方法、线性判别分析法、流形降维算法、自动编码器等。

 10.1　主成分分析法

10.1.1　算法思想

在一个降维问题中，训练数据为 m 个 n 维向量 $\boldsymbol{x}^{(1)}, \boldsymbol{x}^{(2)}, \cdots, \boldsymbol{x}^{(m)} \in \mathbf{R}^n$。对指定的维度 $d < n$，一个降维模型是从 $\mathbf{R}^n$ 到 $\mathbf{R}^d$ 的映射 h，其模型输出为 $h(\boldsymbol{x}^{(1)}), h(\boldsymbol{x}^{(2)}), \cdots, h(\boldsymbol{x}^{(m)}) \in \mathbf{R}^{(d)}$。对模型的不同度量方式会导出不同的降维算法。主成分分析法（Principle Component Analysis, PCA）就是一种降维算法，它以降维后数据的方差作为模型的度量标准。主成分分析法将数据投影至低维空间中，并使其投影方差尽可能大，因为方差能表示一组数据的信息量，因此，主成分分析法能最大限度地保留原始数据的信息量。

示例：二维空间内的点集 $\{(0.2,1.2),(1,1.5),(2,3),(3,3),(4,4.5),(4,5),(5,5)\}$，如图 10-1 所示。

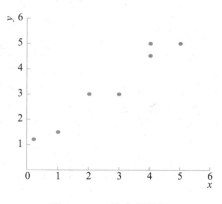

图 10-1　二维空间数据

想将该数据集从二维空间降维至一维空间中，最简单的一种做法是：将数据投影至 x 轴或 y 轴，如图 10-2（左）所示，可以看出，将数据投影到 x 轴时，(4,4.5) 和 (4,5) 这两个点在 x 轴上重叠了；而将数据投影到 y 轴时，(2,3) 和 (3,3) 两个点在 y 轴上重叠了。所以，以上述投影方式，将二维数据降维到一维空间时，将无法区分出原始数据，也就是在降维的过程中，丢失了信息。如图 10-2（右）所示，将二维数据投影至直线 $y = x + 0.5$ 上，将得到直线上的点，仍然有 7 个数据点，即数据仍然是可区分的。降维后，最大限度地保留了原始数据的信息。

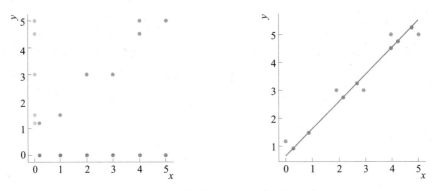

图 10-2　将二维空间的数据降维至一维空间

图 10-1 和图 10-2 所示的图像可以通过下面代码运行得到。在 mlbook 目录下，创建 dimension_reduction 包，并在该包中创建 simple_example_projection.py 文件，在其中编写代码如图 10-3 所示。

```
1   import matplotlib.pyplot as plt
2   import numpy as np
3   X = np.array([[0.2, 1, 2, 3, 4, 4, 5], [1.2, 1.5, 3, 3, 4.5, 5, 5]])
4   plt.scatter(X[0], X[1])
5   plt.xticks([0, 1, 2, 3, 4, 5, 6])
6   plt.yticks([0, 1, 2, 3, 4, 5, 6])
7   plt.xlabel('x', horizontalalignment='right', x=1.0)
8   plt.ylabel('y', horizontalalignment='right', y=1.0)
9   # plt.scatter(X[0], X.shape[1] * [0])
10  # plt.scatter(X.shape[1] * [0], X[1])
11  # (0.45, 0.95), (1, 1.5), (2.25,2.75), (2.75, 3.25), (3.75,4.25), (4.25,4.75),
    (4.75,5.25)
12  XX = np.array([[0.45, 1, 2.25, 2.75, 4, 4.25, 4.75], [0.95, 1.5,
    2.75, 3.25, 4.5, 4.75, 5.25]])
13  plt.scatter(XX[0], XX[1])
14  plt.plot(X[0], X[0] + 0.5)
15  ax = plt.gca()
16  ax.spines['right'].set_color('none')
```

图 10-3　将简单二维空间数据投影至一维空间中

```
17    ax.spines['top'].set_color('none')
18    ax.set_aspect(1)
19    plt.show()
```

图 10-3　将简单二维空间数据投影至一维空间中（续）

因代码比较简单，通过适当注释 / 去除注释，即可绘制相关图像，这里不再多做解释。从结果看，投影至直线 $y = x + 0.5$ 上的数据点比较分散，它们的方差较大。这样能更好地区分降维后的数据。PCA 就是基于该思想的算法。

给定一组 n 维向量 $\boldsymbol{x}^{(1)}, \boldsymbol{x}^{(2)}, \cdots, \boldsymbol{x}^{(m)} \in \mathbf{R}^n$ 以及一个单位向量 $\boldsymbol{w} \in \mathbf{R}^n$。定义 $z_t = \boldsymbol{x}^{(t)\mathrm{T}}\boldsymbol{w}$ 为 $\boldsymbol{x}^{(t)}$ 沿着 $\boldsymbol{w}$ 方向的投影，并将 $z_1, z_2, \cdots, z_m$ 的方差

$$\sigma^2 = \frac{1}{m}\sum_{t=1}^{m}\left(z_t - \mu\right)^2$$

定义为 $\boldsymbol{x}^{(1)}, \boldsymbol{x}^{(2)}, \cdots, \boldsymbol{x}^{(m)}$ 沿着 $\boldsymbol{w}$ 方向的投影方差，其中 $\mu = \frac{1}{m}\sum_{t=1}^{m}z_t$ 为 $z_1, z_2, \cdots, z_m$ 的平均值。

在一个降维问题中，主成分分析法按投影方差最大的原则将 m 个 n 维向量组成的训练数据 $\boldsymbol{x}^{(1)}, \boldsymbol{x}^{(2)}, \cdots, \boldsymbol{x}^{(m)}$ 投影至指定的 d 维（$d < n$）空间中。具体步骤是：先计算一个 n 维单位向量 $\boldsymbol{w}^{(1)}$，使得 $\boldsymbol{x}^{(1)}, \boldsymbol{x}^{(2)}, \cdots, \boldsymbol{x}^{(m)}$ 沿着 $\boldsymbol{w}^{(1)}$ 方向的投影方差是所有投影方向中最大的，然后依次计算单位向量 $\boldsymbol{w}^{(2)}, \boldsymbol{w}^{(3)}, \cdots, \boldsymbol{w}^{(d)}$，使得对于任意的 r，$2 \leqslant r \leqslant d$，$\boldsymbol{w}^{(r)}$ 与 $\boldsymbol{w}^{(1)}, \boldsymbol{w}^{(2)}, \cdots, \boldsymbol{w}^{(r-1)}$ 都正交，并且 $\boldsymbol{x}^{(1)}, \boldsymbol{x}^{(2)}, \cdots, \boldsymbol{x}^{(m)}$ 沿着 $\boldsymbol{w}^{(r)}$ 方向的投影方差是所有与 $\boldsymbol{w}^{(1)}, \boldsymbol{w}^{(2)}, \cdots, \boldsymbol{w}^{(r-1)}$ 都正交的投影方向中最大的。最后，算法将每个 $\boldsymbol{x}^{(t)}$ 映射成一个 d 维向量

$$\boldsymbol{h}\left(\boldsymbol{x}^{(t)}\right) = \left(\boldsymbol{x}^{(t)\mathrm{T}}\boldsymbol{w}^{(1)}, \boldsymbol{x}^{(t)\mathrm{T}}\boldsymbol{w}^{(2)}, \cdots, \boldsymbol{x}^{(t)\mathrm{T}}\boldsymbol{w}^{(d)}\right), t = 1, 2, \cdots, m$$

运用矩阵分析的相关知识进行推导，最终可以得到主成分分析算法，如图 10-4 所示，算法目标是将一组给定的 n 维向量 $\boldsymbol{x}^{(1)}, \boldsymbol{x}^{(2)}, \cdots, \boldsymbol{x}^{(m)}$ 降至 d 维。

$$\mu = \frac{1}{m}\sum_{t=1}^{m}\mathbf{x}^{(t)}$$

for $t = 1, 2, \cdots, m$:

$$\mathbf{x}^{(t)} \leftarrow \mathbf{x}^{(t)} - \mu$$

$$X = \begin{pmatrix} \mathbf{x}^{(1)\mathrm{T}} \\ \mathbf{x}^{(2)\mathrm{T}} \\ \vdots \\ \mathbf{x}^{(m)\mathrm{T}} \end{pmatrix}$$

计算 $X^{\mathrm{T}}X$ 的特征值 $\lambda_1 \geqslant \lambda_2 \geqslant \cdots \geqslant \lambda_n$，令 $w^{(1)}, w^{(2)}, \cdots, w^{(n)}$ 是特征值对应的特征向量。$W = (w^{(1)}, w^{(2)}, \cdots, w^{(d)})$

return $Z = XW$

图 10-4　主成分分析算法的描述

为了评价主成分分析法的降维效果，可将降维后的数据再投影回原来的高维空间中，这种投影称为数据重构。通过数据重构可以度量降维的效果，重构后的数据越接近原始数

据，降维效果越好。主成分分析法选出的$\boldsymbol{w}^{(1)}, \boldsymbol{w}^{(2)}, \cdots, \boldsymbol{w}^{(d)} \in \mathbf{R}^n$是降维后的$d$维空间内的一组标准正交基，算法将每个$n$维向量$\boldsymbol{x}$投影成$d$维向量$\boldsymbol{z}=\left(z_1, z_2, \cdots, z_d\right)$，其中，$z_r = \boldsymbol{x}^\mathrm{T} \boldsymbol{w}^{(r)}, r=1,2,\cdots,d$。$z$对应$n$维向量$\tilde{\boldsymbol{x}}=\sum_{r=1}^d z_r \boldsymbol{w}^{(r)}$，也就是说，可以将$\tilde{\boldsymbol{x}}$看成$\boldsymbol{x}$降维后的向量$z$在原空间内的数据重构。

10.1.2 主成分分析法的实现

根据 10.1.1 节图 10-4 主成分分析法的描述，其具体的实现代码如图 10-5 所示。在 dimension_reduction 包中，创建 pca.py 文件，并在其中编写如下代码。

```
1    import numpy as np
2    class PCA:
3      def __init__(self, n_components):
4        self.d = n_components
5        self.W = None
6        self.mean = None
7
8      def fit_transform(self, X):
9        self.mean = X.mean(axis=0)
10       X = X - self.mean
11       eigen_values, eigen_vectors = np.linalg.eig(X.T.dot(X))
12       n = len(eigen_values)
13       pairs = [(eigen_values[i], eigen_vectors[:, i]) for i in range(n)]
14       pairs = sorted(pairs, key=lambda pair: pair[0], reverse=True)
15       self.W = np.array([pairs[i][1] for i in range(self.d)]).T
16       return X.dot(self.W)
17
18     def inverse_transform(self, Z):
19       return Z.dot(self.W.T) + self.mean
```

图 10-5　主成分分析法的实现代码

在图 10-5 中定义了主成分分析法的类 PCA，其中，第 3～6 行指定了数据降维的目标维数 d。第 8～16 行定义了 fit_transform() 方法，第 9～10 行先对数据进行标准化处理，使其均值为 0。第 11 行利用线性代数函数模块求出 $X^\mathrm{T}X$ 的特征值和特征向量。第 12～15 行对特征值进行排序，其对应的特征向量也随之排好序。最后返回降维后的结果 XW。第 18～19 行是将数据重新投影回高维空间中，实现数据重构。

案例实战 10.1　数字数据集的降维。

在 dimension_reduction 包中，创建 digists_pca.py 文件，并在其中编写代码如图 10-6 所示。

```
1    import matplotlib.pyplot as plt
2    from pca import PCA
3    from sklearn.datasets import load_digits
4    plt.rcParams['font.sans-serif'] = ['SimHei']
5    plt.rcParams['axes.unicode_minus'] = False
6    digits = load_digits()
7    X = digits.data
8    y = digits.target
9    model = PCA(n_components = 10)
10   Z = model.fit_transform(X)
11   X_recovered = model.inverse_transform(Z).astype(int)
12   plt.figure(0)
13   plt.subplot(1,2,1)
14   plt.imshow(X[100].reshape(8,8))
15   plt.title(' 原始图像 ')
16   plt.subplot(1,2,2)
17   plt.title(' 降维后重构的图像 ')
18   plt.imshow(X_recovered[100].reshape(8,8))
19   plt.figure(1)
20   plt.scatter(Z[:,0], Z[:,1], c = y)
21   plt.show()
```

图 10-6　数字数据集的降维

在图 10-6 中，第 1～5 行导入了相关的包，第 6～8 行加载数字数据集，第 9 行调用 PCA 算法，并指定将数字数据集从原来的 $8 \times 8 = 64$ 维降至 10 维。第 10 行实现降维算法并将结果赋给 $\boldsymbol{Z}$（10 维向量），第 11 行重构数据。第 12～18 行绘制第 100 张图片的图像及其降维后重构数据得到的图片。第 20 行生成 64 维数据的第一、第二主成分构成的点集，相同的数字使用相同的颜色表示。运行该程序，得到图 10-7 和图 10-8。

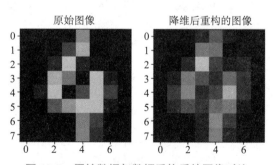

图 10-7　原始数据与数据重构后的图像对比

从图 10-7 可以看出，经过降维之后再还原的图片仍然保留了原始图片的重要信息，但与原始图片相比，还原后的图片不可避免地损失了部分信息。从图 10-8 可以看出，有相同数字的图片经过降维之后，仍然聚集在一起，这说明前两个主成分已经包含了图片的主要信息。

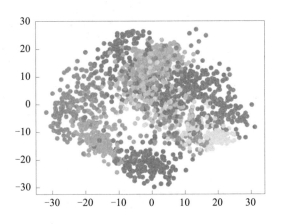

图 10-8　数字数据集降维后的可视化结果

🤖 10.2　主成分分析的核方法

　　主成分分析法是用线性投影的方式实现数据降维，它适用于高维空间中的数据近似地分布于某个低维线性子空间的情形。当数据样本的 n 个特征之间不存在线性相关性时，主成分分析法的降维效果就不太理想，这时就需要用到主成分分析的核方法对数据进行降维，以达到更好的效果。

　　设 $x^{(1)},x^{(2)},\cdots,x^{(m)}\in\mathbf{R}^n$ 是 m 个待降维的 n 维数据，核方法通过定义一个映射 $\phi:\mathbf{R}^n\rightarrow\mathbf{R}^N$ 将一个 n 维向量映射为一个 N 维向量，使得 $\phi\left(x^{(1)}\right),\phi\left(x^{(2)}\right),\cdots,\phi\left(x^{(m)}\right)$ 近似地分布在 $\mathbf{R}^N$ 的某个低维线性子空间中，从而可以对 $\phi\left(x^{(1)}\right),\phi\left(x^{(2)}\right),\cdots,\phi\left(x^{(m)}\right)$ 进行主成分分析降维。由前面的章节，我们知道核方法的关键是无须了解映射 ϕ 的具体形式，只要核函数具有高效的计算效率就可以了。

　　假设降维的目标是将 n 维数据降至 d 维，取定一个映射 $\phi:\mathbf{R}^n\rightarrow\mathbf{R}^N$ 及其核函数 K_ϕ。在 $\mathbf{R}^N$ 中用主成分分析法对 $\phi\left(x^{(1)}\right),\phi\left(x^{(2)}\right),\cdots,\phi\left(x^{(m)}\right)$ 降维时，不妨设 $\dfrac{1}{m}\sum\limits_{t=1}^{m}\phi\left(x^{(t)}\right)=0$，定义

$$\phi(X)=\begin{pmatrix}\phi\left(x^{(1)}\right)^{\mathrm{T}}\\\phi\left(x^{(2)}\right)^{\mathrm{T}}\\\vdots\\\phi\left(x^{(m)}\right)^{\mathrm{T}}\end{pmatrix}$$

及 $K=\phi(X)\phi(X)^{\mathrm{T}}$，可以通过核函数计算出矩阵 K 中的元素。K 中第 t 行第 s 列的元素为 $K_{t,s}=\phi\left(x^{(t)}\right)^{\mathrm{T}}\phi\left(x^{(s)}\right)=K_\phi\left(x^{(t)},x^{(s)}\right),t,s=1,2,\cdots,m$。则主成分分析的核方法算法描述如图 10-9 所示。

$$\text{for } t,s=1,2,\cdots,m:$$
$$K_{t,s}=K_{\phi}(x^{(t)},x^{(s)})$$

J 是一个 $m \times m$ 的全 1 矩阵

$$\hat{K}=K-JK-KJ+JKJ$$

计算 $\hat{K}$ 的特征值：$\lambda_1 \geqslant \lambda_2 \geqslant \cdots \geqslant \lambda_m$

令 $u^{(1)},u^{(2)},\cdots,u^{(m)}$ 为对应特征值的特征向量

$$\text{return } Z=\left(\sqrt{(\lambda_1)}u^{(1)},\sqrt{(\lambda_2)}u^{(2)},\cdots,\sqrt{(\lambda_d)}u^{(d)}\right)$$

图 10-9　主成分分析的核方法算法描述

在 dimension_reduction 包中，创建 kernel_pca.py 文件，实现上述算法，具体代码如图 10-10 所示。

```
1    import numpy as np
2    def default_kernel(x1, x2):
3        return x1.dot(x2.T)
4    class KernelPCA:
5      def __init__(self, n_components, kernel=None):
6        self.d = n_components
7        self.kernel = default_kernel
8        if kernel != None:
9          self.kernel = kernel
10
11     def fit_transform(self, X):
12       m, n = X.shape
13       K = np.zeros((m, m))
14       for s in range(m):
15         for r in range(m):
16           K[s][r] = self.kernel(X[s], X[r])
17       J = np.ones((m, m)) * (1.0 / m)
18       K = K - J.dot(K) - K.dot(J) + J.dot(K).dot(J)
19       eigen_values, eigen_vectors = np.linalg.eig(K)
20       pairs = [(eigen_values[i], eigen_vectors[:, i]) for i in range(m)]
21       pairs = sorted(pairs, key=lambda pair: pair[0], reverse=True)
22       Z = np.array([pairs[i][1] * np.sqrt(pairs[i][0]) for i in range(self.
     d)]).T
23       return Z
```

图 10-10 主成分分析的核方法算法实现

在图 10-10 中，第 2～3 行定义了一个恒等映射的核函数，作为默认的核函数。第 4～23 行定义了带核的 PCA 类，其中第 5～9 行是该类的构造方法，指定了降维的目标维度为 d，并指定核函数，若没有指定，则使用默认的恒等映射核函数。第 11～23 行是该类的核心内容，用于实现图 10-9 中的算法，第 13～16 行计算核函数矩阵 $\boldsymbol{K}$，第 17～18

行计算 $\hat{K}$，第 19 求出 $\hat{K}$ 的 d 个特征根，第 20~21 对特征值按大小排序，第 22~23 行求出 Z 值并返回。

案例实战 10.2 月亮形数据集的降维。

在 dimension_reduction 包中，创建 moon_kernel_pca.py 文件，并在其中编写代码如图 10-11 所示。

```python
1    import matplotlib.pyplot as plt
2    import numpy as np
3    from sklearn.datasets import make_moons
4    from kernel_pca import KernelPCA
5    from pca import PCA
6    plt.rcParams['font.sans-serif'] = ['SimHei']
7    plt.rcParams['axes.unicode_minus'] = False
8    def rbf_kernel(x1, x2):
9      gamma = 15
10     return np.exp(-gamma * np.linalg.norm(x1 - x2, 2) ** 2)
11   np.random.seed(0)
12   X, y = make_moons(n_samples=500, noise=0.01)
13   plt.figure(0)
14   plt.scatter(X[:, 0], X[:, 1], c=y, cmap='rainbow')
15   pca = PCA(n_components=1)
16   X_pca = pca.fit_transform(X).reshape(-1)
17   kpca = KernelPCA(n_components=1, kernel=rbf_kernel)
18   X_kpca = kpca.fit_transform(X).reshape(-1)
19   plt.figure(1)
20   plt.subplot(121)
21   plt.title(' 恒等映射的主成分分析法 ')
22   plt.scatter(X_pca, np.ones(X_pca.shape), c=y, cmap='rainbow')
23   plt.subplot(122)
24   plt.title(' 高斯核函数的主成分分析法 ')
25   plt.scatter(X_kpca, np.ones(X_kpca.shape), c=y, cmap='rainbow')
26   plt.show()
```

图 10-11 月亮形数据集的降维

在图 10-11 中，第 1~7 行导入了相关的包并设置绘图的中文支持。第 8~10 行定义了高斯核函数。第 11~14 行设定随机种子，生成月亮形数据集并呈现可视化结果。第 15~16 行使用主成分分析法进行降维，并指定降为 1 维的数据，并将结果赋值给 X_pca。第 17~18 行使用带核函数的主成分分析法对同一个月亮形数据集进行降维，指定使用高斯核函数，目标维数设为 1 维，并将结果赋给 X_kpca。第 19~26 行分别将两种降维后的数据绘制出来，因为都是 1 维数据，将其 y 轴的值固定为 1，不同标签类型的点，使用标签 y 的值设置不同的颜色来进行区分。运行该程序，得到结果如图 10-12 所示。

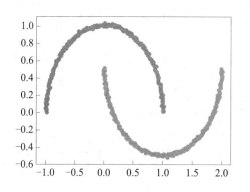
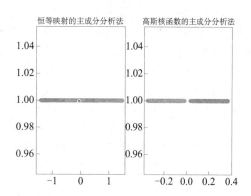

图 10-12 月亮形数据集及其两种主成分分析法降维结果对比

由图 10-12 第二个子图（左）可以看出，使用普通（线性）主成分分析法将原来平面上（图 10-12 第一个子图）按颜色明确区分开的两类数据集降至 1 维数据之后，它们之间就没有明确的分界线了。如图 10-12 第二个子图（右）所示，使用带核函数的主成分分析法降维之后，两种颜色的点仍然保留着明确的分界线，由此可见，在月亮形数据集上，主成分分析的核方法在降维过程中更好地保留了原始数据所携带的信息。因此，根据具体的问题选择适合的核函数是非常重要的。

10.3 Sklearn 的主成分分析法

10.3.1 Sklearn 的 PCA 算法

PCA（Principal Component Analysis）用于对具有一组连续正交分量（Orthogonal Component）的多变量数据集进行方差最大化的分解。在 Sklearn 中，PCA 被看成一个变换器对象，通过 fit() 方法可以拟合出 n 个成分，并且可以将新的数据投影到这些成分中。

线性代数中的奇异值分解（Singular Value Decomposition, SVD）与主成分分析法有紧密的联系，由奇异值分解算法可以得到主成分分析法的另一种实现方法。在应用 SVD 之前，PCA 是在为每个特征聚集而不是缩放输入数据。可选参数 whiten=True 可以将数据投影到奇异（singular）空间中，同时将每个成分缩放到单位方差。

Sklearn 的 PCA 算法的类声明如下：

```
class sklearn.decomposition.PCA(n_components=None, *, copy=True, whiten=False,
svd_solver='auto', tol=0.0, iterated_power='auto', random_state=None)
```

主要参数说明：

> n_components：降维的目标维数，默认值为 None。
> whiten：默认值为 False，当取值为 True 时，components_ 向量乘以 n_samples 的平方根，然后除以奇异值以确保不相关的输出具有单位分量方差。白化将从转换后的信号中移除一些信息，但有时能改善下游估计器的预测准确度。
> svd_solver：指定异值分解 SVD 的方法，取值 {'auto', 'full', 'arpack', 'randomized'}，默认值为 'auto'。
> svd_solver=auto：类自动选择下述三种算法来权衡。
> svd_solver='full'：传统意义上的 SVD，使用了 scipy 库对应的实现方法。
> svd_solver='arpack'：直接使用 scipy 库的 sparse SVD 实现方法，与 randomized 的适用场景类似。
> svd_solver='randomized'：适用于数据量大、数据维度多，并且主成分数目比较少的 PCA 降维场景。

主要属性说明：

> components_：返回最大方差的主成分。
> explained_variance_：表示降维后的各主成分的方差值。方差值越大，则说明越是重要的主成分。
> explained_variance_ratio_：表示降维后的各主成分的方差值占总方差值的比例，这个比例越大，则说明越是重要的主成分（主成分方差贡献率）。
> singular_values_：返回所被选主成分的奇异值。在实现降维的过程中，有两个方法，一种是用特征值分解，另一种是用奇异值分解，前者限制较多，需要矩阵是方阵，而后者可以是任意矩阵，并且计算量比前者小，所以说一般实现 PCA 都采用奇异值分解的方式。
> mean_：每个特征的经验平均值，由训练集估计。
> n_features_：训练数据中的特征数。
> n_samples_：训练数据中的样本数量。
> noise_variance_：噪声协方差。

主要方法说明：

> fit(self, X, Y=None)：模型拟合，由于 PCA 是无监督学习算法，所以 Y=None，没有标签。
> fit_transform(self, X,Y=None)：将模型与 X 进行训练，并对 X 进行降维处理，返回的是降维后的数据。
> get_covariance(self)：获得协方差数据。
> get_params(self,deep=True)：返回模型的参数。
> get_precision(self)：计算数据精度矩阵（用生成模型）。
> inverse_transform(self, X)：将降维后的数据转换成原始数据，但可能不会完全一样。
> score(self, X, Y=None)：计算所有样本的 log 似然平均值。
> transform(X)：将数据 X 转换成降维后的数据。当模型训练好后，对于新输入的数据，都可以用 transform() 方法来降维。

案例实战 10.3 鸢尾花数据集的降维。

在 dimension_reduction 包中，创建 iris_pca_sklearn.py 文件，并在其中编写代码如图 10-13 所示。

```
1    import matplotlib.pyplot as plt
2    from sklearn import datasets
3    from sklearn.decomposition import PCA
4    plt.rcParams['font.sans-serif'] = ['SimHei']
5    plt.rcParams['axes.unicode_minus'] = False
6    iris = datasets.load_iris()
7    X = iris.data
8    y = iris.target
9    # target_names = iris.target_names
10   target_names = ['山鸢尾花', '变色鸢尾花', '弗吉尼亚鸢尾花']
11   pca = PCA(n_components=2)
12   X_r = pca.fit(X).transform(X)
13   colors = ['navy', 'turquoise', 'darkorange']
14   for color, i, target_name in zip(colors, [0, 1, 2], target_names):
15       plt.scatter(X_r[y == i, 0], X_r[y == i, 1], color=color,
     alpha=.8, label=target_name)
16   plt.legend(loc='best', shadow=False, scatterpoints=1)
17   plt.title('鸢尾花数据集的 PCA 降维')
18   plt.legend(loc='best', shadow=False, scatterpoints=1)
19   plt.show()
```

图 10-13   鸢尾花数据集的 PCA 降维

在图 10-13 中，第 1～5 行导入了相关的包并设置绘图的中文支持。第 6～10 行加载鸢尾花数据集。第 11 行调用 Sklearn 的 PCA 算法，指定降为 2 维。第 12 行对数据集进行降维计算。第 14～19 行将降维后的数据集绘制出来。鸢尾花数据集包含 4 个特征，通过PCA 降维后投影到方差最大的二维空间上，运行该程序，得到图 10-14，可以看出，3 个种类的鸢尾花，能够很好地区分。

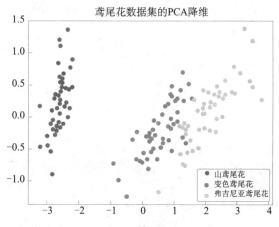

图 10-14   鸢尾花数据集降维后的分类结果

10.3.2 Sklearn 的带核 PCA 算法

Sklearn 的 KernelPCA 算法是 PCA 算法的扩展，通过使用核方法实现非线性降维（Dimensionality Reduction），它具有许多应用场景，包括去噪、压缩和结构化预测。

Sklearn 带核 PCA 算法的类声明如下：

```
class sklearn.decomposition.KernelPCA(n_components=None, *, kernel='linear',
gamma=None, degree=3, coef0=1, kernel_params=None, alpha=1.0, fit_inverse_
transform=False, eigen_solver='auto', tol=0, max_iter=None, remove_zero_eig=False,
random_state=None, copy_X=True, n_jobs=None)
```

主要参数说明：

> n_components：降维的目标维数，默认为 None，将保留所有非零分量。
>
> kernel：选项有 'linear' , 'poly' , 'rbf' ,'sigmoid' , 'cosine' , 'precomputed'，指定使用哪种核函数。默认值为 'linear'。
>
> gamma：默认值为 1/n_features，是 rbf、poly 和 Sigmoid 核的系数，被其他内核忽略。
>
> degree：多项式核的次数，默认为 3，其他核函数忽略。
>
> coef0：多项式核 sigmod 核的独立项，其他核函数忽略。
>
> kernel_params：内核的参数（关键字参数）和值，作为可调用对象被传递。被其他内核忽略。
>
> alpha：岭回归的超参数，用于学习逆变换（当 fit_inverse_transform = True 时）。
>
> fit_inverse_transform：了解非预计算内核的逆变换（学会找到一个点的原像）。
>
> eigen_solver：选项有 'auto','dense','arpack'，默认值为 'auto'，选择要使用求解特征值的方法。若 n_components 远小于训练样本的数量，则 arpack 可能比密集求解特征值方法更有效。
>
> tol：arpack 的收敛容限。若为 0，则 arpack 将选择最佳值。
>
> max_iter：arpack 的最大迭代次数。若为 None，则 arpack 将选择最佳值。
>
> remove_zero_eig：若为 True，则将删除所有具有零特征值的分量，以使输出中的分量数可能小于 n_components（有时由于数字不稳定性甚至为零）。当 n_components 为 None 时，将忽略此参数，并删除特征值为零的组件。
>
> random_state：在 eigen_solver=='arpack' 时使用。在多个调用函数之间传递 int 以获得可重复的结果。
>
> copy_X：若为 True，则模型将复制输入 X 并将其存储在 X_fit_ 属性中。若对 X 不再做任何改变，则该设置 copy_X=False 将通过存储引用来节省内存。
>
> n_jobs：要运行的并行作业数。

主要属性说明：

> lambdas_：中心核矩阵的特征值以降序排列。若 n_components 和 remove_zero_eig 均未设置，则将存储所有值。
>
> alphas_：形状为 (n_samples, n_components)，中心核矩阵的特征向量。若 n_components 和 remove_zero_eig 均未设置，则将存储所有分量。
>
> dual_coef_：形状为 (n_samples, n_features)，逆变换矩阵。仅当 fit_inverse_transform 为 True 时可用。
>
> X_transformed_fit_：形状为 (n_samples, n_components)，拟合数据在内核主成分上的投影。仅

当 fit_inverse_transform 为 True 时可用。

X_fit_：形状为 (n_samples, n_features)，用于拟合模型的数据。若为 copy_X=False，则 X_fit_ 为参考。

主要方法说明：

fit(X[, y])：根据 X 中的数据拟合模型。

fit_transform(X[, y])：根据 X 中的数据拟合模型并转换 X。

get_params([deep])：获取此估计量的参数。

inverse_transform(X)：将 X 转换到原始空间中。

set_params(**params)：设置此估算器的参数。

transform(X)：转换 X。

案例实战 10.4　环形数据的带核主成分分析。

在 dimension_reduction 包中，创建 circles_kernel_pca_sklearn.py 文件，并在其中编写代码如图 10-15 所示。

```python
1    import numpy as np
2    import matplotlib.pyplot as plt
3    from sklearn.decomposition import PCA, KernelPCA
4    from sklearn.datasets import make_circles
5    plt.rcParams['font.sans-serif'] = ['SimHei']
6    plt.rcParams['axes.unicode_minus'] = False
7    np.random.seed(0)
8    X, y = make_circles(n_samples=400, factor=.3, noise=.05)
9    kpca = KernelPCA(kernel="rbf", fit_inverse_transform=True, gamma=10)
10   X_kpca = kpca.fit_transform(X)
11   X_back = kpca.inverse_transform(X_kpca)
12   pca = PCA()
13   X_pca = pca.fit_transform(X)
14   plt.figure()
15   plt.subplot(2, 2, 1, aspect='equal')
16   plt.title(" 原始空间数据 ")
17   reds = y == 0
18   blues = y == 1
19   plt.scatter(X[reds, 0], X[reds, 1], c="red",  s=20, edgecolor='k')
20   plt.scatter(X[blues, 0], X[blues, 1], c="blue",  s=20, edgecolor='k')
21   plt.xlabel("$x_1$")
22   plt.ylabel("$x_2$")
23   X1, X2 = np.meshgrid(np.linspace(-1.5, 1.5, 50), np.linspace(-1.5, 1.5,
     50))
24   X_grid = np.array([np.ravel(X1), np.ravel(X2)]).T
25   # 在 phi 空间中的第一主成分投影
26   Z_grid = kpca.transform(X_grid)[:, 0].reshape(X1.shape)
```

图 10-15　环形数据的带核主成分分析算法实现

```
27   plt.contour(X1, X2, Z_grid, colors='grey', linewidths=1,
     origin='lower')
28   plt.subplot(2, 2, 2, aspect='equal')
29   plt.scatter(X_pca[reds, 0], X_pca[reds, 1], c="red", s=20,
     edgecolor='k')
30   plt.scatter(X_pca[blues, 0], X_pca[blues, 1], c="blue", s=20, edgecolor='k')
31   plt.title(" 由 PCA 投影 ")
32   plt.xlabel(" 第一主成分 ")
33   plt.ylabel(" 第二主成分 ")
34   plt.subplot(2, 2, 3, aspect='equal')
35   plt.scatter(X_kpca[reds, 0], X_kpca[reds, 1], c="red", s=20,
     edgecolor='k')
36   plt.scatter(X_kpca[blues, 0], X_kpca[blues, 1], c="blue", s=20,
     edgecolor='k')
37   plt.title(" 由 KPCA 投影 ")
38   plt.xlabel(r" 由 $\phi$ 映射的空间第一主成分 ")
39   plt.ylabel(" 第二主成分 ")
40   plt.subplot(2, 2, 4, aspect='equal')
41   plt.scatter(X_back[reds, 0], X_back[reds, 1], c="red", s=20,
     edgecolor='k')
42   plt.scatter(X_back[blues, 0], X_back[blues, 1], c="blue", s=20,
     edgecolor='k')
43   plt.title(" 经过数据重构后的原始空间 ")
44   plt.xlabel("$x_1$")
45   plt.ylabel("$x_2$")
46   plt.tight_layout()
47   plt.show()
```

图 10-15　环形数据的带核主成分分析算法实现（续）

在图 10-15 中，第 1～6 行导入了相关的包并设置绘图的中文支持。第 7 行设置随机种子，方便重现。第 8 行加载环形数据集。第 9 行调用带核 PCA 算法类，指定使用高斯核函数，并指定从像空间重建原始数据为 True。第 10 行将环形数据投影到像空间中。第 11 行将得到的像空间进行数据重构，重新映射回原空间。第 12～13 行使用不带核的 PCA 算法进行投影。第 14 行开始绘制图像，图 10-16（a）中第一个子图绘制原始空间的图形，两个环的数据分别由标签 y 的取值不同，设置为不同的颜色，然后以散点图的形式绘制出来。第 23～27 行设置一个坐标范围，在该范围内绘制同一类型数据的轮廓或等高线。第 28～33 行绘制第二个子图，使用普通的 PCA 算法（但并没有指定目标维数，仍保留了所有成分），指定横、纵坐标分别为其第一主成分和第二主成分。第 34～39 行，使用高斯核函数的 PCA 算法，将数据投影到像空间中，再绘制图像。第 40～47 行，利用由高斯核函数投影后的数据进行重构，再在原始空间中绘图。运行该程序的结果如图 10-16 所示。第一个子图是原始空间的数据及其不同类型的等高线。可以看出，第二个子图经投影后，数据并不能线性分开。第三个子图为在 ϕ 空间的数据第一主成分和第二主成分的图像，可以将数据线性分离。第四个子图，数据可以很好地得到重构。此案例表明，带核主成分分析能够找到数据的投影，从而使数据线性可分。

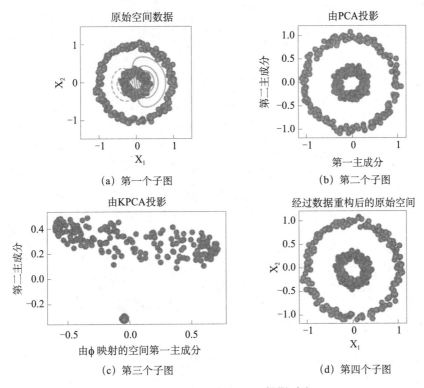

(a) 第一个子图   (b) 第二个子图

(c) 第三个子图   (d) 第四个子图

图 10-16　PCA 和 KPCA 投影对比

案例实战 10.5　使用带核 PCA 算法对数字图像去噪。

本案例实战展示如何使用带核 PCA 算法进行图像去噪。简单地说，就是利用从 fit() 函数中学到的近似函数重构原始图像。

在 dimension_reduction 包中，创建 digits_denoising_pca_sklearn.py 文件，并在其中编写代码，如图 10-17 所示。

```
1    import numpy as np
2    import matplotlib.pyplot as plt
3    from sklearn.datasets import fetch_openml
4    from sklearn.preprocessing import MinMaxScaler
5    from sklearn.model_selection import train_test_split
6    plt.rcParams['font.sans-serif'] = ['SimHei']
7    plt.rcParams['axes.unicode_minus'] = False
8    # 使用 USPS 的数字数据集，并将这些数据集进行归一化，使所有像素值都在 (0,1) 之间
9    X, y = fetch_openml(data_id=41082, as_frame=False, return_X_y=True)
10   X = MinMaxScaler().fit_transform(X)
11   X_train, X_test, y_train, y_test = train_test_split(
```

图 10-17　有噪声图像的去噪

```
12        X, y, stratify=y, random_state=0, train_size=1_000, test_size=100)
13    # 生成带噪声的训练和测试样本，展示可以通过从无损坏的图像中学到一个 PCA 模型，然后
      利用这个模型，对损坏的图像进行去噪
14    rng = np.random.RandomState(0)
15    noise = rng.normal(scale=0.25, size=X_test.shape)
16    X_test_noisy = X_test + noise
17    noise = rng.normal(scale=0.25, size=X_train.shape)
18    X_train_noisy = X_train + noise
19    # 绘制图像的辅助函数定性评估图像重构效果
20    def plot_digits(X, title):
21        """Small helper function to plot 100 digits."""
22        fig, axs = plt.subplots(nrows=10, ncols=10, figsize=(8, 8))
23        for img, ax in zip(X, axs.ravel()):
24            ax.imshow(img.reshape((16, 16)), cmap="Greys")
25            ax.axis("off")
26        fig.suptitle(title, fontsize=24)
27    # 使用 MSE 定量评估图像重构效果
28    plot_digits(X_test, " 未损坏测试图像 ")
29    plot_digits(X_test_noisy, f" 有噪声测试图像 \n MSE: {np.mean((X_test -
      X_test_noisy) ** 2):.2f}")
30
31    from sklearn.decomposition import PCA, KernelPCA
32    pca = PCA(n_components=32)
33    kernel_pca = KernelPCA(n_components=400, kernel="rbf", gamma=1e-3,
34                    fit_inverse_transform=True, alpha=5e-3)
35    pca.fit(X_train_noisy)
36    _ = kernel_pca.fit(X_train_noisy)
37    # 转换和重构测试有噪声的图像。因为 PCA 将特征降维了，因此，将得到原始数据集的一个
      近似值 # 通过最少地删除解释 PCA 中方差的分量，希望能消除噪声。并且对比线性 PCA 和
      核 PCA # 并期待高斯核函数有更好的结果，因为使用了非线性内核来学习 PCA
38    X_reconstructed_kernel_pca = kernel_pca.inverse_transform(kernel_
      pca.transform(X_test_noisy))
39    X_reconstructed_pca = pca.inverse_transform(pca.transform(X_test_
      noisy))
40    plot_digits(X_reconstructed_pca,
41        f"PCA 重构\ nMSE: {np.mean((X_test - X_reconstructed_pca) ** 2):.2f}")
42    plot_digits(X_reconstructed_kernel_pca,
43        f"Kernel PCA 重构 \nMSE: {np.mean((X_test-X_reconstructed_kernel_pca)
      ** 2):.2f}")
44    plt.show()
```

图 10-17 有噪声图像的去噪（续）

在图 10-17 中，第 1～7 行导入了相关的包并设置绘图的中文支持。第 9～10 行加载

数字图像数据集，并归一化。从第 11 行开始的基本思想是，从有噪声图像中学习一个
PCA 模型（带核和不带核），然后使用这些模型重构图像及对图像去噪，将数据集分成训
练集 1000 个样本，测试集 100 个样本。这些样本是无噪声的，以它们为基础，来评估去
噪方法的效果。在无噪声图像的基础上，人为添加高斯噪声。展示可以通过从无损坏的图
像中学到一个 PCA 模型，然后利用这个模型，对损坏的图像进行去噪。第 14～18 行随机
生成噪声，并添加到数据中。第 20～26 行定义了一个辅助绘图函数，对 100 个图像数据
可视化。第 28～29 行分别绘制了未损坏（无噪声）测试图像和损坏（有噪声）测试图像，
同时计算出最小均方误差 MSE。第 31～36 行学习了 PCA 和 Kernel PCA 模型，设置的参
数详见代码。第 40 行使用有噪声测试图像数据，利用 Kernel PCA 模型，对数据进行重构，
第 42 行使用同样的有噪声测试图像数据，但改为线性 PCA 模型，对数据进行重构。最后，
第 40～44 行对重构后的数据进行可视化。

　　运行该程序，生成了 4 个图像，结果如图 10-18 所示。

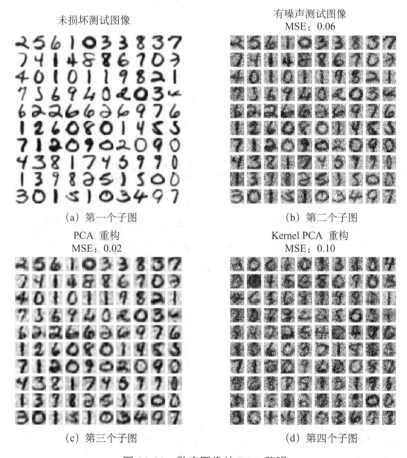

图 10-18　数字图像的 PCA 降噪

　　在图 10-18 中，第一个子图展示的是无噪声的原始数据图像，第二个子图是添加高
斯噪声之后的图像，第三个子图是使用 PCA 降噪之后重构的图像，第四个子图则是使用

Kernel PCA 降噪之后重构的图像。从运行的结果可以看出 PCA 的 MSE=0.02，比 Kernel PCA 的 MSE=0.10 更小，然而定性的分析并不能说明 PCA 比 Kernel PCA 更好。我们可以观察第三、四两个子图中，Kernel PCA 能够消除背景噪声并提供一个更为平滑的图像。此外，必须指出，Kernel PCA 的去噪效果依赖于参数"n_components""gamma""alpha"，读者可以通过调整参数进行测试。

到目前为止，dimension_reduction 包的结构大致如图 10-19 所示。

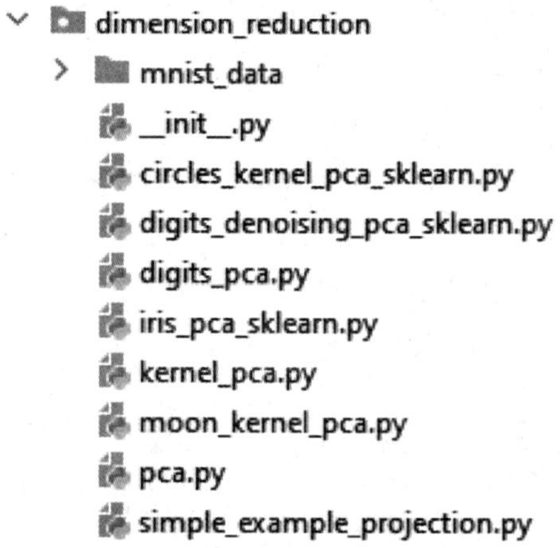

图 10-19　本章程序文件目录结构

10.4　本章小结

降维算法是一类重要的特征处理算法。对高维特征进行降维，不仅能提高机器学习算法的运行效率，还可以节省存储空间。本章主要介绍了主成分分析法和带核的主成分分析法。其主要思想是：计算数据的低维投影，使其投影方差最大化。该方法要求数据样本的特征存在线性相关性，否则降维效果不佳，因此引出了核方法。核方法的思想是：先将数据变换到更高维的空间中，使经过变换后的数据近似地分布于某个高维线性子空间中。在使用核方法时，要求算法只涉及向量内积的计算。

本章设计实现了 PCA 算法类和带核 PCA 算法类，利用这两个类，通过案例实战，展示降维算法的使用。通过多个案例实战，读者应该能很好地理解该部分知识。

思考与练习

1. 重现本章所有案例实战。

2. 实现鸢尾花数据集的降维。

分别使用主成分分析法、主成分分析的核方法将数据降至 2 维，并比较这两种算法的降维效果。

```
from sklearn import datasets
iris = datasets.load_iris()
X = iris.data
y = iris.target
```

3. 查阅 Sklearn 技术文档，进一步学习与降维相关的类的使用。

华信SPOC官方公众号

欢迎广大院校师生 **免费**注册应用

www.hxspoc.cn

华信SPOC在线学习平台

专注教学

教学课件
师生实时同步

数百门精品课
数万种教学资源

多种在线工具
轻松翻转课堂

电脑端和手机端（微信）使用

测试、讨论、
投票、弹幕……
互动手段多样

一键引用，快捷开课
自主上传，个性建课

教学数据全记录
专业分析，便捷导出

登录 www.hxspoc.cn 检索 华信SPOC 使用教程 获取更多

华信SPOC宣传片

教学服务QQ群： 1042940196
教学服务电话：010-88254578/010-88254481
教学服务邮箱：hxspoc@phei.com.cn

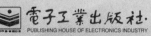
电子工业出版社·
PUBLISHING HOUSE OF ELECTRONICS INDUSTRY
华信教育研究所